自然生态保护

猎豹的眼泪

Tears of the Cheetah

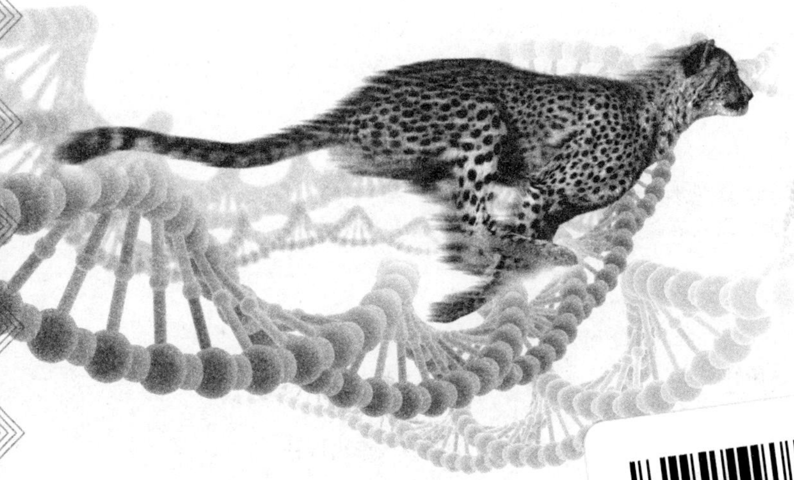

[美] 史蒂芬·奥布莱恩（Stephen J. O'Brien） 著
朱小健 夏志 蒋环环 译
熊蕾 审校

北京大学出版社
PEKING UNIVERSITY PRESS

著作权合同登记号 图字：01-2013-3484

图书在版编目(CIP)数据

猎豹的眼泪/(美)奥布莱恩(O'Brien,S.J.)著;朱小健等译. —北京：北京大学出版社,2014.12

(自然生态保护)

ISBN 978-7-301-25023-5

Ⅰ.①猎… Ⅱ.①奥… ②朱… Ⅲ.①动物保护 Ⅳ.①S863

中国版本图书馆 CIP 数据核字(2014)第 246260 号

书　　名：猎豹的眼泪

著作责任者：[美]史蒂芬·奥布莱恩(Stephen J. O'Brien) 著

朱小健 夏 志 蒋环环 译　熊 蕾 审校

责任编辑：黄 炜

插画设计：卢 健

标准书号：ISBN 978-7-301-25023-5/Q·0150

出版发行：北京大学出版社

地　　址：北京市海淀区成府路 205 号 100871

网　　址：http://www.pup.cn 新浪官方微博：@北京大学出版社

电子信箱：zpup@pup.cn

电　　话：邮购部 62752015 发行部 62750672 编辑部 62752038 出版部 62754962

印 刷 者：北京大学印刷厂

经 销 者：新华书店

720 毫米×1020 毫米 16 开本 彩插 8 16 印张 310 千字

2014 年 12 月第 1 版 2014 年 12 月第 1 次印刷

定　　价：38.00 元

“山水自然丛书”第一辑

“自然生态保护”编委会

序一

在人类文明的历史长河中，人类与自然在相当长的时期内一直保持着和谐相处的关系，懂得有节制地从自然界获取资源，“竭泽而渔，岂不获得？而明年无鱼；焚薮而田，岂不获得？而明年无兽。”说的也是这个道理。但自工业文明以来，随着科学技术的发展，人类在满足自己无节制的需要的同时，对自然的影响也越来越大，副作用亦日益明显：热带雨林大量消失，生物多样性锐减，臭氧层遭到破坏，极端恶劣天气开始频繁出现……印度圣雄甘地曾说过，“地球所提供的足以满足每个人的需要，但不足以填满每个人的欲望”。在这个人类已生存数百万年的地球上，人类还能生存多长时间，很大程度上取决于人类自身的行为。人类只有一个地球，与自然的和谐相处是人类能够在地球上持续繁衍下去的唯一途径。

在我国近几十年的现代化建设进程中，国力得到了增强，社会财富得到大量的积累，人民的生活水平得到了极大的提高，但同时也出现了严重的生态问题，水土流失严重、土地荒漠化、草场退化、森林减少、水资源短缺、生物多样性减少、环境污染已成为影响健康和生活的重要因素等等。要让我国现代化建设走上可持续发展之路，必须建立现代意义上的自然观，建立人与自然和谐相处、协调发展的生态关系。党和政府已充分意识到这一点，在党的十七大上，第一次将生态文明建设作为一项战略任务明确地提了出来；在党的十八大报告中，首次对生态文明进行单篇论述，提出建设生态文明，是关系人民福祉、关乎民族未来的长远大计。必须树立尊重自然、顺应自然、保护自然的生态文明理念，把生态文明建设放在突出地位，以实现中华民族的永续发展。

国家出版基金支持的“自然生态保护”出版项目也顺应了这一时代潮流，充分体现了科学界和出版界高度的社会责任感和使命感。他们通过自己的努力献给广大读者这样一套优秀的科学作品，介绍了大量生态保护的成果和经验，展现了科学工作者常年在野外艰苦努力，与国内外各行业专家联合，在保护我国环境和生物多样性方面所做的大量卓有成效的工作。当这套饱含他们辛勤劳动成果的丛书即将面世之际，非常高兴能为此丛书作序，期望以这套丛书为起始，能引导社会各界更加关心环境问题，关心生物多样性的保护，关心生态文明的建设，也期望能有更多的生态保护的成果问世，并通过大家共同的努力，"给子孙后代留下天蓝、地绿、水净的美好家园。"

许智宏

2013 年 8 月于燕园

序二

1985 年，因为一个偶然的机遇，我加入了自然保护的行列，和我的研究生导师潘文石老师一起到秦岭南坡（当时为长青林业局的辖区）进行熊猫自然历史的研究，探讨从历史到现在，秦岭的人类活动与大熊猫的生存之间的关系，以及人与熊猫共存的可能。在之后的 30 多年间，我国的社会和经济经历了突飞猛进的变化，其中最令人瞩目的是经济的持续高速增长和人民生活水平的迅速提高，中国已经成为世界第二大经济实体。然而，发展令自然和我们生存的环境付出了惨重的代价：空气、水、土壤遭受污染，野生生物因家园丧失而绝灭。对此，我亦有亲身的经历：进入 90 年代以后，木材市场的开放令采伐进入了无序状态，长青林区成片的森林被剃了光头，林下的竹林也被一并砍除，熊猫的生存环境遭到极度破坏。作为和熊猫共同生活了多年的研究者，我们无法对此视而不见。潘老师和研究团队四处呼吁，最终得到了国家领导人和政府部门的支持。长青的采伐停止了，林业局经过转产，于 1994 年建立了长青自然保护区，熊猫得到了保护。

然而，拯救大熊猫，留住正在消失的自然，不可能都用这样的方式，我们必须要有更加系统的解决方案。令人欣慰的是，在过去的 30 年中，公众和政府环境问题的意识日益增强，关乎自然保护的研究、实践、政策和投资都在逐年增加，越来越多的对自然充满热忱、志同道合的人们陆续加入到保护的队伍中来，国内外的专家、学者和行动者开始协作，致力于中国的生物多样性的保护。

我们的工作也从保护单一物种熊猫扩展到了保护雪豹、西藏棕熊、普氏原羚，以及西南山地和青藏高原的生态系统，从生态学研究，扩展到了科学与社会经济以及文化传统的交叉，及至对实践和有效保护模式的探索。而在长青，昔日的采伐迹地如今已经变得郁郁葱葱，山林恢复了生机，熊猫、朱鹮、金丝猴和羚牛自由徜徉，那里又变成了野性的天堂。

然而，局部的改善并没有扭转人类发展与自然保护之间的根本冲突。华南虎、白暨豚已经趋于灭绝；长江淡水生态系统、内蒙古草原、青藏高原冰川……一个又一个生态系统告急，生态危机直接威胁到了人们生存的安全，生存还是毁灭？已不是妄言。

人类需要正视我们自己的行为后果，并且拿出有效的保护方案和行动，这不仅需要科学研究作为依据，而且需要在地的实践来验证。要做到这一点，不仅需要多学科学者的合作，以及科学家和实践者、政府与民间的共同努力，也需要借鉴其他国家的得失，这对后发展的中国尤为重要。我们急需成功而有效的保护经验。

这套"自然生态保护"系列图书就是基于这样的需求出炉的。在这套书中，我们邀请了身边在一线工作的研究者和实践者们展示过去 30 多年间各自在自然保护领域中值得介绍的实践案例和研究工作，从中窥见我国自然保护的成就和存在的问题，以供热爱自然和从事保护自然的各界人士借鉴。这套图书不仅得到国家出版基金的鼎力支持，而且还是"十二五"国家重点图书出版规划项目——"山水自然丛书"的重要组成部分。我们希望这套书所讲述的实例能反映出我们这些年所做出的努力，也希望它能激发更多人对自然保护的兴趣，鼓励他们投入到保护的事业中来。

我们仍然在探索的道路上行进。自然保护不仅仅是几个科学家和保护从业者的责任，保护目标的实现要靠全社会的努力参与，从最草根的乡村到城市青年和科技工作者，从社会精英阶层到拥有决策权的人，我们每个人的生存都须臾不可离开自然的给予，因而保护也就成为每个人的义务。

留住美好自然，让我们一起努力！

吕植

2013 年 8 月

欢笑和哭泣(代序)

"*Nothing in biology makes sense except in the light of evolution.*"

(离开了进化，生物学的一切都将显得毫无意义。)

在生物学中，言简意赅而又朗朗上口的名言名句确是凤毛麟角。而俄裔美国遗传学家杜布赞斯基的这一名言却在生物学界无人不知。本书作者奥布莱恩教授曾师从杜氏，且真正得到了杜氏真传。

几年前我第一次在美国冷泉港实验室见到奥布莱恩教授，与他讨论他所发起的"国际万个脊椎动物基因组计划"时，我仿佛遇见的是一位"万能博士"，他无所不知，滔滔不绝。云游之广，阅历之深，令人肃然起敬。他的遗传学和进化学的造诣之厚，他的动物学和生态学的所知之精，令我赞叹不已，并自然地把他看成一位科班出身、道道地地的生物学家。

我当然是对的，但我马上明白我不完全对。特别是当我得知他在美国国立研究院(NIH)的癌症研究所(NCI)任职多年，成果斐然时，甚为不解。当我又知道这位医学科学家曾收集了几万个不同人群的个体样本，并因发现了那些欧裔泡在艾滋病毒里也不会得艾滋病的奥秘——CCR5 而窥视诺贝尔奖金的时候，我才更为深切地理解进化对于任一领域的生物学家的极端重要性。进化的底蕴愈厚，理解愈透，在生命科学的天地里愈能像本书作者一样游刃有余。

是的，生命世界最重要的特点是进化，生命科学最重要的核心是进化学说。但要把进化这一博大精深的学问让老百姓都能听懂，至少还能读得下去，绝非易事。但本书作者确实做到了。

我们知道，生命世界极不平凡，是生物"与天斗，与地斗"，斗智斗勇、争芳斗艳的世界。而经过亿万年的历史车轮的碾轧之后，仍存活于世的那不到0.1%，业已成为残酷历史的幸存者和见证者，是一切秘密的积淀者，正诉说着生命的顽强和坚韧、不堪与艰难、欢乐和哭泣。如果动物可以言语，或许我们最为好奇的，最想探问的，就是那些关于它们的先祖，以及曾经与它们同时代的生物们在天灾人祸的不断侵袭之下，是如何去避免灾难、躲开戕害，生生不息；在强敌环绕的重重包围之中，又是如何永怀"理想"，拥抱明天的。

本书用近30万字的篇幅，14个引人入胜的故事，以作者自己颇具传奇的经历和巧夺天工的娴熟文笔将连自称天马行空的幻想家们也难以想象到的曲折婉转故事娓娓道来，把我们拉回到了那段段尘封良久的历史，探究了那些地球濒危野生动物仍存于世的奥妙。通过本书，我们可以知晓塞伦盖蒂平原的狮子是如何与FIV病毒此时为敌、彼时为友的，可以了解熊猫的发展沿袭和栖息归属的脉络。通过本书，我们可以知道历史是如何将佛罗里达山狮从灭绝的边缘拉回到现实，中世纪的黑死病又是如何传递给后代并影响至今，对家猫的基因组图谱分析为何能解决一桩扑朔迷离、错综复杂的加拿大谋杀案的真实案例等等。至于何种动物真正濒危，亟待我们的保护，那让人闻之色变的AIDS又是如何从猴传到人的等等，亦可从书中找到答案。

最后，不得不提的是，由于经常与高科技打交道并兼具有超凡的文字掌控能力，奥布莱恩用他如诗般的字句将那些生涩难懂的生物学知识在笔尖流淌，将平时难以"飞入寻常百姓家"的高深科学普及民间大众，走入你我之间——即使你是完全外行。不得不承认，这是我近几年来所读过的难得的好书，受益良多且甚为喜欢的书。我相信我们的读者也一定会喜欢。特别是那些和我们一样致力于科学传播和科学普及的读者们，定会从中得到更多的感悟和启迪。

华大基因

中文版序言

中文版《猎豹的眼泪》问世，对我而言，是一个成功。自《猎豹的眼泪》初次出版以来的10年里，我们满怀喜悦地既看到科学史的重要性，也看到中国科学的影响力飞速增长。在这短短的10年间，基因组这一学科有许多改变，有些是好的，有些却是令人伤感的。然而，所有的进步都是为解开基因组脚本的秘密不断的求索，而这基因组脚本业已成为生命的新语言。中国已经作为基因组探索方面的一个强大盟友和领导者崛起，这方面的探索使人类健康和世界卫生都从中受益。正如传奇的足球教练乔治·阿伦曾经说的，"未来即现在！"

自《猎豹的眼泪》首次出版以来，基因技术已经传遍全球。标价为30亿美元的人类基因组测序已经骤然下跌到今年将会有10万人看到他们基因组序列的水平。由于有了强大的自动DNA测序仪，一天之内我们就可以以不到1000美元（约6500人民币）完成任何物种类似大小的基因组序列。这样的进步已经为完成全基因组测序打开了一扇门，这全基因组不仅仅是对那少数实验室物种（如老鼠、果蝇、水稻），而是包括地球上的一切物种。那个大胆的1万种基因组项目使科学家们结了国际联盟，致力于为年轻生物学家们送上一份绝妙的礼物：一个6万种现生脊椎动物物种中的1万种的完整全基因组序列——每个物种我们都可以掌握。对昆虫（5000种）、海洋无脊椎动物[全球无脊椎基因组联盟（Global Invertebrate Genome Alliance, Giga）]、植物、病原体、微生物的类似基因组序列计划将会在非常短时间内为如此众多的生物解密DNA编码。

有一些好消息。在濒危物种方面，猎豹、座头鲸和大熊猫的野生种群已经稳定，佛罗里达山狮的遗传恢复业已证明取得了耀眼的成功（第二章，第六章和第九章）。遗传的视角如今已进入保护管理计划的日程，部分缘于这些故事所阐述的案例。蒂莫西·雷·布朗通过利用捐赠者携带的 *CCR5-Δ32* 艾滋病抗性基因(第十二章,第十三章)进行干细胞移植,在一个幸运的美国人蒂莫西·雷·布朗身上实现了第一例而且是唯一一例治愈的艾滋病病毒/艾滋病;这个唯一的成功给了化解艾滋病、发展有希望的基因治疗(敲除 *CCR5*)临床试验(第十四章)一种担保。道格拉斯·利奥·比米什因杀人罪而被拒绝假释(第十一章)。我们现在认识到,人类基因组编码基因要少些,约为 2 万个(第十章),而中国已经成为基因组测序和分析方面的一个主要领导者。

也有一些消息令人难过。那位自查尔斯·达尔文以来最具洞察力的进化思想家——恩斯特·迈尔,已于 2005 年去世。正如他在《猎豹的眼泪》原版前言中所说,这是他最后阅读且喜欢的书。尽管保护已经取得了一些成功,但一个大的失败则是野生老虎的剧减,如今在亚洲数量少于 3400 只——不足一个世纪前的 3%。对物种丧失的知晓度日益增长,但不幸的是并没有转化为在保护研究和行动上投入更多的财力和物力,这不利于招募年轻科学家从事保护事业。

官僚主义在我们地球上盛行,无穷无尽的条例、许可、争吵扼杀着科研的进步,正如书中所详细描述的。制裁的威胁,甚至对微不足道的违反许可实施监禁(国际濒危物种贸易公约,美国濒危物种法案,种种动物福利声明),实际上是给追求发现重要的野生动物的优秀科学家泼冷水,虽然他们的追求会让环境和我们自身都真正受益。偷猎者和野生动物走私者并不申请国际濒危物种贸易公约的许可。而对环保科学家,连试图获取少量 DNA 样本都受限制,好像他们倒成了罪犯,这合理么?

我已经注意到互联网革命尽管有诸般好处,但好像把年轻人与谷歌出现之前的书籍、先例以及许多美好的经历隔绝开来了。在某种意义上,《猎豹的眼泪》是重新开启网络空间之前那些岁月的科学先驱们的视角的一步。

总的来说,这些科学探险故事的教训依旧很刺激,而且不受时代限制。今天的科学探索者有更好的知识、更先进的技术和至关重要的瞬时通讯能力,可将世界置于我们的台式机、笔记本电脑和移动设备中。新的基因组考古学科正在展开,通过大自然中的物种经过浩瀚进化时间的适应挖掘着幸存的秘密。长期以来尘封在史前沉默中的神秘和创新,正在通过它们留在我们基因组中的印迹而被揭示出来。野生物种提供了一个在自然实验室中适应、恢复和生存的文字见证,使我们得以抱有希望地进行阐释。我的故事集反映了这些早期粗浅尝试的眼泪和欢笑。更新的叙述将会出现在未来的书籍和汇编中,我热切地预见它们会揭示众多野生物种自然历史之谜。

图书的中文版是一个全力以赴的团队付出相当大的智力投入的产物。朱小健、夏志、蒋环环将每个单词翻译出来，以敏锐的遗传和生物学视角进行细致的推敲。博闻强记的中国著名记者熊蕾对全部中译稿进行了编辑审阅，杨焕明和关力愉快地组织并见证了其完成的历程。对这些精彩的笔杆子在这本非同寻常的专著上的投入，我深表感激。当你读此书的时候，你将欣赏到的那种清晰和理解极大程度上是由于他们的认真、精准以及对卓越的追求。

Stephen J. O'Brien

（史蒂芬·奥布莱恩）

2014年3月1日

作者简介

史蒂芬·奥布莱恩博士是美国国立卫生研究院(National Institutes of Health,NIH)国家癌症研究所基因组多样性实验室(Laboratory of Genomic Diversity)的负责人。奥布莱恩博士在人类和动物遗传学、进化生物学、逆转录病毒学和物种保护研究中的贡献得到国际上的承认。与他的学生、研究员和同事合作，他的研究领域遍及从猫的基因组图谱到 *CCR5-Δ32* 基因的发现等各个方面，*CCR5-Δ32* 基因是第一个显示出阻断携带者感染 HIV 的人类基因。奥布莱恩博士作为作者或合作者，在《国家地理》《科学美国人》《自然》和《科学》等众多出版物发表科学论文 500 余篇。

献给我的老师罗斯·麦金泰尔（Ross MacIntyre）、布鲁斯·华莱士(Bruce Wallace)、詹姆斯·爱德华兹(James Edwards)，他们引领我进入了遗传学思维、实践和探索的奇妙境界。

目　录

原版前言

向初入门的人介绍分子生物学的成就，没有比史蒂芬·奥布莱恩的这本《猎豹的眼泪》更好的途径了。一些早期的生物化学家们曾经大声疾呼：分子生物学会灭掉其他生物学科。他们当中的一位曾经说，"只有一种生物学，那就是分子生物学。"没有比这更不靠谱的话了。事实正好相反：分子生物学的研究不仅极大地丰富了有机体生物学，还导致了几乎所有生物学分支学科都有惊人的发现。奥布莱恩用14个章节的篇幅，通过一个又一个的案例分析，展现了基因组的分子发掘是如何给猎豹、佛罗里达山狮以及亚洲狮子的基因变异缺失之类的问题带来意想不到的新思路的；我们是如何发现鲸、印尼猩猩，以及许多种分类地位不确定的物种种群之间的遗传差异的；狮子独有的交配系统为何与亲缘选择并不冲突；艾滋病(AIDS, Acquired Immune Deficiency Syndrome，获得性免疫缺乏综合征)是如何产生的，为什么如此难治。免疫基因把几百年乃至几千年前历史上的传染病讲述给我们。奥布莱恩以娴熟的文笔讲出来这些引人入胜的故事，让人拿起书来就不忍释卷。

第十章展示了不同哺乳动物(包括人)的基因组非凡的相似性，并指出人类医学问题的解决将在多大程度上受助于其他哺乳动物家族(如猫)的比较基因组学研究。虽然奥布莱恩经常同高深的技术问题打交道，但他却成功地以外行也能明白的通俗语言讲述了他的故事。并且他还使我们相信：动物身上的发现对人类医学往往有多么重要。在我近几年来所读过的书中，这本书是我受益最多且最为欣赏的一部。相信每个读者都会有同感。

哈佛大学荣誉退休教授

亚历山大·阿加西动物学教授

恩斯特·迈尔(Ernst Mayr)

序　言

xi　你翻开的这本书是一系列故事的集成。这里既有历险,也有科学之谜;既有医学奥秘,也有侦探故事。大部分的主题是关于无可效仿的濒危物种和揭示了过去和现在的危险的科学进步。这些记录都是真实的,并且从不同的角度说明了新基因组技术在揭示野生物种、伴生动物①及我们自身的历史中所隐藏的秘密方面的力量。

最初扫一眼,这些故事好像是我们喜爱的濒危物种(猎豹、座头鲸、大熊猫等等)面临的危险。在这些脆弱的野生物种的表象之下,我们的发现却揭示出它们的成功、它们的幸存以及它们的脆弱性的道理和来由。这些新的视角来自于对生物物种的遗传密码的阅读,而这也只是最近几年才得以用于监察的。基因技术及基因识别的令人瞩目的发展可以应用于任何物种,其结果都令人惊讶,有时甚至令人不安。从进化论后见之明的观点来看,通过现代基因组调查的镜头,已经让数以千计的故事慢慢浮现出来。那些为探索逆转物种灭绝而开始的研究让我大开眼界,看到了任何人都可以想象的伟大生灵们的历史的丰富。将这些故事串联起来的遗传学线索,是所有活着的生物毋庸置疑的统一体。而我们都是由一个巨大的网状谱系网络错综复杂地与我们最古老的祖先联系在一起。

xii　现代哺乳动物的基因组,即个体遗传指令的总和,包含不寻常的缓存信息。在其遗传禀赋中含有30亿个核苷酸字母,安居在3.5万～5万个基因中,规定着每个个体的发育。但是它们也保留着历史上与灭绝擦肩而过、适应和幸存的脚本。大自然每天周而复始的野外试验检验着种群、物种及不同地理空间中个体的新基因变异体。所有的这些试验都整整齐齐地记录在如今仍活着的植物和动物幸存者的

---

① 伴生动物(companion animal),一般而言有两种意思:(1)指最易与人类接近的供家庭饲养和玩赏的小型动物,如猫、狗等;(2)是指能忍受环境变化,并能与人伴生的有害动物,如家栖鼠、蟑螂等。

基因序列中。科学家们才开始着手解释远古事件的遗传学“爪印”。我们也边走边在学习着如何去识别DNA中的信息和教训。尽管进步可能似乎很慢，但这种遗传上的广泛涉猎所获得的初步看法已经激励着我们思考，也使得我们对解决那些关于生物如何形成的无数谜团抱以乐观。

基因组学时代呈现出几乎对生物学的每个方面都具有的前所未有的前景和潜力。犹如印刷机发明之初，我们可以预见整整一代人的思想、看法、感受及经验将会广泛传播。不同之处在于我们集体的基因组编码的经验教训不是一个，而是上万作家写就的，且在每一个进化谱系上还要成倍增加，同时还拥有它们自己独特的既定经验。正如化学周期表赋予化学设计以力量，硅晶片永远改变了一切可以用计算机算的事物一样，我们也将使基因组学作为理解过去、现在和未来的生物学事件的转折点而被铭记。

科学探秘的一个潜在主题是将动物学研究带进人类医学中的非同寻常的洞察力。野生物种没有医院的急诊室，没有卫生维护组织(HMO，Health Maintenance Organization)或药店治疗它们的疾病。它们还是经常受到几乎与波及人类的天灾一样的祸患的攻击——癌症、艾滋病和肝炎之类的致命传染病，如多发性硬化症和阿尔茨海默氏症及关节炎等退行性疾病[①]。许多受害者因此死去。事实上，高于99.9%的曾在地球上行走的哺乳动物物种现已消亡。但是也有逃脱了的，那些幸运的物种今天静悄悄地生存着，并在它们的遗传禀赋中，携带着让它们成功进化的秘密。医学科学能从自由生活的猩猩、狮子、美洲狮以及仓鼠所获得的遗传性疾病、传染性疾病和肿瘤性疾病的天然解决方案中找到启迪么？我相信我们能，并且我将会在下面的章节中用实例来说明怎样做到这一点。

xiii

这些故事为21世纪的科学打开了一扇窗，通过这扇窗户，通过基因组挖掘，无疑将会获得无数的生物医学进展。这些是幸存的希望和教训的故事。它们也经历了那些曲折但让人振奋的科学发现、演绎及政策发展的历程。

每一章均用自己独特的方式道出了小说家们所无法想象的曲折婉转的故事。我之所以选择它们是因为我亲身参与了每一个故事，并与我所描述的主角们都有交往。这个演员阵容是由科学家、研究生、博士后、医生、兽医、田野生态学家和其他许多与研究进展相关的人员组成的。而我自己，则有幸作为一名在美国国立卫生研究院(NIH，National Institutes of Health)工作了30年的遗传学家，一名有政府背景的科学家，参加了这些探险活动。

① 退行性疾病，一种受害组织或器官的功能或结构逐步恶化的疾病，可以是由人体老化而形成，也可以是因生活方式的选择，如运动或饮食习惯不佳而形成。

1971年,我还是一个相当天真的果蝇遗传学家,不知道我选的这个学科能否对医学研究提供任何裨益。如今,作为NIH内部研究计划中的实验室主任,我监督着学生及其他科研人员们的研究项目。我们努力用基因技术和技术进步去解决癌症和传染病的病因、诊断和治疗。我讲的这些故事来自探索生物学最深处的奥秘过程中的挑战和令人振奋之事——为何一些物种存活下来了,而别的物种却没有。

我们终归还是很幸运的,发现了动物和人类基因组的秘密。有些发现,像揭示大熊猫神秘莫测的起源,解决了尘封已久的学术难题。而另一些发现,如对猎豹和佛罗里达山狮脆弱性的研究,对保护计划的实施提供了信息。还有一些发现,像发生在狮子和人类中的艾滋病,为今天最具破坏性的传染病杀手的临床治疗开辟了新的途径。

xiv 这些故事为后基因组时代将会呈现的绚丽风景提供了惊鸿一瞥,也让我们看到了预示在生物保护、法医学及医学方面精细调节进展的生物学间歇发展的迷人前景。我希望我对这个过程的讲述让那些对基因组思维的术语和奥秘没什么背景的有兴趣的读者都能明白。在此过程中,我用了一些诀窍、类比及文学方法,使相关原理容易为读者所理解。全书将专业术语的使用减少到最低限度。附于文后的词汇表解释了部分基本的专有名词。我希望读者能享受这一学习过程,并分享那种因跨越现代生命科学所有学科的发现和应用而开阔着我们眼界的令人称奇的科学的奇妙。

第一章　狂笑的老鼠

人们都认为这是中国的黄金时代。公元960到1279年，宋朝统领了一次文化和技术的复兴，引发了影响深远的发现——印刷、磁力、指南针和火药——比欧洲的同类创新早了好几百年。宋朝和此后的明朝，见证了令人眼晕的人口增长，中国国民从14世纪的8000万人到1650年的清朝[①]顺治时期已翻了一番，达到1.6亿人。如今有13亿人生活在现代中国。 1

这一人口爆炸以城镇的扩张与农业的进步为标志。整个宋朝和明朝，通过种植面积的扩大，单位产量的提高，以及呈几何级数增长的灌溉，农作物和粮食供应稳步增加。在过去的1000年里，中国以农耕文化而兴旺，其90%的土地都被耕作，不到2%的土地作为牧场放牧牲畜。

遍布中国各地的粮仓，为啮齿动物，特别是小鼠和大鼠，提供了绝妙的机会，因为它们成了科学家们所说的“共生”物种——即伴随着人类活动而繁荣的动物。狗、猫、苍蝇、蚊子、蟑螂和鸽子都是共生物种。野生小鼠在谷仓、筒仓及粮食储藏室尤为如鱼得水，每月产仔，一窝可达一打幼仔。随着中国农业的蒸蒸日上，这里的小鼠也繁荣兴旺，其数量即使没有几十亿只，也可数以亿计。

然后，在中世纪中叶的某个时期，一场来势凶猛的疾病爆发，几乎吞噬了中国的鼠群。当时的佃农和农夫们想必对这样一场瘟疫是拍手称庆的。对于几个世纪之后偶然发现了这段朦胧历史的科学家们而言，这场瘟疫却显露出一个非同寻常而意义深刻的进化事件。科学家们关于这些鼠类的发现，会改变生物学家和医学探索者们洞察野生物种历史的方法。 2

侵袭了这些老鼠的毁灭性病毒引起了血癌、下肢瘫痪和截瘫。这些过度拥挤而又压抑的鼠类社群数以万计，很难抵挡致命的疾病。没人能确定病毒来自何

① 原文中注明的是明朝。可事实上，明代截止到1644年，所以1650年实际上应该是清初。

处——可能来自带进谷仓捕鼠的家猫，也可能来自鸟类或其他牲畜。这场大流行病杀死了数以千万计的老鼠之后，事情才有了转机。有些老鼠幸免于难，继续繁衍、进食和扩散，再一次只受现有食物、天敌和做窝机会的限制。那可是九死一生了。

幸存的老鼠们是如何避开了来势汹汹夺去如此众多鼠命的病毒的呢？几个世纪之后，一位经验丰富的医学病理学家破解了这个谜，他的好奇心和科学洞察力揭示了这个怪异的情景，有如抽丝剥茧，直抵最终的核心，解开谜局，这功劳是他的。

午夜刚过，穆瑞·加德纳(Murray Gardner)博士柔和却又刻意地在对几个高中男生说话。“关键是要隐秘……这里没有一点违法的事情，但要非常小心，不要被人看见，不要跟别人说起。我们可千万不能上报纸，那样整个事情就全砸了。”

这些男孩子是业余捕鼠员，配有棉布劳保手套，装老鼠的深色塑料垃圾袋，带有眩晕灯的矿工头盔，这灯光能把老鼠吓呆，这样就能抓住它们，扔进袋子里。猎鼠场在加州文图拉(Ventura)县南部卡西塔斯湖(Lake Casitas)附近的一个乳鸽养殖场，在洛杉矶以北40英里。乳鸽是专门饲养的鸽类，作为供应中餐馆的一种佳肴，这个饲养场有1万只乳鸽，分别养在小笼里。在满布鸽粪的笼板下，有数以百计的家鼠(Mus musculus domesticus)，悄悄地偷食着乳鸽们的谷物饲料。

3

加德纳需要这些老鼠来搜寻新的逆转录病毒——一种会导致癌症，特别是在鸡、猫和老鼠中引发白血病和淋巴瘤的恶性病毒。逆转录病毒的非同寻常之处，在于它们的基因是由控制细胞活性的核酸RNA组成，而不是由标准的脱氧核糖核酸DNA组成。这些病毒用一种酶，将其RNA的遗传密码复制成DNA形式，然后将其插入受感染者的DNA中。RNA通常产自于DNA，而不是相反，这才有了“逆转录”之称。穆瑞·加德纳热衷于从野生鼠中取样，因为这些鼠和人类相似，却与大多数实验室用鼠不同，它们不是人工饲养的，没有因此而失去或降低了遗传多样性。在穆瑞猎取这些老鼠之前所分离出来的鼠逆转录病毒，都来自近交品系，即经过20余代兄妹血亲交配所传下来的老鼠子嗣。

穆瑞获得了农场主的许可，可以收集老鼠并把它们带回他的实验室，但前提是整个操作过程必须悄悄进行。要保持隐秘的原因很简单：乳鸽是养来供人食用的，饲养乳鸽的农场面临着“加利福尼亚州灭鼠委员会”每月一次的检查，证明这些饲养场“没有鼠害”。一旦被曝有老鼠，在所难免地要被迫设鼠夹，下鼠药。所以男孩们很快地抓了老鼠，在黎明前把抓到的老鼠放到一个乡村加油站的圆桶里，再由加德纳来取。

穆瑞·加德纳是个充满好奇心而有时却缺乏耐心的家伙。如果另活一世，他说不定会是个福尔摩斯式的侦探、希腊哲学家，甚或是魅力超凡的政治家。在现实生活中他是个“鹰眼皮尔斯[①]”式的人物，曾在朝鲜战争中担任野战医院[②]的医生，包扎伤口，为怀了美国大兵的孩子而担惊受怕的年轻亚洲女性进行产科护理。战争结束后，他深造成为医学病理学家，并在1964年作为医学研究员加入美国南加州大学的教职队伍。

到1970年，穆瑞46岁了，事业成功，日常的学术工作也得心应手。他的临床和教学职责都很重要，但并不特别具有挑战性。在业余时间，他着魔般地痴迷于阅读关于癌症、传染病和医学进展等方面的科研文献。他的第一个研究项目，就试图证明洛杉矶烟雾引发实验室小鼠罹患癌症。他已经听说过尼克松总统的“抗癌战争”，那是一种有如“登月”一样的勃勃雄心，要了解癌症并治愈癌症。这个项目花费了美国国立卫生研究院(NIH)数百万美元的政府资金，试图找到癌症的病因、诊断及新的治疗方法。这个新项目的很大一部分资金被用于“病毒癌计划[③]”(Virus Cancer Program)，这是由国家癌症研究所(NCI)发起的一项庞大计划，目的是要发现能够致癌的人类病毒。 4

从1968年延续到1980年的病毒癌计划不幸很短命，因为没能马上发现人的致癌病毒，批评者硬说病毒与人类癌症毫不相干，成功地终止了项目资金。今天我们知道，有几种人类病毒导致的癌症已经造成亿万人的死亡。乳头瘤病毒是宫颈癌的首要病因；乙型肝炎病毒会导致肝癌，波及全世界3亿人；人类免疫缺陷病毒HIV会使艾滋病人罹患淋巴瘤、卡波西肉瘤和其他肿瘤。回过头来看，病毒癌计划并没有误入歧途，反而是很新锐——是超前于当时那个时代的研究工作。

穆瑞·加德纳正忙着让实验室小鼠接触洛杉矶高速公路交叉路口的烟雾和汽车尾气时，国家癌症研究所病毒癌计划的一位领导人罗伯特·许布纳(Robert Huebner)向他求助了。许布纳的研究小组在实验室小鼠中已经识别出许多致癌的逆转录病毒，但是他担心，这些实验室小鼠的密集近亲繁殖，已经影响了他们的

---

① 鹰眼皮尔斯是在美国上演了11季(1972—1983)的电视剧喜剧《陆军野战医院》中的一号男主角，是外科军医。

② 原文是陆军流动外科医院MASH(Mobile Army Surgical Hospital)，是1945年8月至2006年2月美军战时医疗机构。2006年2月16日之后更名为“战时支持医院”(Combat Support Hospital)。

③ 病毒癌计划于1968—1980年进行。该项目源于1964年，美国国会为国立卫生研究院提供资金，对病毒在白血病中的作用进行大规模研究。1968年，项目被正式命名为“特殊病毒癌计划”(Special Virus Cancer Program)，并扩大为针对所有癌症的研究项目。1973年7月1日，项目重新命名为病毒癌计划(Virus-Cancer Program, VCP)，将研究活动整合进新的国际癌症计划的大框架中。

发现。

许布纳知道，像人类和野生动物这样的远交[1]物种，有约3.5万个基因作为其遗传基础，而且几乎每个基因都有某种程度的遗传变异。如果这样的多样性中包括针对病毒或其他传染病的特定免疫基因，那么在实验室小鼠的近亲繁殖过程中，就可能无意中消除了让病毒复制并具毒性的关键遗传调控因子。这种预感，对于在近亲繁殖的小鼠和鸡中轻易地获取了多种肿瘤病毒，而迄今为止，在人类中对此并无任何发现的这一情形，提供了一个貌似合理的解释。人身上也许确实有逆转录病毒，只不过被我们遗传多样性的活跃抑制住了。这个想法在进化上是讲得通的，因为病毒抑制基因对远交物种有一个实实在在的好处：即防止病毒诱发的癌症。

许布纳和穆瑞料想这种致癌病毒可能正潜伏在远交物种中，只是被这些物种的基因抑制为一种休眠状态。他们都认为，在野生小鼠中搜寻这样的潜伏者，可能会揭示出一些特别有趣的天然微生物，那正是已在实验室小鼠中发现的那些肿瘤病毒的先祖。他们需要做的只是抓到一些野生小鼠，用标准的病毒学工具来检测一下。

猎鼠行动在奶牛养殖场、赛马场、鸟舍、窄巷、家禽饲料厂、高速公路护栏等任何野鼠可能潜伏的地方进行。在随后的10年里，加德纳的暗中行动收集到了1万～2万只小鼠。他给男孩们的酬劳是一只小鼠10美分。经过了几十次出师不利、落荒而逃和误解加身，加德纳还是设法在大洛杉矶地区的15个地点捉到小鼠。他观察着这些小鼠长大到老，搜寻它们身上的癌症、逆转录病毒和其他病毒性疾病。除了在衰老的小鼠中零星发现了几例肿瘤之外，几乎所有的小鼠中都没有患癌症，没有逆转录病毒，也没有其他感染。加德纳也没有找到他们以为会有的那些和实验室小鼠的肿瘤病毒有关的天然微生物。只有卡西塔斯湖附近的那个乳鸽养殖场例外。

栖居在乳鸽箱下面的老鼠们很不一样。它们正在与一场致命的逆转录病毒的大规模流行激战。这个农场近85%的小鼠带有接触过两种肆虐病毒之一的证据。两种病毒中，毒性更强的毒株叫做“嗜亲性鼠白血病病毒”(ecotropic murine Leukemia virus, ecotropic MuLV)。嗜亲性(ecotropic)意味着这种病毒在实验室中是在小鼠细胞中生长的，而不是在人类、大鼠或猫等其他物种的培养细胞中生长的。穆瑞把野生鼠中的病毒分离出来，并注入实验室小鼠体内，造成了致命的脊髓病型

---

[1] 远交(the outbred species)，指亲缘关系很远的个体间的交配。

后肢瘫痪,并在更老的小鼠中引发了被称为淋巴癌的一种血癌。脊髓型瘫痪的学名是“海绵状脊髓灰质炎脑脊髓病”(spongiform polio-encephalomyelopathy),在野生小鼠中,最早在其出生10个月后发病。这种病毒致受感染小鼠死亡,并通过哺乳传递给后代。

终于有一个野生鼠种群与致命的逆转录病毒搅在了一起。加德纳现在可以在一个与人类和其他远交物种的遗传多样性更相似的种群中研究致癌病毒了。

在科学探索中,似乎总是发现越多,出现的新的未知问题也越多。有好几年时间,穆瑞每月都在卡西塔斯湖小鼠种群中采样,满心期待着致瘫病毒能席卷鼠窝,灭绝这些老鼠。这事儿却并没发生。10年间,鼠丁兴旺,种群密度一直很高,疾病发生率则稳定在15%左右。受传染的小鼠很快就死了,但85%的小鼠从未感染病毒,也未瘫痪。在这个种群内,似乎对这种致命病毒的影响力有一种强大的抑制因素。

我是在1977年的病毒癌计划的年会上,第一次听到了穆瑞这个幸运鼠群的奇妙故事。流行病的这种显然是冻结定格的性质太撩人了。蜗居在加州乡下乳鸽笼架下面的寻常鼠群,怎么能够逃过致命的流行病而无限期地生存下来?在我看来,这似乎是一种遗传差异,但在那个时候,我们更习惯于认为可变异基因才是易于罹患镰状细胞贫血症或囊胞性纤维症之类的遗传性疾病的原因。一个能阻断致命病毒感染的基因特别有趣儿,所以我们开始联手来找到它。

穆瑞也渴望赢得我的帮助,因为在20世纪70年代初,研究逆转录病毒的遗传学家非常少。我在康奈尔大学专攻果蝇(*Drosophila*)遗传学,这使我接触了很多基因传递的实验,也使我有了群体和进化遗传学的基础。在那些年月,群体遗传学专家们研究笼养或在自然环境中的果蝇种群,来观察遗传变异的模式,而这些遗传变异模式正是物种适应性和物种形成的先兆。我在国家癌症研究所做博士后,得以与逆转录病毒学方面的大家并肩工作,他们向我展示了肿瘤病毒学研究中迷人的复杂性。穆瑞要我帮他查明,卡西塔斯湖小鼠是否具有抗性基因,能抵御致命的逆转录病毒;若有,就弄清楚它是如何起作用的。

为了解释这个现象,我们首先需要证明抗病小鼠真的有这种基因,而且可以将其传送给它们的后代。我们对如何去做并无把握,但我们从我所从事的果蝇研究所学到的经典遗传学中得到了一些窍门。穆瑞可是个有心而又热情的学生。

早些时候,穆瑞发现,卡西塔斯湖的致瘫病毒在遗传学上和另一种实验室逆转录病毒相关,这种逆转录病毒貌似在一种被称为AKR的近交系小鼠中引发了很高的癌症发病率。这种关联很快就被证明是我们得以获得卡西塔斯湖野生小鼠抗性的关键。

在 20 世纪 20 年代,有养殖者曾对 AKR 小鼠进行广泛的近亲繁育,并选择它们作为一种高发白血病的模型来源,造成每一代小鼠 100%罹患白血病,并在一岁前死亡。70 年代初,一些非常精妙的分子生物学实验揭示了个中原因。AKR 品系小鼠的染色体里携带着一种名为 *AKV*(即 AKR 病毒)的鼠逆转录病毒的三份全长拷贝,窝在产生小鼠的正常鼠基因之间。这三份 *AKV* 基因组(一个基因组是病毒遗传信息的一份全长拷贝)就像所有正规的基因一样,由双亲通过精子和卵子中的染色体传递给后代。结果,这些病毒就搭上了小鼠染色体的顺风车。

出生后,某些因素触发这些潜伏的"内源性病毒",它们开始自我复制,并通过淋巴细胞(白细胞)扩散。内源性是指病毒存活于宿主染色体中,并垂直传递给后代,而不是像流感或天花之类的外源性病毒,在个体之间横向传播。这些被释放的内源性逆转录病毒最擅长的就是引发白血病。它们只要感染一个淋巴细胞,再把自己插入到与数百个鼠基因当中的一个相邻的某个染色体中,就完成了这一业绩,这些鼠基因一旦在错误的细胞中表达,就导致不受控制的细胞分裂,或者说癌症。AKR 病毒就是通过提供了这样一个相当于"将我开启"的遗传信号给决定哪些基因得到表达的细胞机器,便轻易地激活了这个相邻的基因。这个过程将受感染的淋巴细胞转化成完全失去控制而不断分裂的细胞,这是白血病的第一步。AKR 小鼠血液中的病毒效价[①](浓度)很高,其后果就是死于癌症。卡西塔斯湖(以下简称卡湖)的抗性小鼠也能阻断 AKR 病毒吗? 如果能,那么我们可以得出结论:这些野生小鼠必定携带着一种抗逆转录病毒的抗性基因。

8

穆瑞建立起两个杂交系,一个是 AKR 小鼠和感染了野生小鼠病毒的卡湖小鼠杂交系,另一个是 AKR 小鼠与未感染病毒而且想来对病毒及其致瘫性有抗性的卡湖小鼠的杂交系。第一个杂交系产生的后代和它们的 AKR 亲体一样,产生了 AKV 病毒,罹患了白血病,并且夭折。但是第二个杂交系却大不相同:好几个无病毒的卡湖小鼠亲体与 AKR 小鼠杂交后,产生了几十个没有病毒血症、没有白血病、没有瘫痪而且长寿的后代。卡湖无病毒小鼠的染色体已完全关闭了杂交后代中的 AKV 病毒。这只能是卡湖抗性小鼠的一种抗性基因,它不仅中和了野生小鼠病毒,还中和了它的近亲,即窝在小鼠染色体里的 AKV 病毒。

其他无病毒的卡湖亲本小鼠生产出比例大致相等的两类后代:一组幼鼠病毒血症高发,而另一组全无病毒。对遗传学家而言,这种模式是说得通的。没有病毒

① 效价,指某一物质引起生物反应的功效单位,可用理化或生物检测方法测定。是生物制品活性(数量)高低的标志。

血症后代的无病毒卡湖小鼠携带野生小鼠抗性基因的两个拷贝；而既生产出有病毒血症的后代也生产出无病毒后代的卡湖小鼠，则拥有一个抗性基因和一个敏感基因。

为了进一步巩固我们的结论，穆瑞随后将AKR-卡湖抗病杂交后代与其AKR亲本回交。回交产生的后代中，无病毒小鼠与罹患病毒血症/白血病后代的比率是50∶50。这个50∶50的区分，恰恰是格雷戈尔·孟德尔[①]遗传学第一定律——单基因分离定律——所预测的。这次杂交使我们确信无疑：卡湖小鼠的染色体中，有一条藏着遗传金砖，那是一种保护其携带者免遭逆转录病毒所致的病毒血症、白血病和夭折的强大力量。我和穆瑞将这个新基因命名为*AKVR*，即AKV抑制基因。

9

那么，这种逆转录病毒抑制基因到底是如何工作的呢？一旦在一个小鼠染色体的特定位置上标绘出这个基因，并用一种被称为基因克隆的过程将其分离，答案就出来了。当我们检视分离出来的小鼠基因DNA序列时，呈现出来的东西令我们目瞪口呆。原来，所谓的"抑制"基因，就是在卡湖和AKR小鼠中致病的逆转录病毒基因组的缩影，不过是缩减版。

逆转录病毒基因组序列结构相当简单，仅有约9000个核苷酸（核苷酸或碱基对就是把基因串联到一起的遗传密码的DNA字母），限定四个基因：*env*，即把病毒与它所感染的细胞结合起来的表层包膜蛋白基因；*pol*，即聚合酶基因，将病毒的RNA基因组逆转录成DNA拷贝；*gag*，即一种内部病毒核心蛋白基因，将其脆弱的RNA包裹起来；再就是*LTR*，即一种黏合基因，将病毒DNA拷贝黏合到宿主的DNA上，便于其插入动物宿主庞大的染色体中。卡湖小鼠的抑制基因*AKVR*，是在这四个基因中制造出一个良好基因产品的那个病毒的缩减版，即病毒外层表面的包膜蛋白。

由于这个卡湖基因是一个不完整的病毒，它就不能像AKR小鼠所携带的完整的内源性逆转录病毒那样引发白血病。*AKVR*所做的一切，就是抽空小鼠白细胞中的逆转录病毒包膜蛋白。它是如何保护这些小鼠免受致命卡湖病毒侵害的？一旦我们理解了逆转录病毒最先引起白血病的方式，答案就明了了。

逆转录病毒首先通过认出它们所感染的组织细胞表面上的特异受体或门路进入细胞。不同的逆转录病毒需要不同的受体，像卡湖病毒或AKV病毒这样的小鼠病毒，使用一种叫做Rec-1的受体，它是一种嵌入细胞膜内的蛇状大蛋白。这个

① 格雷戈尔·孟德尔（Gregor Mendel，1822—1884），奥地利遗传学家，遗传基本原理的奠基人，被誉为现代遗传学之父。

受体含有短蛋白芽，像手指一样伸出细胞膜外。这些“手指”中，有一个有特异的识别信号，就像一把钥匙开一把锁一样，像磁铁般把逆转录病毒包膜蛋白绑到一起，造成细胞膜溶解，从而让病毒将其DNA注入细胞。被感染的细胞很快成为生产新病毒部件的工厂，复制病毒基因，组装新病毒。在这个过程中，一些新合成的不规则的包膜蛋白移动到细胞表面，与其互补受体强力结合。这些包膜蛋白覆盖在受体上，使得漂浮在血液中的相关病毒无由对它们进行新的感染。这种由病毒介导的对继发性感染的预防，有一个学名，叫病毒干涉(viral interference)，我们在卡西塔斯湖小鼠中所见到的抑制的关键，就是它的一个怪异形态。

抗性小鼠防止致瘫病毒为害，是因为那个不可或缺的细胞受体Rec-1充满了不是由病毒而是由抗性小鼠的卡湖抑制基因所生产的包膜蛋白质。这是一个精巧的解决方案，是针对一个致命病毒的一种基因疫苗。小鼠制造了一种无害的病毒包膜蛋白，既不伤及自身，又相当有效地阻断了致命的卡湖病毒或AKR病毒的攻击。但是，我们还想知道，这种神奇的基因从何而来？怎么来的？其他小鼠也携带有这个基因吗？

卡西塔斯湖农场抵抗住病毒感染和瘫痪的老鼠都有*AKVR*基因，并且，毫不意外的是，受病毒感染而瘫痪了的卡湖小鼠没有一个有这个基因。加州各地和其他州的鼠群这两样都缺乏——既没有逆转录病毒，也没有*AKVR*基因。卡湖小鼠与致命病毒的抗争是孤军奋战，*AKVR*基因也为它们所独有。或者看起来如此。

这个故事的下一次转折来自一个意想不到的地方，来自对日本一个野生小鼠亚种小家鼠(*Mus musculus molossinus*)的病毒学研究。亚种是指一个动物种群，其遗传上和外观上都有别于同一物种的其他种群，就像东北虎和孟加拉虎，或灰熊和日本北海道棕熊。一些日本病毒学家发现，他们研究的野生小鼠像卡湖小鼠一样，病毒血症患病率比较高，也明显有基因抑制的情况。我和穆瑞向他们索要了一些日本小鼠，来与卡西塔斯湖的抗性小鼠配种。当杂交小鼠与AKR小鼠交配后，产生的后代都是抑制了AKV病毒血症和白血病的无病毒小鼠。但凡遗传学家都知道，这意味着卡湖小鼠和日本小鼠都具有完全相同的逆转录病毒抑制基因，这是这个迷局中的一个关键性发现。分子分析也在日本小鼠中发现了*AKVR*基因，同样是半完整的逆转录病毒基因组序列，这使我们怀疑，卡湖小鼠可能与日本野生小鼠有着某种不为人知的亲缘或血统关系。

进一步的调查揭示出对亚洲野生小鼠迁徙模式的研究。察看了各种小鼠基因的DNA变异模式的科学家们已经指出，当今日本所有的小鼠都是近代才迁移到这个岛国的小鼠的后裔。聚居在亚洲大陆北部(俄罗斯、蒙古和中国北部)的小鼠亚种是小家鼠(*Mus musculus musculus*),而中国南部和东南亚却有一个不同的小鼠亚种栗色小家鼠(*Mus musculus castaneous*)。原来,近代的两次迁徙,一次在16世纪从亚洲北部,另一次在18世纪从南部,是现代日本小鼠的先祖。日本野生小鼠(*Mus musculus molissinus*)是北边来的小家鼠和南边来的栗色小家鼠杂交的新亚种。我们看过北亚的小家鼠,既没有发现病毒,也没有发现卡湖抑制基因,但南边来的栗色小家鼠则两者皆有。*AKVR* 抑制基因和卡湖病毒静静地生活在亚洲南部,其情形与卡西塔斯湖附近养鸽场的情况如出一辙。

把这些相关的观察拼凑起来,我们现在可以想象卡湖抑制基因的起源了。我们的故事把我们带回到宋朝那场洗劫了中国小鼠种群的世纪疫病。正如必定发生了无数次的那样,一只受感染的雌性小鼠怀孕了,并立即将病毒传递给胚胎。病毒试图整合到胚胎细胞的染色体里,但是这一次,它犯了个错误,失去了一半的病毒基因,却把另一半基因放进了小鼠的第12号染色体。随着胚胎发育成幼鼠,被感染的细胞遗传下来的每一个细胞都携带有新的逆转录病毒 *env* 基因片段。对这只小鼠及其后代来说,巧的是,这个精简版的病毒基因组整合到的染色体区域,恰好包含了一个开关,一个遗传调节元件,可以启动淋巴血液组织中的病毒基因。这样,这个鼠宝宝就神奇地抵挡住了它生于其中的那场肆虐的疫病。他(她)长大了,交配了,将抗性基因传递给后代,后代也抗住了疫病。这场疫病提供了一种强有力的天然选择影响因子,垂青于新造就的 *AKVR* 基因携带者。携带 *AKVR* 基因的小鼠活下来并繁衍下去,没有这个基因的那些小鼠就死了。当中国小鼠在16世纪迁移到日本时,以一种病毒-宿主平衡状态锁定起来的逆转录病毒和 *AVKR* 抑制基因也随之而去。

12

我们现在相信,卡西塔斯湖的小鼠呈现的是同样一种现象的美国分支。穆瑞那个加州农场最早是由中国的农民移民创建的,他们于19世纪定居,他们的后人把它保留至今。这些移民带着注定要成为加州中餐菜的乳鸽跨过太平洋,而作为一笔意外之财,他们也带来了小鼠、致瘫逆转录病毒和抑制基因。我们碰巧偶然撞上了这个故事,得到了对致命病毒的遗传保护是如何演化的一个罕见而弥足珍贵的概貌。

在遗传学或医学文献中,鲜有提出如此清晰含义的范例。现在活着的物种的基因是经验和自然历史的产物,而疫病大有关系!野生小鼠既没有医学监察也没有医学治疗来挺过一种致命病毒。它们唯有的防御来自内在的基因变异和自然选择的过程。一次偶然流产了的感染,碰巧利用逆转录病毒干扰,保护了它的受体,而这种保护一个世纪一个世纪地传承下来，每一代又赋予其携带者一个针对此瘟疫的有益基因疫苗，从而增加了它的数量。

AKV 和 *AKVR* 只是附身于今天小鼠基因组中的内源性病毒残迹中的两个。其实小鼠中有数以百计的逆转录病毒序列拷贝，有些很老了，有些还年轻，却都是历史上的疫病在遗传学上的回响。我们可能永远无法把它们都解释清楚，但是这一个故事的解答，还是相当令人鼓舞的。

13 当我们滚动翻过其他哺乳动物包括我们自己的基因组 DNA 序列时，我们遇到和小鼠同样多的内源性病毒序列。多数是远古疾病的废弃遗迹，但也有几个在活跃地产生 RNA 拷贝，甚至在合成蛋白。会不会有一些人类基因具有 *AKVR* 那样的抗性功能，也许针对导致艾滋病的逆转录病毒 HIV-1，也许针对肝炎病毒乃至致命的天花病毒？谁也不能肯定，但人类基因组计划的精巧工具可能有助于揭示这样的联系。潜伏的病毒基因也有可能在将来被唤醒，以应对某种新的病毒挑战。

积极利用基因和疾病作战，这是 21 世纪医学的一个诱人的前景。未来派基因治疗刚刚开始的努力挺令人失望的——我们需要开发“智能载体”，即分子运输工具，能将基因送达特定组织，在恰到好处的地点，以恰到好处的量，开启搭载它们的基因乘客，而不会造成有害的副作用。目前还没有人知道如何做到这一点，但卡湖小鼠给我们带来了新的希望，因为它们全靠自身就做到了“手到病除”。因此，我们从野生种群的基因靶向[①]中所学到的经验，也许可以为人类基因治疗试验提供深刻的指导。

当人类基因组计划(Human Genome Project)[②]的科学家们开始在互联网上列出数百万甚至数十亿人类和其他哺乳动物的 DNA 序列字母时，卡西塔斯湖小鼠基因组的秘密成为大家关注的焦点。人类基因组计划是一个由众多科学家、行政部门和资助机构组成的国际合作性研究，只有一个共同的目标：做出我们 32 亿个核苷酸的全长 DNA 序列测序(人类基因组的 DNA 字母)，它们组成了我们的 24 种不同的染色体[③]。与其同时进行的还有对其他物种基因组的测序，如极具医学

---

① 基因靶向(gene targeting，又称为基因打靶)，是一种利用同源重组方法改变生物体某一内源基因的遗传学技术。这一技术可以用于删除某一基因、去除外显子或导入点突变，从而可以对此基因的功能进行研究。基因打靶的效果可以是持续的，也可以是条件化的。

② 人类基因组计划，是一项规模宏大、跨国跨学科的科学探索工程。其宗旨在于测定组成人类染色体(指单倍体)中所包含的约 30 亿个碱基对组成的核苷酸序列，从而绘制人类基因组图谱，并且辨识其载有的基因及其序列，达到破译人类遗传信息的最终目的。

③ 人类有 23 对染色体，其中性染色体有 X 和 Y 两种，所以一共是 24 种不同的染色体。

价值的小鼠和大鼠基因组的测序。

最初的人类基因组测序一个令人吃惊的揭示，就是存在着数以千计像 *AKVR* 抑制基因那样的 DNA 片段，其实是部分的逆转录病毒。总体来说，人类的 DNA 约 1%与逆转录病毒相关。这些逆转录病毒基因组多数含有错误或拼写错误，导致科学家们相信它们非常古老，已经失效，而且是从极远的祖先传下来的。但也有一些全长的片段，像 AKV 病毒那样。今天的内源性逆转录病毒都是忠实地从亲本到下一代这样传下来的，那是我们远祖中流行过的致命逆转录病毒疾病残留的基因组足迹。

14

查尔斯·达尔文曾经解释说，在宁静的自然环境下，“感觉不到恐惧。死亡通常是即时发生的，而快乐、健康、有活力者幸存并繁衍下去。”以我们今天分子和基因技术的发展，我们实际上拥有了重建进化历史细节的工具。揭开这些长篇故事的面纱，也许会使我们有朝一日能够保证，历史——至少是致命疾病的历史——不再重演。

卡湖小鼠的故事来自一个非传统的源头：加州乡下乳鸽粪便下面奋争着的来路不正的小鼠。也许，对科学发现、实验设计和精确假设的检测采用较为寻常的方法，不是解开生物学小秘密的唯一途径。在其他野生物种中，是否还有更多的遗传学金矿等待着好奇的科研探索者们的关注呢？现在，让我们转向在这个星球上跑得最快的陆地动物吧——那就是非洲大草原美丽而神秘的猎豹。

第二章　猎豹的眼泪

15

科学研究就是掷骰子。你很少能预言结果，你永远也不知道你可能会发现什么。科学家试图专心致志地考察未知而神秘的领域，因为他们爱追根究底，因为他们想去以前从未有人去过的地方。时不时地就会有科学家碰上一些如此出乎意料的结果，竟然从根本上改变了广为人们接受的科学信念。这些发现可以得自科学才华，但更为常见的却不过是运气。也许最重要的，还是要有一个意愿，承认看来异常的数据是有来由的，并且不屈不挠地追究其意义，直到把真相揭示出来，让怀疑者无话可说。

猎豹的基因传承就说明了这一点。猎豹以世界上奔跑速度最快的陆生动物而著称，集诸多生理适应性于一身，得以在非洲平原上华丽高速地驰骋。猎豹看起来更像灰狗而不像猫[1]：它们拥有细长的腿，纤细的流线型头骨，增大的肾上腺和心肌，还有在它们以60英里的时速追逐猎物时，像足球鞋钉那样抓地的半伸缩爪子。

纵观历史，猎豹一直让人着迷。王公权贵们训练猎豹为狩猎伙伴，宝贝着它们的狩猎技巧和与之相对的把它们圈养起来时的顺从乖巧。图坦卡蒙国王[2]的陵墓就装饰有无数的猎豹雕像和用猎豹皮做护套的盾牌。征服者威廉[3]和莫卧尔皇帝

16

阿克巴[4]饲养猎豹来做狩猎运动。马可·波罗在他的东方探险的记述中，报道过中国皇帝忽必烈在他位于喀喇昆仑[5]的夏宫中豢养着1000多只猎豹。

---

① 猎豹是猫科动物。

② 图坦卡蒙(Tutankhamun，公元前1341—前1323年)，古埃及新王国时期第十八王朝的法老，1922年英国人发现其陵墓，从中挖掘出大量珍宝，震惊了西方世界。

③ 威廉一世(1028—1087年)，英格兰诺曼王朝第一任国王，1066—1087年在位。

④ 杰拉尔-丁·穆罕默德·阿克巴(1543—1605年)，印度莫卧儿王朝皇帝(1556—1605年在位)。他被认为是莫卧儿帝国的真正奠基人和最伟大的皇帝。莫卧儿王朝是印度第一个建立在民族和解、宗教宽容基础上的统一王朝，其治国精神和疆域版图对今天的印度仍然有很大影响。

⑤ 忽必烈的夏宫所在地，原文为“喀喇昆仑山”。然而，广为人所熟知的忽必烈夏宫则是位于上都，即今内蒙古自治区锡林郭勒盟正蓝旗人民政府所在地上都镇15千米的元上都遗址处。

猎豹是世界上奔跑速度最快的陆生动物

如今，猎豹种群受到严重威胁，主要是由于人类的劫掠。农业的崛起缓慢而无情地耗尽了整个亚洲和非洲的猎豹栖息地。在亚洲，猎豹在 20 世纪 40 年代就几近绝迹，如今撒哈拉以南非洲往北，只在伊朗还有极少数存在。最新的估计认为，整个非洲的猎豹种群数量在 1 万～1.5 万头之间。随着越来越多的濒危物种被接近 60 亿人类[1]所包围，这故事不讲也罢了。

当奥萨·约翰逊(Osa Johnson)的《我嫁给了冒险》(*I Married Adventure*)或卡伦·布里克森(Karen Blixen)的《走出非洲》(*Out of Africa*)之类的煽情作品预报了非洲野生动物的枯竭时，被激发起来的公众关注引发出保护运动。蕾切尔·卡森(Rachel Carson)的《寂静的春天》(*The Silent Spring*)发出警告：照此下去，这个世界的居民将只有少数的种植作物和家养动物物种了[2]。停止大范围物种灭绝的全球决心，导致各动物园也调整了自己的角色，从世界生物多样性的收集者和展示者，转变成为保护伙伴。第一步就是建立并繁育圈养濒危物种，如老虎、猎豹、巨猿、大熊猫和秃鹰等，作为脆弱的野生种群珍贵的储备或备份。他们希望对濒危物种的生物学有更多了解，从而制定出针对性的管理计划，在这些物种的本土栖息地保护它们。

猎豹很快就证明了自己是一个棘手的课题。它们被圈养起来后易受惊，易激动，甚至神经兮兮的，而且它们不愿意繁育。阿克巴皇帝在 16 世纪独有的那一窝猎豹幼崽，是人类与猎豹交往 4000 多年以来，圈养猎豹成功繁殖的唯一记录。在现代，圈养猎豹首次下崽，是 1956 年在费城动物园，但幼崽只存活了 3 个月。自那以来，在少数试图繁殖猎豹的动物园中，只有不到 17%的配对圈养猎豹成功繁育。而那些生了幼崽的猎豹中，死亡率为 30%～40%，比动物园几乎所有其他动物都高。即使在今天，在饲养繁殖有了相当大的改善之后，圈养猎豹种群依然面临消亡的风险，因为繁育总是赶不上死亡的速度。对狮子、老虎和其他大型猫科动物灵验的所有繁育诀窍，对猎豹都不管用。动物园主任和管理者们对此一筹莫展，急切求得答案。

17

在 20 世纪 70 年代初，富有进取心和保护意识的南非动物园主任弗兰克·布兰德(Frank Brand)与他的挚友、养鸡场场主安·樊戴克(Ann VanDyk)联手，在比

---

① 此书写于 2003 年。2011 年 10 月 31 日，联合国宣布世界人口已达 70 亿。

② 《我嫁给了冒险》最初于 1940 年出版，1989 年再版。作者奥萨·约翰逊(1894—1953)和她的丈夫马丁·约翰逊 (1884—1937)是美国著名探险家、摄影师、纪录片制作人、博物学家和作家，他们分别出版了多部著作，记录所见所闻。自传体《走出非洲》出版于 1937 年，记录了丹麦女作家卡伦·布里克森(1885—1962)在肯尼亚咖啡种植园的生活和非洲的风土人情。《寂静的春天》出版于 1962 年，这本书被认为是现代环保主义的开端。

勒陀利亚①附近建立了德维尔特(DeWildt)猎豹繁育中心。布兰德和樊戴克在照料猎豹的过程中,遇到了和动物园界其他同行一样的困难:猎豹紧张不安,繁殖持续失败,幼仔死亡率高。

1980年,在美国举办的一次动物园主任年会上,布兰德与美国史密森学会(Smithsonian Institution)②国家动物园主任泰德·里德(Ted Reed)讨论了猎豹的困境。里德提出派一支医疗队赴南非,检查布兰德的猎豹,探究猎豹繁殖问题的原因。布兰德和樊戴克很快就赞同对德维尔特的猎豹做一次彻底的医学评估。

短短几个月之内,国家动物园的首席兽医米契·布什(Mitch Bush)和在国家癌症研究所(National Cancer Institute)我的实验室中做博士后的年轻的生殖生理学家大卫·韦尔特(David Wildt),乘上了飞往南非的班机。布什是一个身材魁梧满脸胡子的大个子,对外来动物兽医学,特别是正在迅速提高的麻醉药理学领域,兴趣浓厚,判断敏锐。韦尔特是来自美国中西部的农家子弟,他身材瘦小,为人谦和,主攻家畜生殖生理学。他孩子气的亲和力和礼貌羞涩的举止下面,隐藏着对所有具有繁殖力的东西强烈的好奇心和深刻的了解。布什和韦尔特对比勒陀利亚郊外德维尔特猎豹繁育中心的远征,最终将永远改变保护界对猎豹的看法。

樊戴克和布兰德在德维尔特的大院已经累计养了80来只猎豹,他俩把这些猎豹都交给了美国医疗队。布什给每只猎豹都做了兽医学检测,并采了血来做血液学、激素、抗体和基因测试。此外,韦尔特和布什还采用一种为了家畜而开发的不登大雅之堂的叫做"电激取精"(electroejaculation)的方法(倒不是听上去那么不堪),收集了15头成年雄性猎豹的精液。当韦尔特在显微镜下检视精子时,他为自己所看到的惊呆了。每一头雄性猎豹的精子数量都非常低,约为他所看到过的其他猫科动物精子数量的1/10。更不同寻常的是,畸形精子的数量相当高:有些头部超大,有些头部偏小,有些尾部弯曲或盘绕。这种发育异常在其他物种如狗或马中偶有发现,但通常其发生频率不到25%。较高的发生频率一般只出现在不育雄性个体中。而韦尔特检测的所有猎豹都有近70%的精子畸形。难怪猎豹繁育困难。但是,为什么猎豹的精子如此异常?

18

每一个临床医生都知道,血液中蕴含着大量的医学信息。这种宝贵的流体携

---

① 南非行政首都,南非总统府所在地。

② 史密森学会是美国唯一一所由美国政府资助、半官方性质的志愿部门博物馆机构,是世界最大的博物馆系统和研究联合体,包括19座博物馆、9座研究中心、美术馆和国家动物园以及1.365亿件艺术品和标本。该机构大多数设施位于华盛顿特区。该机构于1846年成立,资金源于英国科学家詹姆斯·史密森(James Smithson)对美国的遗赠。

带着针对细菌、病毒以及罹患传染性疾病期间所接触到的微生物介质的抗体。激素能反映动物的年龄、性欲、怀孕情况、紧张度和从容度，而类固醇和脂肪是营养状况和器官功能的指标。血液中还含有受损组织的酶和DNA，以及每个个体遗传密码的数十亿份拷贝。

布什和韦尔特从50只猎豹的每一只个体身上都抽了几管血，与抗凝血的化学物质肝素搅在一起，肝素防止凝血，可以把血液按其不同成分分开：红细胞、白细胞和血浆。这些生物样本被存放在2毫升的小塑料管里，再放置在有泡沫聚苯乙烯塑料内衬的大钢罐中，用液氮降至零下170摄氏度，也就是零下374华氏度的超低温。这些容器是要送到我所在的这个角落来，那就是在马里兰州弗雷德里克(Frederick)的国家癌症研究所基因组多样性实验室(Laboratory of Genomic Diversity)。

那年月我的研究团队很小，精力集中在家猫中寻找影响它们对猫白血病病毒FeLV易感性的遗传差异。猫白血病病毒是一种逆转录病毒，能诱发血癌、白血病和淋巴瘤。大卫·韦尔特向我解释了猎豹的生殖困境，以及他在非洲猎豹中大规模取样的计划。他想知道有没有办法检查猎豹种群的遗传结构，或许借此可以对解释猎豹难以繁殖的原因有所发现。

还在20世纪60年代，科学家们便研制出一种凝胶电泳的方法，根据血液蛋白

19

的电荷将其分离。血液中的酶，也就是催化或促进化学反应(如将一个糖分子分解以产生能量)的蛋白质，能够进行电泳，再用识别特定酶的有色染料染色。对大多数物种而言，负责编码这些酶的基因区域中常见的变异体会引起移动性的漂移，这在电泳凝胶上很容易检测到。不同的电泳迁移模式代表着编码每一种酶的基因的DNA序列中的细微差别。在一个种群中发现的单个基因的变异体，叫做等位基因，因此酶的遗传差异被称为等位酶(allozyme)，也就是等位基因酶(allelic enzyme)的简称。

长期以来，群体遗传学家一直对估计个体之间在DNA水平上的遗传变异很有兴趣。多少算正常，或者说多少算异常，这可不是件小差事。典型的哺乳动物(人类、小鼠、猫、狗)单个精子或卵子中的DNA数量大约有30亿个核苷酸字母。它们都以线性阵列封装在20～30个独特的染色体中。不同的物种染色体数目略有不同，例如，人类有23对染色体，小鼠有20对，而猫有19对。任何哺乳动物的绝大多数染色体DNA是非编码的“间隔”DNA(spacer DNA)，但是6000万左右的核苷酸字母却为近3.5万个基因组成了编码物料。酶是典型的基因产物，因此，用电泳对一个种群中几个个体的一组酶进行取样，就可以粗略地估计出这个种群

中存在的遗传变异总量。

我读研究生以来的10年中，有一个变化，就是用等位酶进行种群遗传变异性估算的数量巨大。在猎豹血液样本到了我们实验室的时候，已经报道了对从苍蝇到植物、细菌、猫、鸟等各种物种的近千项等位酶遗传变异群体进行的调查。几乎每一个被调查的物种得出的结论都一样。所取的等位酶基因样本中，20%～50%具有可识别的遗传变异。也就是说，一个典型的个体5%～20%的等位酶基因是杂合性的(即不同父本和母本遗传下来的同一个酶基因有两个不同的等位基因)。

20

在我们继续努力开发研究猫科动物的遗传学工具的过程中，我和我的学生们已经为60来个猫等位酶基因确立了检测流程。条件刚一允许，我们马上就把那些冷冻的德维尔特猎豹血样试管解冻，制备了富集猎豹酶的细胞提取液，开始对来自德维尔特的猎豹进行群体遗传学调查。我们以为会发现一个中等水平的遗传变异，报告出猎豹有正常水平的遗传多样性。但是，我们发现的却并非如此。

詹尼丝·马滕森(Janice Martenson)是我实验室招来的一个很有才华的年轻技术员，她原是实验室器皿推销员，我以分子遗传学这个比较新的领域激动人心的前景，把她挖了过来。她已经是训练有素的病毒学家，所以在学习包括等位酶方法在内的新的分子生物学技术时上手很快。詹尼丝开始用等位酶分析翻查猎豹的血液样本。做了几个星期之后，她抱怨道，“这些猎豹真是无趣。我什么变异都找不到！”之后情况一直如此。一个酶，又一个酶，每个样本都一模一样。我们查了52个等位酶基因后停了下来。所有这些猎豹，个个都是一模一样的。

几年后，我同米契·布什开玩笑，“你们根本就没有收集到50只猎豹，对吧？你们实际上只采集了一个猎豹的血，然后分装到50个试管里，是吧？”结果就是这么难以置信。每只猎豹在遗传上和其他所有猎豹都完全相同。它们的基因就像故意近亲交配的实验室小鼠或大鼠品系那样毫无变化。

为了创建这样的近交系，育种者会把同窝个体一起直接交配10～20代。这个过程会造成常见的基因DNA变异整体脱落，导致DNA变异体趋近于零。但是猎豹是野生动物，它们是随机交配的，广泛的野外观察也没有提及任何近亲交配，更不用说连续多代的近亲交配了。我们觉得一定是哪儿出了错：也许等位酶在骗人，也许所有的猫科物种比其他动物的遗传变异水平都低，或许我们只是处在这1000个群体调查数据统计分布的低端。而且野生猎豹与圈养猎豹相比，或者与被认为是一个单独亚种的东非猎豹相比，又会怎样？它们看起来会是什么样？我们需要收集更多的数据。

21

我指派了一个机灵的新研究生安德烈·纽曼(Andrea Newman)检测其他8种猫科动物同样的等位酶基因。纽曼采用我们现有的布什和韦尔特多年来在无数次精子取样的过程中收集来的血液样品,在狮子、老虎、花豹、狞猫、山猫、豹猫乃至家猫中,发现了可观的遗传变异(10%～30%的等位酶基因都具有多个等位基因)。然后我们检视了一组不同的猎豹基因产物,这是将猎豹皮肤活体组织放在培养基中培养后生长出来的组织培养细胞中的155种蛋白质。与其他猫科动物或哺乳动物物种相比,猎豹皮肤细胞蛋白的变异也表现出戏剧性但并不完全的下降。至少还有一些变异,但是少得稀罕。

此时,我们认识到我们的结果可能非常重要,但我还是对这个发现如此极端而有点不安。在对其他任何野生种群的等位酶调查中,只有一个这么低。对以其吉米·杜兰特(Jimmy Durante)式的大鼻子和超常的深潜能力而著称的大北象海豹[1]的基因样本调查,也显示出等位酶变异为0.0%的结果,但那个研究只基于24个酶基因。在18世纪后期,人类的过度捕猎将北象海豹大批残杀。事实上,迟至1912年,人们以为它们已经灭绝了的时候,史密森学会的一支探险队在南太平洋的瓜达卢佩岛(Guadalupe Island)上,发现了一群共8只北象海豹,而他们竟然打死了其中的7只!幸亏有一只他们没打到,还有几只他们也没能看到。在1920年,余下的寥寥无几的象海豹作为加利福尼亚-墨西哥沿海的濒危物种,受到法律保护,种群才逐步恢复。到1960年,也就是美国和墨西哥政府同意对它们实施保护40年之后,北象海豹种群增长到12万头之多。北象海豹遗传上的枯竭,被认为是它们在19世纪几近灭绝的一个后果,而它们奇怪的基于妻妾群的繁育系统[2]则使这一后果更为恶化。通常占支配地位的阿尔法雄性[3]能给数以百计的雌性海豹授精,而艳羡不已的单身汉们则眼巴巴地看着,希望它们有朝一日也可能升级为阿尔法雄性。

但是猎豹可从来没有因为其皮毛而遭受系统的屠杀。它们的分布范围辽阔,覆盖了撒哈拉以南非洲的大部分地区达数千年,而它们难以捉摸的天性也有效地

---

① 北象海豹 *Mirounga angustirostris* (Gill, 1866),分布在北太平洋的中东部。南象海豹 M. leonina (Linnaeus, 1758)分布在南半球。

② 北象海豹的交配制度是一雄多雌的,雄性彼此争斗,赢得争斗的雄性一般可以与30～100只、最高可达500只雌性个体交配,而有些雄性可能终生没有交配机会。而雄性控制的雌性动物群被称为harem,即妻妾群。

③ 在动物行为学中,阿尔法个体指的是优势等级最高的个体,如阿尔法雄性或阿尔法雌性。等级最高的个体能够优先获得食物和繁殖机会,而在某些物种中只有阿尔法个体能够繁殖。阿尔法地位的更替一般通过争斗来实现。

保护了它们免遭猎杀。我们是该通过检查更多的基因,来肯定我们对猎豹基因组的取样具有代表性的。

我们将注意力转向一组我们很了解的基因,叫做"主要组织相容性复合体"(major histocompatibility complex),或 MHC[①]。MHC 是一个有约 225 个基因的基因簇,位于人、小鼠、猫和其他哺乳动物的 DNA 中一个短短的染色体片段上。差不多一打 MHC 基因共同编码包裹在细胞表面的蛋白质,这细胞表面是蛋白吞噬入侵病毒的小肽(短短的一段段氨基酸)的地方,这吞噬作用是免疫介导毁坏作用的前奏。大多数 MHC 基因具有极强的变异性,在一些远交的哺乳动物种群中,有些有 200 多个不同的等位基因。

何以有如此广泛的基因变异? 在 20 世纪绝大部分时间里,这对免疫学家来说一直是未解之谜,直到两名澳大利亚研究人员,洛夫·辛克纳吉(Rolf Zinkernagel)和彼得·杜赫堤(Peter Doherty)[②]证明,MHC 蛋白是警觉的免疫系统识别被感染细胞中的病毒蛋白的渠道。血液淋巴细胞或白细胞将 MHC 结合肽(短蛋白链)识别为入侵之敌,并把这个细胞及其病毒迅速消灭。众多 MHC 基因的各种不同的遗传类型,为个体提供了外源肽特异性识别的海量清单,这对战胜免疫系统在一生中遭遇的巨多微生物而言十分必要。哺乳动物的 MHC 是免疫识别和抵御入侵微生物的基础,这是带有根本性的发现,所以它的发现者在他们首次发表研究结果 30 年之后,荣获 1995 年诺贝尔生理学或医学奖。

个体间的 MHC 变异性极强,这已为做器官移植的外科医生所熟知,因为 MHC 基因的产物,即在几乎所有的细胞表面都有表达的蛋白质,本身就是抗原,也就是说,这些蛋白质可以引发强烈的免疫反应。在没有亲缘关系的人之间移植的肾脏或肝脏很快会导致移植排斥,也就是免疫系统对植入器官的外来 MHC 抗原的攻击。没有亲缘关系的人之间的组织匹配非常罕见,概率不到万分之一。需要移植肾脏、肝脏和心脏的患者之所以要等待很长时间,地方汽车协会之所以总想让我们所有的人都成为器官捐赠者,原因就在于此。

对移植排斥的遗传学基础一个更清晰的理解,来自利用外科手术在实验室鼠

① 主要组织相容性复合体是存在于大部分脊椎动物基因组中的一个基因家族,与免疫系统功能密切相关。其中部分基因编码细胞表面抗原,成为每个人的细胞不可混淆的"特征",是免疫系统区分本身和异体物质的基础。而位于白细胞上的 MHC 又被称为人类白细胞抗原(human leukocyte antigen,简称 HLA)。

② 罗夫·辛克纳吉,1944 年 1 月 6 日出生于瑞士巴塞尔城市州里恩,澳洲勋章获得者,苏黎世大学实验免疫学教授,1975 年自澳洲国立大学获得博士学位,因发现免疫系统如何识别病毒感染细胞而与澳大利亚学者彼得·杜赫提分享 1996 年诺贝尔生理学或医学奖。彼得·杜赫提,澳洲国立大学外科兽医和医学科研人员,1995 年获得拉斯克奖,1996 年获诺贝尔生理学或医学奖,1997 年成为澳大利亚年度风云人物。

系中进行交互皮肤移植的小鼠遗传学家们。从个体身上取下小块皮肤，再重新放到同一动物原来那些 10 美分钢镚大小的植床上，它们几周后就会愈合。然而，把没有亲缘关系的个体的皮肤缝合到植床上时，免疫系统就识别出外来 MHC 抗原是“异己”的，并发起攻击。由于对植入的急剧免疫细胞浸润作用，免疫细胞入侵到在遗传上是外来的组织并形成结痂，移植的皮肤就变黑变硬。但如果是同一个近交系的小鼠之间的交互移植，它们具有相同的 MHC 基因，移植则会愈合，并被当做“自己的”而被接受。

谢丽尔·温克勒(Cheryl Winkler)钟爱 MHC。还在读研究生的时候，她就养了一群猫，并在首都华盛顿的儿童医院向烧伤外科医生学习做皮肤移植手术。她熟练地在群猫之间进行交互皮肤移植，并采用无菌手术流程，详细描述猫的 MHC 特征。每一只猫对没有亲缘关系的植皮，在手术后 12～14 天就很快发生排斥，这表明它们的免疫系统识别出了外来的皮肤和无亲缘关系的 MHC 抗原，并加以排斥。

当詹尼丝·马滕森的等位酶筛查揭示了猎豹显著的遗传同一性之后，我们便想知道，身为遗传多样性鼻祖的 MHC，是不是同样这样单一。我和谢丽尔培训米契·布什做精细的皮肤移植手术，并派他去南非，为 6 只没有亲缘关系的猎豹进行皮肤移植。如果它们的基因如我们所想的那样单调，那么它们的免疫系统就不会排斥来自其他没有亲缘关系的个体的植皮。布什和比勒陀利亚动物园的首席兽医伍迪·梅尔泽(Woody Meltzer)博士为 6 只圈养猎豹进行了交互皮肤移植，它们有两只是兄弟，另外 4 只则是为这个实验所挑选的没有亲缘关系的猎豹。每只猎豹都做了自体移植作为对照，即从同一猎豹自身取皮；又做了异体移植，即从没有亲缘关系的猎豹身上取皮。移植手术后第 14 天，回到美国的布什和我给梅尔泽打长途电话，问他猎豹情况如何。它们状态很棒，恢复很好，生龙活虎，一切正常。

“植的皮怎么样?”我们追问。梅尔泽说了三个字，“非常好！”他的意思是，自体移植和异体移植的植皮都在愈合，毫无差别。打了那个电话之后又过了两周，即手术 4 周后，移植仍在恢复，自体和异体的移植都愈合良好。到术后 45 天，植皮开始长出毛发，猎豹的斑点也出现了。所有 6 只猎豹都已接受来自其他猎豹的植皮，每块都在愈合，就好像它们的基因完全相同。

我还是无法相信：怎么会是这样？猎豹是野生动物，不是近交系。梅尔泽是一个出色的兽医，但也许他太想看到这样的结果了？我们还需要进一步确认，必须确定无疑。

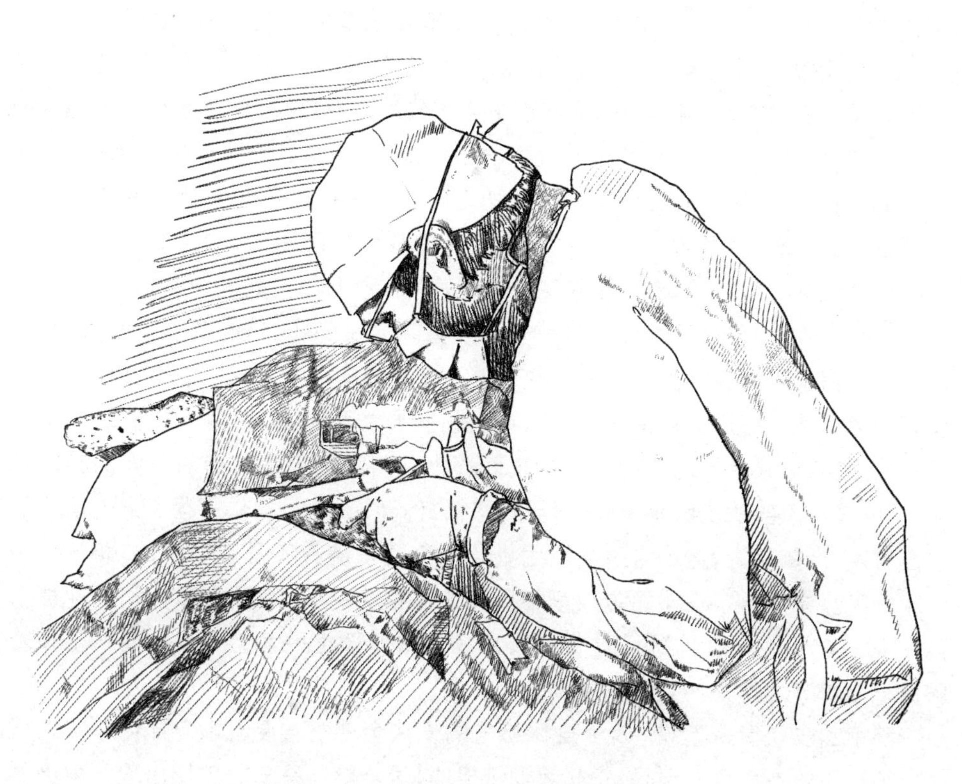

米契·布什给猎豹做精细的皮肤移植手术

这时候，我们了解到，在俄勒冈州温斯顿(Winston, Oregon)，有一个驱车进入参观的乡村野生动物公园，名为“野生动物乐园”(Wildlife Safari)，那里成功繁育着一群猎豹，有60来只。野生动物乐园是由洛杉矶房地产开发商、从大型动物狩猎者转变为保护主义者的弗兰克·哈特(Frank Hart)于1972年建立的；它为重复皮肤移植实验提供了绝佳的场所。哈特有两个充满热情而不知疲倦的副手：劳瑞·马可(Laurie Marker)和她的死党麦乐迪·洛奇(Melody Roelke)博士。马可掌管着全美国的猎豹谱系，既具有关于猎豹事实和传闻的百科知识，又具有坚定的保护伦理，超过了我在那之前或之后所遇到的任何人；而洛奇博士是公园的兽医，以掌握关于猎豹兽医学、生殖及传染病的一切为己任。我们遗传研究结果的含义让马可和洛奇既惶恐，又着迷。她们说服哈特，允许我们的团队到访，让他们的猎豹参加科学测试，重复布什和梅尔泽曾在南非做过的皮肤移植实验。

布什、韦尔特和我带着手术用品飞抵俄勒冈。在1983年的情人节那天，我们在野生动物乐园的兽医室为8只猎豹进行了皮肤移植手术，其中2只是姐妹，6只没有亲缘关系。每只猎豹都接受了自体移植和异体移植，其中两头猎豹还接受了洛奇的宠物、一只名叫海蒂的家猫的皮肤移植。因为家猫是与猎豹不同的异质物种，所以来自家猫的皮肤移植称作“异种移植”(xenograft)，提供了科学家们所说的阳性对照，也就是说，这个对照会表明猎豹的免疫系统其实是有功能的，能识别并排斥外来抗原。通常在谢丽尔用家猫所做的移植实验中，对异体移植和异种移植会在10～12天后发生排斥。这样在2月28日，即移植手术14天后，谢丽尔和麦乐迪小心翼翼地拆去8只猎豹的绷带。

移植的皮块看来不错。8个自体移植的皮块全部被接受。8个异体移植的皮块也被接受并在愈合。但是，正如我们希望的，两个异种移植的皮块出现了急剧的排斥反应。谢丽尔和麦乐迪还没有完全信服，想再多观察一段时间。振奋人心的实验结果传来的同时，我也背负了与日俱增的社会政治压力，这在以关注度高的物种为对象的研究中并不罕见。一些温斯顿的居民和公园的支持者们对“政府部门人员突降温斯顿，骚扰他们的猎豹，把它们当成实验小鼠来对待”感到愤慨。园长弗兰克·哈特很难受，觉得他应该终止实验。谢丽尔和麦乐迪花了几个小时，试图劝阻他不要终止实验。我听说了这个变故后，立即飞到俄勒冈，弗兰克到飞机场接了我。我们在温斯顿的州高速公路旁的一个牛仔酒吧谈了几个小时，喝了不少啤酒，抽了几支雪茄，之后弗兰克做了一个勇敢的决定，一个对一代猎豹和物种保护都会有意义的决定。他敦促我继续监测这些猎豹，把实验做到底。

几周之内,结果就完全清楚了。同种异体移植物皮块全部度过急性期[1]成活,异种移植则如期发生免疫排斥。在3月底,即植皮50天之后,有三个异体移植出现了排斥反应的迹象,但是这种排斥是由于没有亲缘关系的个体之间反应慢得多的非MHC抗原的差异所致。猎豹的免疫系统还是有功能的,只是它不识别没有亲缘关系的个体之间的MHC差异。猎豹的遗传状况同质化非常显著,就好像在 26 历史上有过某种对基因组多样性的大清洗。这种程度的免疫一致性令人难以置信,以前也只见于同卵双胞胎之间或非常特殊的人为小鼠或家畜的近交系中。

表明猎豹遗传单一性的证据只会越来越多。鲍勃·韦恩(Bob Wayne),我们实验室一个很有才干的博士后,检查了猎豹的颅骨量度和头骨的两侧对称性。虽然没有人知道其原因,但是在大多数家畜中,骨骼的不对称性(即左右两个相同部位的量度之差)随着近亲繁殖程度的加剧而增加。鲍勃测量了在华盛顿、芝加哥和纽约自然历史博物馆的33个猎豹头骨,每一个头骨都测量了16个部位的双侧性状。这项研究并不十全十美,因为好几个头骨上有弹孔,所以不完整。即便如此,在几乎所有情况下,猎豹头骨比豹、豹猫(ocelot)或虎猫(margay)的头骨更不对称。后来当我在一次电视访谈中谈到这些头骨的测量结果时,主持人问,"奥布莱恩博士,您是在说这些猎豹都是往一边歪吗?"不完全是,但是猎豹确实看起来很像是近亲繁殖的产物。

所有这些研究的含义正在开始趋于一致。不管我们怎么看,猎豹在遗传上都显得非常非常相似。然而,直到1985年,我们检查的所有猎豹都来自非洲南部地区:南非的克鲁格国家公园(Kruger Park)、博茨瓦纳的喀拉哈里沙漠(Kalahari desert)和纳米比亚北部的私人农场。东非的猎豹是猎豹的一个不同亚种,它们会不会有所不同?我们掌握的一个线索,来自鲍勃·韦恩测量的那些不对称的猎豹头骨。这些头骨大都是泰迪·罗斯福[2](Teddy Roosevelt)于20世纪之初在东非狩猎公园中收集而来。而这些头骨都显示出遗传同质化的痕迹。

为了获得确凿的结果,我们必须仔细检查东非猎豹的基因。我们花了一年的时间来组织样品收集之旅。美国国家地理学会(The National Geographic Society)为我们这次科考提供资助,我们还招募了两名经验丰富的猎豹观察家,来帮助我们在位于坦桑尼亚到肯尼亚的塞伦盖蒂(Serengeti)平原上找到野生猎豹,他们是瑞 27

---

① 急性期(acute phase),即病人开始接受治疗到症状缓解的期间。

② 泰迪·罗斯福(Theodore Roosevelt,1858—1919),美国军事家、政治家,为第26任美国总统,即老罗斯福总统。他酷爱狩猎,同时也是美国第一位对环境保护有长久考虑的总统。

士野生动物摄影师卡尔·阿曼(Karl Ammann)和英国生态学家蒂姆·卡洛(Tim Caro)。肯尼亚国家博物馆馆长、人类学家理查德·利基(Richard Leakey)对我们的探索给予大力支持,为以前从未做过的工作进行了政治上的协调沟通:从自由漫游的野生猎豹采样,调查其生殖和遗传现状。1985年6月,布什、韦尔特和我来到东非,进行了为期6个星期的科考。我们带来了18箱物资——发电机、离心机、电激取精探测器、装血浆的试管和液氮——简直就是一个移动实验室。我们从一位肯尼亚传教士手里购买了一辆用得很旧的、1976年生产的丰田陆地巡洋舰,将它命名为"诺亚",载上阿曼、卡洛和利基的副手伊萨·阿刚德伊(Issa Agundey)出发前往塞隆奈拉[①](Seronera)。塞隆奈拉是塞伦盖蒂平原上的一个偏远村庄,野生动物研究者们齐聚在那里,研究广阔但正在消失的东非生态系统。

猎豹在黎明和黄昏猎食,所以我们每天早晨在日出前出发,用望远镜观察搜寻,希望看到坐在白蚁丘上的猎豹。多亏蒂姆·卡洛和卡尔·阿曼,我们发现了几十头猎豹,并得以投镖麻醉了30只野生猎豹,取了样。韦尔特收集了10只雄性猎豹的精液,它们的精子数量都很低而畸形率很高,跟我们在南非取样的猎豹一样。它们的血液、皮肤、毛发乃至粪便样品经过处理、冷冻,作为超重行李随我们的航班运回美国。我们马不停蹄地着手确定它们的遗传状况。其等位酶基因中,有96%是一样的,且与南非猎豹的等位酶基因相同,只有4%的基因显示出一些微变异。这个基因变异性比南方猎豹中所见的要大,但也就勉强大那么一点点。我们的担心变成了现实:两个现存的猎豹亚种,*Acinonyx jubatus jubatus*(来自非洲南部)和*Acinonyx jubatus raineyi*(来自非洲中东部),其遗传多样性都比其他猫科动物低90%~99%,其生殖特征也都有显著缺陷。整个物种莫名其妙地失去了巨多其原有的遗传变异性。但是,这究竟是怎么发生的呢?

我们确实不大确定猎豹如何失去了它们的遗传多样性,但是我们可以根据已经掌握的知识做些猜测。最简单的解释就是类似北象海豹那样的情景:在历史上曾发生过一次几近灭绝的事件,随之而来的就是近亲繁殖。哺乳动物有着与生俱来的避免与近亲交配的遗传本能。研究猎豹、狮子和其他大型猫科物种的生态学家们已经详细记录了避免近亲繁殖的行为。近亲繁殖会使稀有的等位基因——就是那些因基因突变而受损,也是基因复制的一个自发错误而产生的罕见等位基因——聚在一起,造成先天异常。隐性等位基因需要两份才能造成一个缺陷,一份来自父亲,一份来自母亲;而一份隐性等位基因加上同一基因的一份正常的等位基

① 塞隆奈拉,塞伦盖蒂国家公园内的一块小型居留地,也是国家公园的主要指挥中心,配有小型的飞机临时跑道、酒店等,周围是灌木丛林景观,休息时可能会看到路过的长颈鹿。

因，会把问题遮盖起来。如果正常情况下个体间"DNA字母拼写"的差异有200到300万之巨（这是一般远交物种的差异水平），并且其中大部分是隐性的而且不利于最优发育，那么近亲之间的繁育会导致有害的隐性等位基因互相冲突或在后代中共存。近亲交配后，先天畸形率会增加，即所谓的"近交衰退"，这种情况在家畜中已为人所熟知。达尔文在《物种起源》（*On the Origin of Species*）中用了整整一章来谈论近交衰退现象。看起来，猎豹幼崽死亡率升高，生殖力下降，精子糟糕，繁殖异常和先天畸形，这都是它们过去被迫近亲繁殖的恶果。

与有关猎豹的累积数据相吻合的最好的解释，就是在历史上有过一次几近灭绝的事件。一个久已被遗忘的大灾难，什么灾难姑且不论，很可能使猎豹祖先的数量降到极少。结果猎豹通过了"种群瓶颈"[①]。它们的数量下降得如此之低，乃至它们放弃了避免近缘交配的本能而与近亲交配，因为几乎没有其他的交配选择。近亲繁殖想必持续了好几代，才形成了现代猎豹中所见到的遗传枯竭的水平。

这个猎豹濒临灭绝的事件据信发生在大约1.2万年前的更新世[②]末期，也就是北半球最近一次冰期发生的地质历史时期。在此之前，至少有4种猎豹遍布欧洲、亚洲、非洲和北美洲。但在最后一次冰川退缩后，猎豹突然大范围消失，仅余非洲、印度和中东还有一些猎豹分布。大约在猎豹的全球分布锐减的同时，同样生活在这几个大洲的大型哺乳动物消亡了3/4。这次全球性灭绝来得突然，是哺乳动物7000万年的历史上物种消亡范围最广的一次。这次灭绝事件在很短时间内就消灭了35～40种大型哺乳动物，包括大地懒（giant ground sloth）、乳齿象（mastodon）、剑齿虎（saber-toothed tiger）和美洲拟狮（American lion）。没有人确切知道其原因。有人说是气候变化，有人归罪于人类的狩猎压力，也有人说是这些大型哺乳动物或其捕食动物罹患毁灭性传染病的结果。无论原因如何，猎豹通过托庇于非洲，逃脱了在大约同一时期灭绝的厄运。

29

猎豹的基因其实证实了这个时间节点。种群瓶颈期之后在一个物种中积累的遗传变异的量，是一个时间函数。瓶颈之后，时间越长，就有越多的DNA变异重组。通过类似监测放射性碳同位素衰变情况来确定化石年代的计算，遗传学家可以计算在快速突变的基因家族中产生所观察到的新变异的量需要多少时间，从而估算出从种群瓶颈发生以来所经历的时间跨度。

---

① 种群瓶颈（a population bottle neck），指某个种群的数量在演化过程中由于死亡或不能生育造成减少50%以上或者数量级减少的事件。种群瓶颈可能促成遗传漂变。种群瓶颈发生后，可能造成种群的灭绝，或种群恢复但仅存有限的遗传多样性。

② 更新世，是地质年代中第四纪的第一个世，距今约260万年至1万年。更新世冰川作用活跃。

我们选择检验三个DNA区域，我们知道这三个区域的DNA比单调的等位酶和MHC基因积累新遗传变异体的速度快100倍。首先，我们检测了在被称为“线粒体”的细胞器内发现的相对较短的有1.6万个核苷酸字母的环形染色体。线粒体起着一种细胞动力室的作用，它把空气中的氧与碳水化合物养分的分解产物结合，制造出能量分子。所有植物和动物的线粒体，本身都是有6亿年之久的早期单细胞生物的细菌感染遗传下来的。今天的线粒体DNA仍携带着原始入侵细菌基因的残余，并用它们制造富含能量的分子。因为线粒体的染色体存在于细胞核外的细胞质中，所以并不受益于细胞核中的DNA修复酶，因此它的未修正突变发生率非常高——这就是在DNA复制过程中发生的DNA拼写错误。像猎豹所经历过的那样的种群瓶颈之后产生的世代中，新的突变积累很快。我们检验的另外两类迅速演化着的核DNA，是微卫星(microsatellite)和小卫星(minisatellite)。微卫星是2～5个核苷酸字母的短重复序列，而小卫星是20～60个核苷酸字母的较长的重复序列。出于很复杂的原因，微卫星和小卫星都容易有很高的突变率，都在种群瓶颈之后积累起大量新的等位基因。

在测量猎豹在这三类DNA标记区的遗传多样性时，我们发现，每一组都显示有大量新的变异体，足以让我们估计出从初始的种群瓶颈到现在的时间跨度。根据猎豹基因片段可以推算出，种群瓶颈可以回溯至1万～1.2万年前，正好是更新世末期哺乳动物大灭绝事件发生的时期。所以，不论大批杀害了剑齿虎、乳齿象和大地懒的是什么，它也几乎把猎豹斩尽杀绝。九死一生地逃脱了灭绝之难，给幸存者留下了遗传单一性的烙印，只是在10个千年之后才由我们的研究团队所发现。这个谜正在慢慢地揭开。

想想很久很久以前，猎豹还与当时兴旺昌盛的食草动物和食肉动物一道在全球漫游。想象一下，在南欧的某个地方，一只怀孕的年轻雌豹爬进一个温暖的洞穴，蛰伏起来，度过严冬。春天来了，她和她的幼崽缓缓爬出洞穴时，它们面对的世界却全然不同了，当地的猎豹和大型食肉动物全都消失不见，成了一次全球大屠杀的受害者。

这样一个可怖的场景在时间上在一再发生，我们就得出了灭绝的秘辛，或者就是像那位猎豹母系家长那样罕见的案例，即一个种群瓶颈。作为一个新种族的创始者，一个创造了这样一个宏伟的进化杰作的累积遗传适应性的蓄积库，她要与她的儿子交配，以继续这一物种得以恢复的遗业。我的脑海中浮现出那位猎豹妈妈泪流满面的情景，那眼泪在那以后给每一只猎豹的眼下都留下了擦除不掉的泪纹。

探险家和科学家一样，偶尔都会经历一种顿悟，突然之间就把无数个小小细节融合在一起，成为一个焦点无比清晰的真实存在。在我们做皮肤移植手术实验的日子里，这样一个戏剧事件曾展现在俄勒冈州温斯顿的猎豹繁育场。当时我们却没有看到那个大的画面。

野生动物乐园1973年从6只猎豹开始了他们低调成功的猎豹繁殖计划，到1982年，他们已拥有60只猎豹。当年10月，两只分别名为萨布(Sabu)和托马(Toma)的猎豹被从萨克拉门托动物园送到这个野生动物公园。它们到达之后几周之内，就开始发烧，出现黄疸、严重战栗和腹泻。尽管公园兽医麦乐迪·洛奇博士竭尽全力给它们治疗，两只猎豹还是死了。

萨布和托马感染的是一种叫做猫科动物传染性腹膜炎病毒(feline infectious peritonitis virus，FIPV)的恶性病毒，这种病毒10年前就已在家猫中发现。在家猫中，FIPV会引发强烈的免疫反应，导致免疫蛋白块在猫的腹部或腹膜逐渐堆积。在某些情况下，堆积的复合体变得非常稠密，会绞扼肾、肝及最终所有的内脏器官，导致迅速而极度痛苦的死亡。温斯顿的两只猎豹就是这么死的。这个病毒其实是串通了猫自身的免疫系统，将其转化为摧毁这个可怜动物的一种介质。

在兽医学校饲养的实验用家猫群中，以及在猫舍(cattery，指养有几十只猫给人做伴的私人户)中，已有好几起FIPV爆发的记载。所幸的是那些病毒爆发中，死亡率都很低，一般为2%～5%，很少超过10%。死亡率低的原因被认为是家猫免疫反应方面天生的遗传多样性。大多数家猫具有一个能阻止致命疾病发展的免疫系统，少数有遗传缺陷的个体则没有。

32

亿万年来，传染性疾病的病原及宿主一直在进行着进化上的军备竞赛，即病毒基因与宿主的免疫基因之间的对抗。脊椎动物数百万年来的进化，产生了复杂而精巧的免疫防御机制。这个防御的一个至关重要的部分，就是物种本身的遗传多样性。当一种新出现的病毒或寄生虫遇到一个新种群时，免疫防御将会阻挠它，但是这个病毒能够进化，从而规避免疫系统的防御，使个体还是被病毒感染。然而，攻克了某些个体免疫防御的变异病毒仍将被其他个体所解决，因为每个动物都有其遗传独特性。一个远系繁殖的种群对病毒来说，是一个可怕的移动靶标，这就是家猫在受到FIPV袭击时种群死亡率低的原因。

麦乐迪·洛奇不喜欢对正在发生的事情不甚了了。这位温斯顿兽医不由自主地要操心，要观察，要收集样本。在她和野生动物乐园签约之初，她就把每一只动物的冷冻血样封存起来，做临床监测。数年后，当她诊断出托马和萨布感染了FIPV后，很担心其他猎豹，便将它们所有的旧血浆样品送检，看是否有FIPV抗体,那是感染的迹象。结果,托马和萨布到来之前采集的所有猎豹的血清样品都是FIPV抗体阴性。因此,在托马和萨布到来之前,没有FIPV出现,它也没有传染这些猎豹。托马和萨布是温斯顿猎豹的首个病例。但是接下来,事情就开始糟糕了。

到1982年年底,公园中每一只猎豹都产生出FIPV抗体。瘟疫随即爆发。摇摇晃晃、出着黄疸、发着高烧的猎豹一只只倒下。到1983年春,每一只猎豹都受了传染,出现了疾病的症状。在接下来的几年里,过度操劳而且承受了过大压力的麦乐迪·洛奇和劳瑞·马可毫无希望地照料着这些猎豹,眼睁睁地看着它们一一死去。死亡总数庞大:60%的猎豹死亡,幼仔死亡率为85%。洛奇和马可几近崩溃。她们见证并记录了猫科动物史无前例最为惨烈的FIPV致死事件,看着真是痛心。

温斯顿猎豹的突发疫病是一个悲剧,但它也给全世界上了重要的一课。原以为FIPV只能造成少数几例死亡,这是把它的狂野看轻了。这个病毒攻破了猎豹

33

托马和萨布的防御系统,而它在野生动物乐园遭遇的猎豹,实际上都是免疫学上的一个个克隆。疾病像燎原野火一样蔓延。猎豹的免疫系统为肆虐的疫情提供了相同的肥沃土地。FIPV毒株躲开了一只猎豹的免疫防御,就轻易地跨越了所有猎豹的疾病免疫系统。

我们在一个野生动物会议上公布了我们勾勒出的猎豹遗传史图景,震惊了整个保护界。首先,它意味着至少有一个濒危物种的表象下面存在着过去事件遗留下来的隐患,而科学界却没有看到。按照传统的生态学监测方式——从路虎车篷顶上用望远镜观望,我们永远也不会看到这隐患。具有讽刺意味的是,虽然技术本身就是将物种逼至濒危境地的一个主要原因,但它也可能帮助扭转灭绝的困境,这一点,我们倒是没有放过。

它所传达出来的第二个信息更伤脑筋。即使一个受到威胁的物种有幸躲过灭绝危机,它们的未来也是加倍的危机重重。就算它们能像猎豹和北象海豹一样,种群在数量上回升到十几万,但是这种恢复却可能靠的是近亲繁殖,基因多样性丧失,其后果是毁灭性的。

一个很显眼的结果就是一大批不可预测的先天性损伤,可以造成胎儿或幼崽畸形及生殖缺陷。在南非猎豹中,在东非猎豹中,在散养和圈养猎豹中,这两种情况都见存在。第二种不良后果虽然不那么明显,但却更为阴险,那就是偷偷耗尽免疫基因的涵盖幅度。失去其免疫多样性的物种,就好像头上悬着一把遗传利斧,等待着下一个新生致命病毒、细菌或寄生虫出现。类似的基因丢失是不是某些甚或很多早就消亡了的物种灭绝前的最后一步呢?一些科学家认为,传染病的暴发对

物种的灭亡所起的作用，与生态压力（如气候、天敌、捕食动物等）一样大。果真如此，那么猎豹的教训特别令人不安。

34

对这一切，还有一线希望吗？对猎豹而言，也许吧。纵然猎豹的遗传现状令人绝望，但是认为它们注定灭绝却可能是个错误。对种群最严重的损害，是在瓶颈之后立即发生的。事实上，个体数量降到几只的种群，大多数干脆就死光了

猎豹并没有死光。它们已经幸存了 1.2 万年，种群数量曾经增加到数十万，这是最近几百年前对它们的数量统计。无论猎豹的遗传问题有多现实，但这并没有明显地限制其种群的增长。它们独往独来的天性虽然需要大片的栖息地，但很可能也限制了个体间的接触从而阻止了微生物病害的传播。本世纪猎豹的最大问题是人类活动造成的栖息地丧失。生存的希望与其说依赖于过去，不如说更依赖于未来。如果能痛下决心实施保护猎豹及其栖息地的举措，我打赌，猎豹的种群将势不可挡。

猎豹的传奇，尤其是清晰表述出来的种群付出的代价和遗传的下降，具有超越猎豹甚至超越自然保护的意义。猎豹提醒医学界，涉及免疫防御的基因，如变异度超高的 MHC，在保持人体健康方面起着至关重要的作用。这让我想到充斥在我们医院的大量让人衰弱的人类疾病，对这些疾病，我们无法治愈却只能对症治疗：癌症、关节炎、2000 余种遗传病，还有致命的微生物如艾滋病毒、埃博拉病毒或肝炎病毒。其他动物能否显示出针对同样这些疾病的天然基因防御？没有这样的防御，它们将会灭绝。这些物种没有医疗保险，没有健康维护组织 HMO，没有急诊室，它们只有自然选择。

还有多少其他像猎豹的遗产这样的自然历史故事有待发现？其他物种是否也有过濒临灭绝的死里逃生？会不会还有另外的同样精彩诱人的几近灭绝却靠遗传适应度过危机的实例？我们还是来从大自然浩瀚的经历中寻找答案和经验教训吧。

第三章　傲慢与偏见

对我们公布了猎豹遗传史所引起的异乎寻常的反响，我也许是措手不及了。我们 1983 年和 1985 年在《科学》(*Science*)杂志上发表了两篇关于这个研究结果的文章，随后，布什、韦尔特和我又在《科学美国人》(*Scientific American*)①发表了一篇综述。大众媒体上赶着报道这个故事，这项工作成了电视专题片、杂志文章和电台专访的主题。我收到了无数的演讲邀请，猎豹的遗传秘密成为野生动物保护吵吵的话题。但并不是所有人都对我们唱赞歌。

我们不得不应对严重的怀疑。担忧分子遗传学得到过多关注的生态学家们抱怨说，猎豹在它们的栖息地遭到人为破坏之前，几千年都过得好好的。一些批评者则怀疑，我们在圈养猎豹中观察到的生理问题，反映的不是基因血统的问题，而仅仅是祖先一度游弋于广袤原野的一个物种，其活动范围被限制在狭小区域后所引发的压力。此外，既然所有的猎豹都是高度近交，并显示出生殖或先天缺陷问题，那就很难证明因果关系。而在我就职的机构——美国国立卫生研究院，某些权威人士则质问，他们最初为什么要支持针对猎豹的研究。猎豹很难称得上是医学研究的传统对象，它们与治愈癌症或其他人类疾病有什么相关性呢？

尽管怀疑声此起彼伏，我仍确信我们还是有所发现的。我们把来自生物医学多个学科的专家集结到猎豹周围，前所未有地洞察到这些仪态威严的生灵所面临的险情。大卫·韦尔特带给我们团队的是动物繁殖所有细节的成熟经验，从激素到精子发育到辅助生殖技术。米契·布什的职业生涯就是为最佳的动物驯养做检测、调试和评估药品。兽医学的近期发展为野生动物，特别是大型猫科动物，提供了大为安全和有效的麻醉。而我们的时机也很巧：分子遗传学家们刚刚开发出精

① 该杂志中文版现更名为《环球科学》。

确评估种群多样性的工具。对我们已经解开的谜局，我们满怀敬畏。

我的电话开始铃声不断。研究魅力超凡的大型动物的野外生物学家们都想知道自己研究的物种是否有遗传问题。我仔细聆听澳大利亚树袋熊，中国大熊猫，美国中西部地区黑足鼬(black-footed ferrets)，非洲大象、犀牛和非洲豹以及亚洲红猩猩的故事——全都是一群群忧心忡忡的野外生物学家所关注的受到威胁或濒危的物种。如果猎豹为其差点灭绝付出过代价，那么其他物种是否也有过同样遭遇呢？

克雷格·派克(Craig Packer)的故事吸引了我。他研究的物种可以说是最有魅力的：非洲狮。这是一种猫科动物，正是我们的专业，也是一个已经有了相当多研究探索的物种，所以非洲狮是我们下一步研究的绝佳选择。据估计，现在有3万～10万只野生非洲狮幸存于非洲东部和南部的野生动物保护区，在那里，它们是一种人气很旺的旅游名胜。

和猎豹一样，多少世纪以来，狮子一直深受国王、法老和君主们的珍爱。从亚洲到埃及到欧洲的绘画和雕塑都把狮子作为力量和权力的最高象征。凯撒大帝在开始庆祝其凯旋的广场集会时，祭杀过400只狮子，而埃及法老拉美西斯二世在其最激烈的战斗中，都由狮子陪伴。我们对狮子的推崇今天还在继续，从米高梅公司徽标的咆哮狮子，到百老汇大获成功的《狮子王》(*The Lion King*)。

克雷格·派克是得克萨斯人，个子高高，清瘦结实，留着胡子，才智敏锐而言谈尖刻。他知道，关于狮子的行为和生存方面悬而未解的问题远远多于答案。他和夫人兼研究伙伴安·普西(Ann Pusey)在坦桑尼亚贡贝河研究珍妮·古道尔[①]的黑猩猩时相遇[②]，婚后不久他们就带着自己年轻的小家庭到了塞伦盖蒂国家公园，进行有史以来最为长久的非洲狮生态学研究。这对夫妇在美国明尼苏达大学共有一个助理教授职位[③]，但他们心心念念的，还是壮阔的东非平原。

37

坦桑尼亚的塞伦盖蒂-马拉生态系统(Serengeti-Mara ecosystem)[④]是一个有

---

① 珍妮·古道尔，英国动物行为学家。长期致力于黑猩猩的野外研究，揭示了许多黑猩猩社群中鲜为人知的秘密。由她创建并管理的珍妮·古道尔研究会(国际珍妮古道尔协会)是著名民间动物保育机构，而由珍妮·古道尔研究会创立的根与芽是目前全球最活跃的面向青年的环境教育计划之一。由于珍妮·古道尔在黑猩猩研究和环境教育等领域的杰出贡献，她在1995年被英国女王伊丽莎白二世荣封为皇家女爵士，在2002年获颁联合国和平使者。

② 当时安·普西的研究动物是黑猩猩，而克雷格·派克与珍妮·古道尔一起研究狒狒。

③ 克雷格·派克目前是明尼苏达大学生命科学学院生态学、演化与行为系的教授(Department of ecology, evolution and Behavior, College of Biological Sciences, University of Minnesota)；安·普西是杜克大学进化人类学系的教授，系主任(Department of Evolutionary Anthropology, Duke University)。

④ 马拉地区只占整个生态系统的1/4，但是它是旱季为动物提供饮用水的水源地。

2.5万平方千米(与康涅狄格州面积差不多大)的稀树草原,很辽阔,其面积是28种食草动物的迁徙模式圈出来的。托尼·辛克莱(Tony Sinclair)[①]在他编纂的两卷关于塞伦盖蒂生态研究的著作中指出,这一地区提供了一个有400万年历史的巨大天然实验室。与其他类似的栖息地不同的是,塞伦盖蒂仍然满是野生动物,完全没有受到现代人定居之害。塞伦盖蒂无与伦比的物种多样性直到1957年才为世人所知,当时伯恩哈德·格日梅克(Bernhard Grzimek)[②]和迈克尔·格日梅克(Michael Grzimek)[③]父子详细记录了当地野生动物的迁徙范围。关键物种角马(wildebeest,又叫gnu)今天的数量超过130万只。其他物种,包括24万匹斑马、44.4万只汤氏瞪羚(*Thomson gazelle*)[④]以及与其相关的捕食者,组成了地球上单位密度物种最为丰富的大型动物群。然而,在19世纪80年代,一次牛瘟的暴发大规模杀害了角马、非洲岬水牛(cape buffalo)和其他几种有蹄类动物物种的种群,牛瘟是一种麻疹家族的致命病毒,从家养的印度瘤牛(Indian zebu cattle)开始传播。病毒在塞伦盖蒂的有蹄类物种中肆虐了近一个世纪,直到20世纪60年代在当地牛群中实行了免疫接种计划,才消灭了这个疾病。

塞伦盖蒂大群迁徙的食草动物为鬣狗、豹、野狗、狮子和猎豹等好几种食肉动物提供了丰富的捕食对象。20世纪60年代末,乔治·夏勒[⑤](George Schaller)和凯·夏勒(Kay Schaller)夫妇在塞伦盖蒂开展了他们经典的狮子行为学研究。他们观察到,与所有其他的猫科动物不同,狮子具有社会性,甚至是社群性。狮子生活在以近亲雌性为主的群组中,英文称为pride[⑥],即雌狮群,这些狮群包括姐妹、母亲、姨妈和幼子。每个雌狮群都会保卫一大片领地,与通过激烈争斗胜出而可以接

---

① 安东尼·辛克莱(Anthony R. E. Sinclair),加拿大英属哥伦比亚大学动物学系教授,文中提到的两本著作于1995年出版;他于2008年编纂了*Serengeti* Ⅲ:*Human Impacts on Ecosystem Dynamics*一书。

② 伯恩哈德·格日梅克,著名的西里西亚-德国动物园园长、兽医、商人、电视节目主持人、制片人、作家。拍摄的《塞伦加蒂不该丧命》曾获奥斯卡最佳纪录长片奖。

③ 迈克尔·格日梅克,前西德动物学家、生物保育员、电影摄制者。伯恩哈德·格日梅克的第二个儿子,1959年在塞伦盖蒂国家公园拍摄纪录片《塞伦加蒂不该丧命》时不幸遇难。

④ 汤氏瞪羚是最著名的羚羊之一。分布于非洲的稀树大草原和开阔草地,特别是肯尼亚和坦桑尼亚的塞伦盖帝国家公园。

⑤ 乔治·夏勒,美国动物学家、博物学家、自然保护主义者。他是美国最伟大的野外生物学家,在非洲、亚洲和南美洲各地对各种野生动物进行了开创性的研究,现任国际野生动物保护学会(前身是纽约动物学会)的负责人,是第一个受委托在中国为世界自然基金会(WWF)开展工作的西方科学家。他曾被美国《时代》周刊评为世界上三位最杰出的野生动物研究学者之一,并荣获1980年世界自然基金会的金质勋章,1996年国际宇宙奖(日本)和1997年美国泰勒环境成就奖。同时,他也是一名优秀的野生动物科普作家,他所著的《塞伦盖蒂的狮子》获得1972年美国国家图书奖。

⑥ Pride一词在英文中既是骄傲之意,也做狮群之讲,这里译为雌狮群。本章节的英文标题即为Pride and Prejudice。

近雌狮群的常驻雄狮联合体(coalition)[①]交配。常驻雄狮联合体很少能坚持3年以上,因为不常驻的游荡雄狮会不断地挑战常驻者,期望能取而代之。 38

这些取代的过程倒可算是一种仪式。体力占优势的雄狮联合体会威胁、攻击、伤害,有时甚至杀死失势的雄狮。劫掠的雄狮然后干净利落地将原来的狮爸爸所产的小小幼仔杀死。母狮们护着幼仔,但无可避免地护不住。引人注目的是,屠杀幼仔后几天之内,这些先丧夫又失子的雌狮们便进入了发情期,开始与新的常驻雄狮们进行为期一整天的交配仪式。这种取代实际上倒显得是触发了发情。

克雷格和安继约翰·艾略特(John Elliot,1970~1972)、布莱恩·伯特伦(Bryan Bertram,1972~1975)、珍妮特·汉比(Jeannette Hanby)和大卫·比高特(David Bygott,1975~1978)之后,于1978年开始任职塞伦盖蒂狮子研究项目负责人,这几位前任拓展了夏勒夫妇开始的对狮子行为的观察。克雷格和安的好奇心,实验过程中的敏锐才思以及对围绕狮子行为的无数问题的创新性见解,在他们的同行看来,都具有开拓性。

我和克雷格在塞伦盖蒂草原上像篦头发一样搜寻狮子的许多时间里,他都在解释雌狮群这样的组织结构带来的潜在优势和进化适应性。一个雌狮群里的雌狮们是同时发情并同步产仔的。它们共同把自己和姐妹的后代一起养育,作为一个群体共同保卫它们的领地。这种策略有助于改善幼仔养育,防止个体幼仔的损失。雌狮们还担当了大部分狩猎任务,而群体狩猎也有提高捕食成功率(狮子狩猎的成功率不到20%)的好处,并最大限度地减少了保护猎物不被鬣狗和其他食腐动物抢食所需要的时间。不过,合作狩猎显而易见的优势也会逆转,因为一个猎物不得不被众多食客来分享。

狮子的合作行为似乎多少有点是与生俱来的,或者说是遗传上的固有程序。少年雄狮可以留在雌狮群里到它们两岁半,然后才各自分散,比其他更习惯独居的猫科物种与母兽共处的时间都长得多。交配也是群体交配,多个雄狮接连与发情雌狮性交。非常有意思的是,旁边看着的雄狮似乎也不反感,它们只是等待着轮到它们的机会。 39

几十年来,狮子的栖息地在逐渐消失,派克夫妇想知道塞伦盖蒂的狮子是否也可能面临小种群效应的风险。周围有很多狮子——派克估计在塞伦盖蒂-马拉生态系统中有3000只左右——然而一个世纪之久的牛瘟造成的其捕食对象角马和非洲水牛种群的锐减,早在夏勒夫妇20世纪60年代开始对狮子进行观察之前,就可能轻易

---

① 原文雄狮群为coalition,中文意为"联盟",因为雄狮之间不一定有亲缘关系,在本章的末尾有相关叙述。

造成了没有观察到的狮子的种群瓶颈。他请求我看看塞伦盖蒂狮子的遗传状况。

派克夫妇说的另一个有趣的情况也引起了我的注意。塞伦盖蒂保护区东南约40英里(64.4千米)有一个长长的死火山口,恩戈罗恩戈罗火山口。2000英尺高(610米)的山脉像墙壁一样环绕着茂密植被覆盖起来的259平方千米的火山湖底(100平方英里——约为哥伦比亚特区的面积)。这个地区比干旱的塞伦盖蒂地区降水量高,而且拥有丰富的东非野生动物多样性:角马、羚羊、鬣狗、狮子、猎豹,甚至还有一些犀牛。有一个40来只成年狮子和同样数目的亚成体和幼仔种群正在美美地享用这里丰盛的食草动物大餐。

对狮子而言,恩戈罗恩戈罗火山口就像是一个岛屿,被山脉墙壁保护着,阻止其他狮子迁入。为数不多的来自邻近的塞伦盖蒂的狮子试图迁入这个地区,很快都被守卫这个领地的常驻雄狮们赶走了。火山口的狮子营养良好,生育力强,身体健康。对狮子而言,恩戈罗恩戈罗火山口是天堂;但它并非一成不变。

1962年的春天,恩戈罗恩戈罗雨水特别多,导致一种吸血苍蝇——厩螫蝇(*Stomoxys calcitrans*)前所未有的过度增殖。大群大群的厩螫蝇聚集在狮子身上叮咬,造成狮子的皮肤损伤和失血,致使羸弱的狮子难以猎食。据厩螫蝇暴发时担任恩戈罗恩戈罗火山口保护员的亨利·弗斯布鲁克(Henry Fosbrooke)说,随着备受厩螫蝇折磨的狮子或者死去,或者吓得逃离了火山口地带,狮子的种群从80～100只锐减至只有10只。

派克对这个事件很着迷,因为它是一个封闭种群的实时种群瓶颈过程。他估摸着他可以用一个基于狮群间联系和个体特征的家谱,重建这些狮子的整个恢复历程。克雷格和安已经开发出一种根据须斑排列识别狮子的精妙方法,可以识别并追踪个体狮子。每一个在火山口地区跟踪过狮子的野外生物学家都为他们遇到的每一只狮子拍过特写照片,为1962年以来生活在火山口地区的狮子提供了一个图片记录。为了支持这些记录,派克夫妇还在非洲旅游杂志上刊登分类广告,向1962～1978年间,也就是他们开始自己的监察之前这段时间,访问过火山口的成千上万人征集业余人士所拍的狮子照片。他认为几乎每一个在恩戈罗恩戈罗火山口看见狮子的游客都会尽量拍张照片!还真让他说着了。

克雷格花了多年时间对成千上万张狮子的照片进行艰苦的分析和梳理,来追溯厩螫蝇暴发以来狮群的恢复情况。但是他最终确定,所有的现代火山口狮子都是由15只创始者繁衍下来的,其中8只是蝇疫的幸存者,7只是蝇疫后几年间游逛到火山口地区内的外来雄狮。很难精确了解幼仔们的父亲了,但是通过幼仔养育的关联性,有时候可以识别出雌狮群中的母亲们,不过这不是永远行得通的。这是第一次精确记录了一个明确的种群瓶颈之后的近交谱系。我们迫不及待地想查看，塞伦盖蒂和恩戈罗恩戈罗这两个地区狮子的分子遗传和生殖分析是否肯定了瓶颈的效应，并揭示出关于这些狮子历史的更多细节。

美国国家地理学会资助了我们团队 1987 年到坦桑尼亚的远征。我们一行 8 人，带着 12 个巨大的箱子飞往东非，箱子里都是兽药、处理血液和皮肤样本需要的耗材、野外服装和塞伦盖蒂平原没有的珍贵营养品如花生酱、杏干和薄脆饼干。我们在内罗毕(Nairobi)[①]降落，并在那里购买了更多的补给，组织好车辆，准备了多个备用轮胎，再次与野生动物摄影师卡尔·阿曼会合。卡尔的好奇心和在各方面的助人为乐，远远弥补了他学科专业的欠缺。我们之前在马赛马拉和塞伦盖蒂寻找猎豹的野外考察就证明了他是个无价之宝。而且，在发现猎豹和狮子方面，他可以比我们认识的其他任何人都强 100 倍。

41

我们的车队向塞隆奈拉出发，这是一个位于塞伦盖蒂国家公园腹地的小村庄，是克雷格和安这样的研究者用来做大本营的地方。克雷格之前已经给十几只狮子佩戴了无线电项圈。由于狮子白天一直睡觉，所以很容易找到它们，进行麻醉、生物样品采集，然后让它们苏醒。兽医总会等狮子恢复到能够行走、奔跑和自卫之后才会离开。我们在塞伦盖蒂每天长时间工作，一周之后收集了 27 只狮子的样品，足以进行科学评估。接下来，我们向恩戈罗恩戈罗火山口进发。

在火山口研究点的工作开始时很顺利。6 个月前，在为这次狮子研究做计划的旅行期间，我那漂亮而且总是面带微笑的妻子黛安曾说服了一家做高端旅游和旅游用品的公司雅趣旅游(Abercrombie & Kent)，在火山湖底为我们设立一个帐篷营地，费用只收他们标准成本微乎其微的比例。黛安让他们相信，他们愿意成为这一里程碑式研究的一部分。他们欣然接受了。

克雷格和两个野生动物兽医——华盛顿国家动物园的米契·布什和圣迭戈动物园的唐·扬森——每天黎明即起，去寻找狮子并投镖麻醉。第一天很顺利，三只狮子被投镖麻醉到，取了样，然后复苏。经过长长一天在酷热中为了狮子的体液和它们较量，我们累坏了，在自己豪华的野营帐篷里洗个热水澡，喝杯杜松子酒[②]，我们放松下来。随后，情况却急转直下。

---

① 内罗毕，东非国家肯尼亚首都，人口约有 200 万。内罗毕之名由当地马赛族语 Enkare Nyirobi(“冰水”)而来。

② gin，也称金酒，毡酒(香港及广东地区)或琴酒(台湾)，是一种以谷物为原料经发酵与蒸馏制造出的中性烈酒基底，增添以杜松子为主的多种药材与香料调味后，所制造出来的一种西洋蒸馏酒。

克雷格·派克博士正在剪去塞伦盖蒂草原狮子身上的、偷猎者设的套子。

第二天一早，一个公园护林员出现在我们的营地，说公园的管理员约瑟夫·卡伊拉先生(Joseph Kayera)下令立即停止狮子的样品采集。这位护林员未作任何解释，只是简单地传达了命令。我爬上租来的路虎车，拿了个摩托罗拉对讲机，开始沿危险重重岩石嶙峋的小路上行两英里，从火山湖底去到位于火山口岩架上的公园管理处。卡伊拉不在，我被告知他日程很紧，今天可能没时间见我，甚或根本不会为这件事情见我。我坚持说，我会十分乐意等他。

从大白天到日暮，直到夜幕降临，管理员仍不见踪影，于是我走到恩戈罗恩戈罗公园旅舍订了个房间。公园旅舍漂亮而豪华，能俯瞰整个火山湖底。晚上在酒吧喝着当地的象牙牌浓啤酒时，一伙旅游巴士司机透露了给我们惹来麻烦的原因：前一天，一位荷兰公主来此游玩，看到一群人在火山口“骚扰”狮子，极感痛心。她不明就里，但在她看来狮子肯定死了。公主当然把她的惊恐告诉了管理员。我的活儿来了。

第二天一早，我用无线电把这个坏消息传回营地，然后走向管理处办公室。上午10点左右卡伊拉来了，但忙得没时间见我。我耐心地一直等到下午4点，他才请我进了他的办公室。他寒暄了几句，然后就细数他对傲慢的美国研究员克雷格·派克博士做项目方式的反感：他从不为戴颈圈申请许可，不汇报研究成果，骚扰狮子，吓坏游客，像其他所有外来者一样，无视当地法规和文化。卡伊拉很愤怒。他并不知道也不在乎我是谁，但是既然我和派克在一起，他就以为我也是近墨者黑。公主的投诉只不过是压断骆驼脊背的最后一根稻草。研究项目取消！走人吧！现在！走你！

我是累着了，吓着了，也惊着了。但我决定还是顺着他的心思讲。首先，没错，派克博士不是完人，肯定是傲慢而又迟钝。他当然应该与坦桑尼亚主管部门更多地沟通。但我恳请卡伊拉了解，这个项目比所有那些都更重大。仅兽医学评估这一项就会造福于动物，并且让管理者了解情况：麻醉和采样都是极安全的；到目前为止，每只狮子在麻醉后都恢复了正常，没有一例死亡。我答应消除他的疑虑，凡是和克雷格打架的事都站在他一边。(我想克雷格为了项目会原谅我。)我还答应对任何来访的游客都心平气和地讲解生物医学评价是一个多么宝贵的管理和研究手段，对狮子大有裨益。

到了晚上9点，他的态度缓和下来了，我们的项目可以继续，但一次只能做一天，还要求我每天把方方面面的事情向他全面汇报。我感谢了他的眼光和睿智，走到火山口边缘，用对讲机通知队伍继续工作。接下来的几天，我花了很多时间向卡伊拉详细汇报项目进展和存在的问题，我们变得非常友好。荷兰公主离开了坦桑尼亚，我们团队则采集了16只火山口狮子的样品，足够做非常周密的分析了。

一回到美国，韦尔特、布什和我马上分析样品。我们先检视了塞伦盖蒂狮子，结果显示有大量等位酶遗传多样性，与远交的家猫或其他野生猫科动物如豹猫或豹等相当。狮子的MHC，也就是我们通过猎豹植皮计量的那个基因复合体，其DNA变异量度的变异性也非常高。这次我们没有做植皮（这很难在野生狮子上做），而是用一种叫RFLP——限制性片段长度多态性——的技术，通过跟踪编码MHC蛋白基因中的DNA序列的差异，来测量狮子MHC的遗传变异性。

如我们所怀疑的，火山口狮子的情况迥然不同。它们的总体分子遗传多样性比塞伦盖蒂的狮群低50%。换句话说，1962年的瓶颈使这个种群特有的遗传多样性丧失了一半。韦尔特还发现，火山口雄狮的精子数量只有塞伦盖蒂狮子的60%。种群更大的远交的塞伦盖蒂狮子每次排精的精子畸形率约25%，这是精子相当健康的标志；而火山口狮子的精子畸形率是这个数字的两倍。两地狮子血清样品中的激素也显示了极大的差异。塞伦盖蒂狮子血清里的睾酮水平比火山口狮子的高出3倍。睾酮是睾丸中产生的一种关键激素，促成精子发育。火山口狮子的低睾酮水平，很可能是造成了精子畸形率高的原因。1962年瓶颈后的近亲交配，正在对火山口狮群造成我们所担忧而克雷格精心重建的家谱已经预见到的效应。

然而火山口狮子的严峻形势，与我们之后将要研究的那个遥远的狮子种群相比，算是小巫见大巫了。印度西部古吉拉特邦吉尔森林保护区（Gir Forest sanctuary）的狮子，是一个约300只的残生种群，是亚洲狮亚种（*P. leo persica*）仅有的幸存者。亚洲狮曾雄踞西起土耳其至阿拉伯半岛、东达印度-巴基斯坦的广大地区，但农业的发展和殖民地时期猖獗的大型动物狩猎将其消灭殆尽。从1880年到1920年间的普查记录表明，有多个时期，甚至多个世代，都有过种群数量下降到不足20只的情况。只是在20世纪20年代印度朱纳格特（Junagadh）[1]立法取缔了狮子狩猎，其种群数量才逐渐攀升至现今的规模。今天，这些狮子生活在印度西部古吉拉特半岛一个面积约1400平方千米的保护区中。

亚洲狮的外表与非洲狮有几处不同。它们体型要小一点，多数狮子沿下腹部纵向有一个显著的皮褶。雄狮鬃毛缩得非常短，约半数的亚洲狮头骨，包括今天所

44

① 朱纳格特，印度西部城市，由古吉拉特邦负责管辖，距离首府甘地讷格尔355千米，面积59平方千米，海拔高度107米，每年平均降雨量1690毫米，2011年人口320 250。

有吉尔森林的狮子，颧骨都有道骨脊，横跨被称作“眶下孔”的通向眼神经①的通路。在所有其他猫科物种中，在非洲狮中，眶下孔只是一个开口，而没有骨脊。

这些体征本来被认为是适应性的变化，或者至少是伴随亚洲狮和非洲狮长时间的隔离而来的修饰。分子遗传学研究表明，亚洲狮和非洲狮相互隔绝了至少5万年。然而，我们现在相信，亚洲狮这些身体特征表明了它们在最近的过去近交极其严重。这一结论的证据就隐藏在它们的基因密码里。

芝加哥布鲁克菲尔德动物园(Brookfield Zoo)副园长保罗·乔斯林(Paul Joslin)曾经用了三年的时间跟踪吉尔森林保护区的狮子，但他更担心问题多多的圈养亚洲狮种群。1981年，在美国、澳大利亚和欧洲的动物园协会的赞助下，他帮助制定了亚洲狮物种生存计划(Species Survival Plan, SSP)。西方动物园圈养的亚洲狮都是在20世纪80年代初作为小野生种群的后备来繁殖管理的。到1989年，38个不同动物园中共饲养着205只亚洲狮。保罗解释说，他很担心，因为很多圈养子嗣看不出有诊断特征的腹褶、短鬃毛或者眶下孔骨脊。再者，整个圈养种群都是仅仅只有5只的奠基者的后代，这么少的始祖可能构成近亲繁殖的威胁。此外，那5只始祖狮子的精确亲本记录也存在疑点，特别是有两只来自一个风传曾将亚洲狮和非洲狮进行过交配的印度动物园。那个印度动物园的官员对此矢口否认。

45

保罗提出可以安排从这些圈养种群以及从位于印度朱纳格特吉尔森林外的萨卡鲍格动物园(Sakkarbaug Zoo)的狮子取样。萨卡鲍格动物园的狮子血统纯正，因为它们直接来自紧邻的吉尔森林。

吉尔森林保护区和密集的人类居住区交界，狮子攻击当地居民就在所难免。在20世纪80年代有约100次狮子对人的攻击，其中有10次伤及人命。野生动物管理部门抓捕了所有吃了人的狮子，把它们放入萨卡鲍格动物园实施“繁育计划”——这是对杀人狮子的一种最严密的监禁。乔斯林希望确切知道，他的物种生存计划管理下的圈养狮子种群是“纯种”的还是“杂交”的。而我则想看看吉尔森林狮子的基因，与它们的非洲表亲做比较。

我和布什、韦尔特、乔斯林前往吉尔森林，希望从萨卡鲍格动物园和吉尔森林保护区本身采集纯种的吉尔狮血样。萨卡鲍格动物园有28只，狮满为患，这主要是因为对人的攻击呈上升趋势。我们仔细而迅速地从萨卡鲍格所有的狮子采集了血液、精液和组织样品。

采集在吉尔森林保护区自由漫游的狮子则更像是一种挑战。狮子的柚木林栖

---

① 眶下孔是眶下神经的通路，而眶下神经是主要的下眼睑感觉神经。

息地林木茂密，极端干旱，尘土飞扬，疟疾肆虐。平生第一次，我们团队是徒步跟踪狮子——森林太茂密，路虎开不进去。而这里正是每年有十几起狮子攻击人的地方。公园护林员手持细木长矛自卫——没有枪，没有吹管，也没有胡椒喷雾——所以当我们遇到几只躺在河床中的狮子时，大家都非常谨慎。我们最终得以给狮子麻醉取样。现在回想起来，这似乎真是不可思议，但是我们确实莫名所以地成功采集到6只雄狮的样品。

46

可悲的是，我们在吉尔森林研究期间的一个突然意外，导致一只年轻狮子死亡。公园护林员用一只宰杀的羚羊做诱饵，将一小群狮子引诱到一片开阔地。我们到达时，4只狮子正在残骸上狼吞虎咽。布什将麻醉飞镖投向一只年轻雄狮，它跳起来时，麻醉镖刺入它的后腿。旁边一只也在大快朵颐的雌狮看到它跳起，猛地一拍，然后快速跑开，窜入森林。中镖的雄狮跟了上去，紧追不舍。我们慢慢地绕过其他狮子，然后徒步追赶这两只狮子。它们沿着林木茂密尘土飞扬的狩猎小径跑出了一英里，发现了可能是最低点也是方圆几英里内唯一的水体，一个2米宽1英尺深的小水洼。就在这个水洼，麻醉药的药效发作了，那只雄狮倒下了，头栽入水中，溺水而亡。我们只晚到了几秒钟。

那个时刻对于目击者来说，悲惨而可怕，即使我们试图说服自己，我们麻醉野生动物总是要冒些小小风险，而这是为了更伟大的善举。布什为它做了全面尸检。我们就这一事故提交了一份详尽的书面报告。虽然我们的印度东道主很善解人意，很支持，甚至很宽容，但我们却没有心情继续进行样品采集工作了。我们带着6只野生雄狮和萨卡鲍格动物园28只圈养吉尔狮子的样本返回美国。

我们从这些样品中得出的遗传特征相当令人不安。无论是来自动物园，还是来自森林中的亚洲狮，其可测量的遗传多样性基本为零。50个等位酶没有一个可以变异，没有任何明显的MHC-RFLP变异，用RFLP技术测出的线粒体DNA序列均相同。这远比恩戈罗恩戈罗火山口狮子还要糟糕很多。戏剧性地确认这一点的，是来自小卫星标记的种群模式，就是我们曾用来估计猎豹种群瓶颈发生时间的那种高度变异的重复性DNA序列。小卫星DNA型由凝胶电泳确定，它们很像超市的条形码，每一个个体都各不相同，就好像在种群中是独一无二的。人类小卫星位点的广泛变异，便是谋杀和强奸案中所用的DNA指纹。塞伦盖蒂乃至恩戈罗恩戈罗火山口狮子，其DNA指纹图谱都表现出丰富的多样性；但是吉尔狮子的却都是一模一样，就好像它们都是克隆体或同卵双胞胎。这是我们迄今观察到的基因最单一的种群。吉尔狮子甚至比猎豹的遗传变异还少，近交还要严重。

47

历史上造成了亚洲狮基因单一的近亲交配还导致了一些令人瞠目的生理后

果。大卫·韦尔特所做的生殖分析表明,吉尔狮子的精子数量仅及塞伦盖蒂狮子的1/10。在平均精子畸形率方面,吉尔狮高达66%,而恩戈罗恩戈罗火山口狮子为50%,塞伦盖蒂狮子为25%。吉尔狮子每次射精的活动精子量为塞伦盖蒂狮子的1/6,血清睾酮水平仅为后者的1/10。这些狮子睾酮水平的耗尽不但使每个精液样品中的畸形精子都有增加,还造成鬃毛严重欠发育。吉尔狮子的近亲繁殖历史已经使它们的雄狮"雌性化"了。

雄性吉尔狮子的生殖低下似乎也已经转化为生育困扰。萨卡鲍格动物园的狮子配对后往往不能怀孕,或者是产死胎。其幼仔死亡率也远高于其他动物园的圈养非洲狮。大卫·韦尔特实验室的检测表明,即使在吉尔狮子的射精中罕见的看起来正常的精子,在受精过程中也有缺陷。

这些生殖缺陷,再加上亚洲狮独特的表型特征——缩短的鬃毛、腹褶和眶下孔骨脊——我们看到了种种近交衰退的表现。历史上近亲繁殖的遗传证据无可抗拒,而这些事件的代价也明确无疑。

还记得保罗·乔斯林所担心的美国圈养亚洲狮种群的"物种生存计划"吧?我们检查了这个种群的遗传结构,发现它与吉尔和萨卡鲍格狮子很不一样。物种生存计划的亚洲狮种群保留了相当多的内在遗传变异,与基因单调的吉尔狮子形成了鲜明的对比。而且物种生存计划狮子的遗传变异"等位基因"也都是老相识,因为我们先前在非洲狮中见过它们。我们仔细检查了物种生存计划狮子的血统,追溯了这些变异的非洲等位基因的遗传渊源,我们确信,物种生存计划亚洲狮的5个奠基者中,有两个其实是来自非洲。整个物种生存计划狮子的血统都是杂交的。38个动物园致力于积聚起一个"纯亚洲的"狮子种群,而这个种群实际上却来自非洲和亚洲狮祖先之间的交配。好么!

48

保罗和亚洲狮物种生存计划的其他动物园管理者都不高兴了。他们非常成功的繁育计划,连同远高于来自萨卡鲍格的吉尔狮子的繁殖力和生产率,却是两个大陆狮子亚种的杂交后代。作为带来这个坏消息的人,我试图强调我所相信的这个意外发现的积极一面。物种生存计划的狮子当然做得很不错:它们无意中缓解了"纯"种亚洲狮近亲繁殖所呈现出来的所有苦恼。一代代的近亲繁殖使纯种吉尔狮子具有内在缺陷,生殖力受损并削弱。物种生存计划种群则提供了一个鲜活的例子,证明了最大限度的远交繁殖的真正益处。我敦促动物园界让这些物种生存计划狮群长久存在下去,既作为一个实验种群好进行更深入全面的科学研究,也作为一种提示来宣示良好遗传管理的益处。

没人听我的。尽管我很乐观,但是在我们公布研究结果后不到一年,所有物种生存计划狮子的“杂种”都被做了节育埋植！没有人想保育一个杂合的亚种。这是我第一次近距离接触物种和亚物种杂交的政治，但不是最后一次。

我们自然而然地想知道，吉尔森林的狮子是如何陷入如此的遗传窘境的呢？它们显然经历过一个非常严峻为时很久的种群瓶颈。但那是什么时候？是有记载的100年前英国人过度捕猎大型野兽的结果，还是比这更严重的情况？它持续了多久？用“分子钟假说”这个非常简单明了的概念，我们就有办法回答这些问题。

49

20世纪60年代初，进化生物学家埃米尔·祖卡坎德尔(Emile Zuckerkandl)联手两次诺贝尔奖得主莱纳斯·鲍林(Linus Pauling)[①]，提出以下想法：一个种群也许会在迁徙中越过大河流或大山脉时一分为二，分裂种群的后代经过一段时间会渐渐改变，在其DNA序列中获得新的突变。随着时间推移，随机分散在DNA片段上越来越多的突变会累积起来。经历的时间越长，这个基因序列的差异就越大。

如果我们能够测量两个种群之间相同基因序列的差异量(因为它们来自一个共同的祖先基因，所以被称为“同源”基因)，那个差异量会与它们从共同祖先分离之后的时间跨度成比例。这意味着，在所有活着的物种的基因序列中，都隐藏着揭示其脱离相关物种的时间的秒表。通过比较狮子和老虎之间同样的同源DNA区域(例如血红蛋白基因)，我们会看到一种可以测量的差异，但是老虎和熊之间同样的基因差异会比狮子和老虎间的大20倍，因为猫科动物和熊科动物的共同祖先要比老虎和狮子的祖先分离时间更为久远。

DNA序列分异和所经过的时间跨度的这个比例关系形成了分子进化领域的基础。DNA序列差异能够评估现在活着的物种之间的远祖关系。把分子数据用于相关物种，革命性地完全改变了我们对现在存活物种间历史关联的理解。在后面的章节中，我将以美洲狮、大熊猫和红猩猩为例，介绍分子钟如何赋予物种分类学新的生命和更高的精度。当今的进化生物学家不仅有化石和形态变异给他们提供信息，而且有钟表一样的DNA分子来通报远古的物种分异。

对我们当中那些试图读取分子钟的人来说，挑出正确的基因序列特别具有挑战性。有些基因积累突变非常缓慢，在1000万年间只有一两个突变；其他基因则演化得更快，有时能快100倍。缓慢演变的基因对于研究像哺乳动物在7000万至

50

① 莱纳斯·鲍林，美国著名化学家，量子化学和结构生物学的先驱者之一。1954年因在化学键方面的工作取得诺贝尔化学奖，1962年因反对核弹在地面测试的行动获得诺贝尔和平奖。鲍林是20世纪对化学科学影响最大的人之一，他所撰写的《化学键的本质》是化学史上最重要的著作之一。

1亿年前的崛起这样非常古老的分异是有用的，但对大约几千年前的较近的种群分裂就没有用武之地了。研究近期的事件，必须使用演化快的基因。

我当时在猜测，由于普遍的对大型动物的狩猎活动，吉尔狮子的种群瓶颈是在大约100年前，但是我需要确认这一点。为了研究这一事件，非常忠于职守且保护意识很强的研究生卡洛斯·德里斯科尔(Carlos Driscoll)选择了一组我们知道演化非常非常快的DNA片段：基因组中的微卫星序列。卡洛斯确信，这些标记掌握着对吉尔狮子神秘以往的答案。

微卫星是见于染色体中像口吃一样的短序列，在这里，两个、三个或者四个一组串联的核苷酸字母至少重复12次。一个微卫星“位点”就是在特定染色体位置上的一个重复片段。目前研究过的所有哺乳动物都拥有10万～20万个微卫星位点，以近乎随机的方式遍布于整个基因组中。因为细胞的DNA复印机在遇到微卫星位点时频频出错(相当于遗传上的拼写错误)，所以微卫星的突变率比非重复DNA或基因编码区中的突变率高1000倍。由于它们会把这些拼写错误收集起来，所以几乎每一个微卫星位点都积累了许多等位基因，大多数种群在5～30个之间。

但是，吉尔狮子却不是这样，我们测试的88个微卫星位点中，71个都没有变化——只有一个等位基因，每只狮子都一样。然而，我们更仔细地检视时，却发现一个有趣的自相矛盾现象。如果说痛击吉尔狮子祖先的严重瓶颈发生在1900年左右，那根本就不应该有任何可变异的微卫星位点，特别是所有其他的遗传量度都完全没有起伏变化。仅仅一个世纪，不到20代狮子，这个时间还来不及让突变再生出一个或两个以上的新等位基因，哪怕它们的突变率相对较高也不行。然而，吉尔狮子在卡洛斯检测的88个微卫星位点中，显示有17个位点发生了变异，每一个位点保留着2个、3个或者4个等位基因。怎么会这样?

51

当我们考虑用已知的微卫星突变率来计算时，我们计算出，经历严重瓶颈的种群(每一个微卫星位点的等位基因减少到只剩一个的种群)需要大约3000年，才能重组出我们在现代吉尔狮子身上所看到的新变异量。那么，损害了吉尔狮子遗传变异性的瓶颈就不是发生在一个世纪之前，而是3个千年之前!

第二个也与微卫星位点变异性相关的测量印证了这个估计。当一个微卫星位点由于新的基因突变，从一个单独的等位基因增加到许多等位基因时，最小和最大的等位基因大小差值也随着时间的推移而增加。因此，如果我们测量每个微卫星位点上等位基因之间的最大差值也就是大小差异，然后取所有微卫星位点大小差值的平均数，则这个平均值与种群瓶颈以来的时间跨度成正比。我们测量了吉尔狮子所有17个可变异性微卫星位点的等位基因大小的平均差值，并与经历过种群瓶颈的另外一个物种——非洲猎豹——相同位点的值进行比较。吉尔狮子的大小差异值大约是猎豹的18%。由于猎豹的遗传瓶颈发生在1.2万年前，那么吉尔狮子的瓶颈就应该按1.2万年×18%来计算，也就是2100年前。吉尔狮子的遗传锐减开始于几千年前，比19世纪大型动物狩猎要早2000年。

回顾一下吉尔半岛的地质历史有助于我们理解这个新的估算。大约2500年前，吉尔半岛实际上是一个由上升的海水所环绕的岛屿。吉尔狮子种群的先祖与较大的大陆狮子种群隔绝开来，由于数量太少，它们近亲繁殖了好几代。在此期间，狩猎加上人类发展对狮子栖息地的侵占，结果是灭绝了较大的大陆狮子种群，只留下近交的吉尔狮子，在半岛的海水消退之后，它们占据了这个区域。

52

我们的遗传学工具不仅进一步巩固了我们关于濒危物种经历过命悬一线的历史的结论，而且它们也能用来说道说道狮子社会结构的问题，这些不解之谜自夏勒博士最早研究塞伦盖蒂狮子以来已经成了行为生态学家们的燃眉之急。因为克雷格·派克和安·派克认识他们所有的狮子(起码通过它们的须斑)，所以他们迫切地想看看自己是否能一劳永逸地验证他们关于狮子交配及抚育幼仔行为的理论。当我们都忙着采集派克夫妇研究的雌狮群的血液样品时，他们则在耐心地期待着结果：每一只幼狮的真正父母是谁呢?

这可不是一个简单的问题。母狮们共同抚养它们的幼仔，结果任何一只幼狮的母亲是谁都是说不清楚的。母狮与多只常驻雄狮多次交配，搞得狮爸爸的身份也不清不楚。派克认为，确定了解狮子的亲本，将会对关于狮子行为学的流行假说，特别是那些基于"传递个体基因是自然界的唯一推动力"这个已经确立的进化论概念的假说，给出一个是或否的答案。牛津大学动物学家威廉·汉密尔顿(William Hamilton)[①]提出了"亲缘选择"的说法，来描述自然选择的一个组成部分，就是通过最近亲属的交配，来促进自身基因存活的行为方式。简而言之，如果进化就是将个体的基因成功地传递下去，那么帮助你的兄弟姐妹传递他们的基因，难道不是一个优势吗？雌狮群组织给我们提供了一个完美的机会来探讨这一理论，因为对狮子来说，凡是与性有关的一切都是家庭大计。

丹尼斯·吉尔伯特(Dennis Gilbert)，一个极有才华的研究生，曾陪我们一起去过塞伦盖蒂进行第一次狮子科考，他担当了解决狮群中不确定的父系和母系的

① 威廉·汉密尔顿，英国皇家学会成员，是20世纪最伟大的演化生物学理论家之一。他提出了亲缘选择理论，解释真社会性昆虫中不育等级的行为。

任务。回到我们在美国国家癌症研究所的实验室，丹尼斯已经利用家猫 DNA 分离出猫科动物的小卫星 DNA 指纹片段。用这些片段，他证明了吉尔狮子极端的遗传单一性，他还运用狮子的小卫星位点为克雷格和安的塞伦盖蒂狮群中出生的 53 80 余只幼狮的亲生父母识别做了评估。

丹尼斯和派克夫妇用这些工作确定了几个结论，这些结论使塞伦盖蒂狮子的研究成为野生动物行为生态学的一个范式。首先，丹尼斯的狮子父系证明，狮群中的常驻雄狮是所有幼仔的父亲，而没有外来雄狮偷偷进来与雌狮交配繁殖的情况，如在黑猩猩、鸟类和人类中司空见惯的那样。其次，不出所料，狮群中所有的雌性亲缘关系都很近(姐妹、表姐妹、姨妈、母亲和女儿)，这意味着雌狮绝不允许添加非亲个体。第三，雌狮群联盟中的雄狮与雌狮绝没有亲缘关系，表明了雌狮群避免与它们的近亲进行繁殖的自然倾向。至此，还没有真正的意外，只有肯定了行为学猜疑的遗传学铁证。

但是雄狮联合体又怎样呢？游荡的雄狮联合体小到只有一只雄狮，大到一伙五、六只狮子。多年的观察表明，决定谁在与雌狮群交配权的取代之争中胜出的，唯一一个最重要的因素，那就是争斗的雄狮联合体孰大孰小。大一些的雄狮联合体几乎总是占尽上风。问题是，一个雄狮联合体的所有成员会不会也像雌狮群一样，彼此是兄弟或近亲？抑或雄狮愿意与没有亲缘关系的个体结盟，以增加取代成功的可能性？此外，一旦赢得了在一个雌狮群的常驻权，联合体的雄狮中，谁真正是后代幼狮的父亲？

丹尼斯的亲本评估回答了所有这些问题。雄狮联合体中，约有一半是纯由兄弟组成，而另一半是兄弟和非亲雄狮混合组成。但有一个重要的模式：所有大的雄狮联合体都是排他性的兄弟帮，只有小的联合体(2 只或 3 只雄狮)才包含非亲的雄狮。

那么生殖的成功性又如何呢？原来虽然所有的雄狮都会与发情的母狮交配，但是在几乎每一窝幼仔中，所有子嗣的父亲只有两只雄狮。这一结果似乎解释了两个现象：第一，等待自己交配机会时雄狮们的无动于衷，或者是因为它们的情敌是一个近亲，如在较大的雄狮联合体中，或者是因为在小联合体中，它们也有很好 54 的机会给幼仔做父亲。第二，独个或成双的雄狮会与非亲属联合，确保取代成功，因为身处一个小团伙并不会很大地降低它们给幼仔做父亲的机会。但是，大群的雄狮从不与外来者联合。这样，即使较大的雄狮联合体中有一只雄狮未能当上父亲，携有它 50%基因的兄弟却会。因此，汉密尔顿的亲缘选择说在狮群中得到了证实。狮兄狮弟能相助它们的兄弟扩散基因。在传递雄狮基因方面，团体合作是一种有效的策略。

人们不能不叹服有王者气派的狮子，不仅为它们泰然自若的威严，也为了它们教给我们的这些了不起的经验。塞伦盖蒂狮子是最大限度远亲交配适应优势的最好范例，而恩戈罗恩戈罗火山口和吉尔森林的狮子则显示出近亲繁殖在遗传上的巨大代价。近亲繁殖的代价另外在科学文献中已有描述，但从未有在这些狮子种群中体现得那样彻底。狮子们无意之中提供了一个精确的自然对照实验，我们则有幸将其记录在案。

在狮子中记录到的社群生存策略的图景也具有广泛的意义。乔治·夏勒在他关于塞伦盖蒂狮子的专著中论述这个观点说，通过研究狮子，可能会比研究某些在演化上与人关系更近，但却不合群的独居猴子物种，能够更多地了解人类社会系统的形成。毕竟人类也受着同样的自然实验的支配，在这个实验中，只有适应的——也就是成功的——策略才能胜出。充分理解这些微妙的野外互动及其带来的微小变化，就能够为理解人类行为和社会性提供一个全新的视角。

关于狮子社会，仍然存在许多悬而未决的问题，我知道将来会有更大、更好的研究来对付它们。一个特别值得关注的难题，就是为什么狮子是社会体系中合作如此密集的唯一猫科物种。所有其他的猫科动物都是独居的，彼此孤立。猎豹在非洲大草原上隐士般的生活方式，肯定保护了它们免遭不可避免的疫病传播，这些疫病是会利用它们免疫疾病基因的单一性的。寄生虫和致命病毒都依赖亲密的身体接触在种群中传播。那么，狮子是如何免遭这样的风险的？它们是不是演化出了某种免疫系统的防护盾，填补了遗传同质性造成的防御真空？还是新的疾病任何一天都可能导致其灭绝？

对这些问题没有轻易得出的答案，然而，我们已经通过把适应性行为、免疫力和生殖等部件整合到一起，对它们有了更清楚的了解。我们关于狮子和猎豹的研究，已经教给我们关于这些大型猫科动物的一点点知识，并对我们自身这个物种提出了一些想法。这些美丽的动物把非常不同的学科专家汇集到一起，使我们得以挖掘到我们单枪匹马进行研究可能永远也触及不到的秘密。

第四章　疲于奔命——佛罗里达山狮[①]

“如果一种生物的最后一个个体不再呼吸，必须有另一片天和另一个地球经过，才能再次见到这种生物。” 56

威廉·毕比(William Beebe)[②]

我们谁都不是音乐家，但是在1992年10月那个潮湿闷热的傍晚，我们的讨论逐渐激烈，有如歌剧中的渐强，就像任何女歌手都会演绎的那样。佛罗里达山狮(Florida panther)保护研讨会正在非常幽雅的白橡树庄园(White Oak Plantation)[③]举行。这个庄园是一个占地8000英亩[④]的大款乐园，位于与佐治亚州交界的佛罗里达州拿索县(Nassau County)奥西奥拉国家森林公园(Osceola National Forest)附近。白橡树由慈善家、造纸业巨头霍华德·吉尔曼(Howard Gilman)建立，既是一个高雅的度假胜地，也是一个纯种动物繁育中心和濒危物种收容所。其环境布置得富丽堂皇，堪比加州的赫斯特城堡。白橡树庄园主任约翰·卢卡斯(John Lucas)，一个致力于自然保护的倡导者，邀请了科学家、生态学家、政府官员和非政府保护组织(NGO)聚集此地，目的只有一个：趁着佛罗里达山狮这个美国最濒危物种之一还没有灭绝，赶紧打破制定其复苏计划中喋喋不休的学术争论和官僚机构不作为的僵局。

30位心系此事，致力于佛罗里达山狮保护的公民，在会上为评估现有数据——尽管并不完善——相互倾听、表态、批评、争论、妥协。我们需要就如何拯救不 57

① 佛罗里达山狮(Florida panther)是美洲狮的一个亚种(*Puma concolorcouguar*)(Kerr, 1792)。本文中将puma翻译成美洲狮，而将panther翻译成山狮。

② 查尔斯·威廉·毕比(1877—1962)，美国博物学家，探险家，作家。

③ 白橡树庄园，坐落于佛罗里达东北部分的圣玛丽河，涵盖有大片森林和湿地。下文译作“白橡树”。

④ 1英亩=0.405公顷。

到40只的佛罗里达山狮种群作出重大决策，这些山狮苟延残喘在佛罗里达大沼泽地[1](the Everglades)以北不适于生存的满是短吻鳄和蚊虫滋生的大柏树沼泽(Big Cypress Swamp)中。研讨会虽然不是全无异议，但总算是达成了共识：立即用邻近的一个亚种，即得克萨斯美洲狮，补充这个岌岌可危的种群，作为扭转佛罗里达山狮几乎是铁定灭绝命运的最后努力。当这个决议出台时，我不禁注意到我的朋友麦乐迪·洛奇博士脸上焕发出来的情绪，她多年前曾在俄勒冈州组织过猎豹的皮肤移植。此时，洛奇已经担任专门负责佛罗里达山狮的野外兽医有7年了。泪水滚过她的双颊，她轻声对我耳语："过了这么久，他们终于听我的了。"是啊，终于。

佛罗里达山狮的故事耳熟能详得令人不安：有限栖息地中的微小种群，被人类发展所围逼，近亲繁殖，因公路撞车、非法狩猎、食物源枯竭以及其他灾难而死亡。然而，这个种群又受到极其密切的关注；也许过于密切了。

1967年，美国内政部首次将佛罗里达山狮列为濒危，1973年的《濒危物种保护法案》批准对它强制保护。1982年，经中小学生票选，佛罗里达山狮超过短吻鳄和海牛胜出，之后州长鲍勃·格莱姆(Bob Graham)指定它为佛罗里达州的代表动物。两个联邦政府机构，即国家公园管理局(National Park Service)及美国鱼类和野生动物管理局(U. S. Fish and Wildlife Service)，联手佛罗里达州自然资源局(Florida Department of Natural Resources)和佛罗里达野生动物和淡水鱼类委员会(Florida Game and Freshwater Fish Commission)，对山狮种群进行监测，评价其受到的直接威胁，希望能够扭转其迫在眉睫的灭绝局面。累积的研究、野外观察和监测，为保护学界提供了可能是有史以来种群崩溃过程最为生动的扫视。所有这些递增的数据、决策、辩论和行动，都发生在媒体猎奇的狂热中：但凡有人有了一点意见，哪怕毫无根据，都会获得头条位置。对恢复物种的努力出版了大量的书籍、发表了不少的报刊文章，更不要说20年间数千页的各种政府内部报告了。几乎掩埋在这喧嚣中的，是这孤独神秘的生灵非凡故事的脉络。

58

1502年，在克里斯托弗·哥伦布沿洪都拉斯和尼加拉瓜海岸的第四次远航日志中，首次报告了新大陆[2]"狮子"。1539年，西班牙探险家埃尔南多·德索托[3]

① 佛罗里达大沼泽是位于美国佛罗里达州南部的亚热带沼泽地，联合国教科文组织和湿地公约将其列为世界上最重要的三个湿地之一。

② 此处指美洲。新大陆，又称新世界。

③ 埃尔南多·德索托，文艺复兴时期欧洲探险家。于1519年参加征服危地马拉的军队。在他率军协助在秘鲁的皮萨罗后，他是最早进入印加都城库斯科的欧洲人之一。后来，他用了三年时间对今天美国东南部进行探险，所到地区位于今密西西比河以西。

(Hernando deSoto)在其 3000 英里的探险期间,曾描述"狮子"的数量如此之多,以至于居住在佛罗里达的土著印第安人在天黑后,必须在他们的墓地设立守卫,以轰赶这些食腐动物。

佛罗里达山狮是美洲狮一个亚种的通用名称,直到 19 世纪末仍广泛分布在美国东南部。1758 年,现代物种双名法[①]的创始人卡罗勒斯·林奈[②](Carolus Linnaeus)将美洲狮命名为 Felisconcolor[③],即"单色猫科动物"。美洲狮被描绘为一种英俊潇洒、适应多种生态环境的美洲大型猫科动物,在沙漠、热带稀树草原、热带雨林和高山草原等环境中都可以发现它们的踪迹。今天,美洲狮的分布范围从加拿大育空地区往南贯穿美国西部的落基山脉,通过中美洲及南美洲,直达最南端的巴塔哥尼亚。美洲狮,也叫山狮(mountain lion)、虎猫(cougar)、山猫(catamount)和其他几十种名称,在低至海平面或高达海拔 1.3 万英尺(3.96 千米)以上的落基山脉和安第斯山脉都能茁壮成长。它们是诡秘而难以捉摸的掠食者,在野外遇到它们的人,会对它们产生既恐怖又钦佩的矛盾情感。

1890 年,芝加哥菲尔德博物馆(Field Museum)的鸟类学家查尔斯·科里(Charles Cory)首次科学地描述了佛罗里达山狮,并给了它一个美洲狮亚种的名称:*Feliscon color floridana*(佛罗里达山狮)。另一位 19 世纪的生物学家欧南·邦斯(Outram Bangs),将其地位提升至种,命名它为 *Felis coryi*,以纪念查尔斯·科里(*Felis floridana* 这个名字已为短尾猫 bobcat 占用[④])。这个名字一直沿用至 1946 年,之后斯坦利·杨(Stanley Young)和爱德华·高曼(Edward Goldman)审阅了美洲狮的众多记录和报告,命名了 32 个不同的美洲狮亚种,包括佛罗里达山狮(*Felis concolor coryi*)和以斯坦利·杨的名字命名的得萨斯美洲狮(*Felis concolor stanleyi*)。如今,佛罗里达山狮仍被认为是美洲狮的一个亚种,而且是密西西比河以东唯一幸存的美洲狮种群。

---

① 1753 年,瑞典博物学家林奈发表《植物种志》(*Species Plantarum*),创立了生物物种学名的双名法(二名法)命名法则,即每个物种学名由属名和种加词两个拉丁词语构成,并于其后附上命名者(常省略)。属名首字母需大写,种加词则小写。学名常以斜体表示,或者在其下加下划线。

② 卡罗勒斯·林奈(1707 年 5 月 23 日—1778 年 1 月 10 日),瑞典植物学家、动物学家和医生,瑞典科学院创始人之一,并担任第一任主席。他奠定了现代生物学命名法二分法的基础,是现代生物分类学之父,也被认为是现代生态学之父之一。

③ 现在美洲狮的属名被更改为 *Puma*。根据 IUCN 的"濒危物种红色名录",研究人员一度确认过美洲狮有 32 个不同的亚种。Culver 等人 2000 年发表的针对美洲狮的遗传分析,认为现存美洲狮应分为 6 个亚种,它们的分布区为:*Pumaconcolor cougar*:北美洲,*P. c. costaricensis*:中美洲,*P. c. capricornensis*:南美洲东部,*P. c. concolor*:南美洲北部 ,*P. c. cabrerae*:南美洲中部,*P. c. puma*:南美洲南部。

④ 短尾猫的种属名已经被改为 *Lynx rufus*。

在 17 世纪和 18 世纪，美国南部大种植园、众多城镇和不断扩大的烟草农场大为发展。为了运动狩猎，为了保护牲畜，或者干脆是因为把它们看成是危险的恶棍，狼和美洲狮被猎杀至几近灭绝。佛罗里达半岛的农业发展落后，很大程度上是因为其酸性沙质土壤和密布的沼泽地不那么适合农业耕种。这种人类扩张的暂时放缓，使佛罗里达山狮在南方其他各州消失很久以后仍得以在佛罗里达州坚持下来。

然而，自从 20 世纪上半叶佛罗里达州的墨西哥湾沿岸地区开始发展之后，佛罗里达山狮的数量锐减。20 世纪 50 年代和 60 年代，山狮的数量已经很少，以至于许多人认为它们已经灭绝。但是谁也不能肯定。

有关看到山狮、枪击山狮、用石膏模铸下山狮踪迹以及遭遇山狮目击者的奇闻轶事悄然上了佛罗里达的报纸。1969 年 3 月，佛罗里达州中部小镇因弗内斯(Inverness)附近的一个地方警长射杀了一头佛罗里达山狮。之后，一个骑摩托的人在摩尔哈文(Moore Harven)南边又撞上了一头美洲狮。世界自然基金会(WWF)提供资金给美国鱼类和野生动物管理局的动物学家罗恩·诺瓦克(Ron Nowak)和瘦高个子的西得克萨斯州美洲狮猎人罗伊·麦克布莱德(Roy McBride)，去搜寻残存的佛罗里达山狮。麦克布莱德后来成了佛州山狮恢复团队的头号搜寻员，他训练了小巧的沃克猎狐犬(Walker foxhunting hound)，跟在大型猫科动物的踪迹后面嗅寻，并一路紧追，把它们赶进树丛。1973 年 2 月，诺瓦克、麦克布莱德和麦克布莱德的狗群在格雷兹县(Glades County)奥基乔比湖(Lake Okeechobee)西沿食鱼溪(Fish Eating Creek)把一只大块头母山狮赶上了树。这件事引发了一场认认真真寻找并保护佛罗里达山狮残遗种群的运动。

长期倡导山狮保护的佛罗里达州自然资源局生物学家肯·阿瓦雷斯(Ken Avarez)，在他扣人心弦的《暮色山狮》(*Twilight of the Panther*)一书中，记述了由政府赞助的正式的山狮保护工作如何于 1976 年 3 月在奥兰多一座神会教堂(Unitarian Church)起步的经过。在那里，几位生物学家、野生动物管理员和保护人士评审了山狮幸存的证据，同意由美国鱼类和野生动物管理局牵头，成立佛罗里达山狮复育团队(Florida Panther Recovery Team)。佛州野生动物与鱼类管理局的生物学家罗伯特·克里斯·贝尔登(Robert Chris Belden)被提名领导这个团队，他开始了一场全面的探索，以评估幸存种群的现状。在好几年的时间里，贝尔登凭借罗伊·麦克布莱德的狩猎专长，带领一支队伍搜寻山狮。1981 年 2 月，他们把第一头山狮赶上树并投镖麻醉。这只大猫科动物被装上了有无线电发射装置的颈圈，以便进行远程无线电跟踪。几年之内，又发现了另外几头山狮，复育团队人员估计出一个约有 20 只个体的种群。令人烦恼的是年龄的构成;它显示几乎所有的山狮都老了,几近老朽。难道这真是最后一代?

贝尔登团队收集了山狮的体重、年龄、外貌等生活史数据,以及做寄生虫检测的医学样品。他们注意到,这些佛州山狮有三个生理特点在密西西比河以西的美洲狮中是不常见的,但在野生佛罗里达山狮身上几乎总会见到:第一个是脖子后面背部中间有一个螺纹或发旋;第二个是尾巴的终端椎骨成 90°弯转,成钩状或扭折;第三个是两肩之间的脖子后面有一片白斑。19 世纪欧南・邦斯收集的佛罗里达山狮的原始模式标本并没有这些特质。他对佛罗里达山狮的描述强调了颅骨的形态,特别是独具特色的头骨宽平的额区及阔而高的拱形鼻腔、修长的四肢和浓重的锈色体色。贝尔登发现,邦斯所说的这些识别特征是模糊而不连贯的;而更为客观存在的尾钩、发旋和白斑则很快成为佛罗里达山狮的识别标准。每一只山狮都有尾端的折钩,几乎所有个体都有发旋,而只有不到 5%的西部美洲狮具有这些特征。后来查明,白斑原来是由蜱虫[①]诱发的,而非遗传,以后就不提它了。

第一次捉到山狮两年之后,发生了不可思议的事情。贝尔登团队投镖麻醉了一只山狮,经过一番激烈追逐,正要把山狮从树上放下来时,这只山狮突然死于心力衰竭。公众对此反应强烈,控诉声声,佛罗里达的报纸上是扩音喇叭一样的喧嚣:"放过山狮!停止骚扰山狮!"在公众舆论这个法庭上,贝尔登多年的野外经验、奉献和聪明才智都不起作用了。他被重新分配到盖恩斯维尔(Gainesville)的一个部门。为了安全起见,一位训练有素的野生动物兽医补充到团队中。这位兽医刚刚从参与研究非洲猎豹的医学遗传秘密中出来,她就是麦乐迪・洛奇。

这支野外考察队由生物学家约翰・罗伯茨基(John Robotsky)领导,搜寻员罗伊・麦克布莱德协助,洛奇负责医学监测。罗伯茨基发明了一种充气安全气囊,可以绕在被追猎山狮避难的树干上,接住从树上跌下来的山狮。洛奇建立了一个精巧的野外实验室,对山狮做身体检查,并收集其血液、粪便、咽拭子和精子。不到两年,野外生态学家戴夫・梅尔(Dave Maehr)取代罗伯茨基,当了 8 年队长。梅尔 1997 年出版的《佛罗里达山狮》(*The Florida Panther*)一书,把负责保护这样一个人气巨旺十分高调的猫科动物的首席生态学家所面临的危险和见解写得天花乱坠。

---

① 蜱虫,又名蜱、壁虱、扁虱、草爬子,是一种体形极小的蛛形纲蜱螨亚纲蜱总科的节肢动物寄生物,仅约火柴棒头大小。不吸血时,有米粒大小,吸饱血液后,有指甲盖大。宿主包括哺乳类、鸟类、爬虫类和两栖类动物,大多以吸食血液为生,叮咬的同时会造成刺伤处的发炎。

科学家建立野外实验室，为山狮做身体检查。

到1986年，考察队已经为十几只成年山狮佩戴了无线电颈圈，估计出整个种群有30～50只个体。洛奇邀请大卫·韦尔特监测山狮的生殖生理状况，并请我来看看这个处于灭绝和近亲繁殖双重危险的微小种群的遗传结构。在接下来的几年中，这个挣扎着生存的种群令人心寒的图景清晰起来，它们可是曾经骄傲密集、分布广泛的东部山狮的玄孙们。

每捕获一只动物，洛奇都会通过联邦快递将血液和皮肤组织样品寄给我们。我们利用血清寻找猫科动物致病病毒的抗体。皮肤块用消化酶处理后，用塑料组织培养瓶培养成山狮的活细胞株。对红细胞和白细胞中标志种群多样性的等位酶和DNA标记做了评估。

分子遗传分析的结果正如我们所担心的一样。所有佛罗里达山狮在遗传上都受到损害。这个微小种群的等位酶变异比美国西部的几个种群少了5倍，是北美美洲狮亚种中最低的，几乎和我们在猎豹中所看到的一样低。线粒体DNA显示了同样程度的遗传均一性，小卫星DNA指纹评估，即吉尔狮子研究中曾经用过的能做司法证据的条形码显示变异的方法，也是这个结果。佛罗里达山狮表现出极度近交和历史上有内在遗传多样性丢失的迹象，这对濒危物种来说是一个危险信号。结合贝尔登所描述的性状，即尾钩和发旋，佛罗里达山狮具有一个种群受到过种群瓶颈损害的所有标记。

62

大卫·韦尔特的生殖分析很说明问题。佛罗里达山狮正常精子与发育异常的畸形精子的比例为6%∶94%。这是我们历来所见的最偏离正常的情况，比猎豹、比吉尔狮子的情况都要糟，跟南美的美洲狮亚种相比更是差得多。超过40%的佛罗里达山狮的精子有顶体[①]缺陷，顶体是精子细胞头部的关键结构。顶体缺陷使精子完全不能正常受精。此外，佛罗里达山狮平均每次射精的精子总数比其他美洲狮亚种低18～38倍，比我们在自由生活的猎豹身上所见低30倍。我们还观察到一个令人费解的现象，就是生活在落基山脉的美洲狮或山狮的精子畸形率也出奇的高，为70%～80%，这我在后文再加以解释。这个精子畸形率的水平与猎豹和吉尔狮子身上所见相当，但与佛罗里达山狮94%的畸形率相比，还不算糟。

麦乐迪·洛奇和她的助手们所做的兽医学监测，揭示了更多的问题，这些问题和近亲繁殖相关，我相信也是近亲繁殖的后果。随着越来越多的幼狮被抓获并监

---

① 精子头的顶端特化的小泡，它是由高尔基体小泡发育而来。实际上，顶体是一种特化的溶酶体。哺乳动物精子的顶体是一个膜性帽状结构，覆盖着精子核的前端。顶体是膜包裹的溶菌体样结构，含有许多水解酶类，如放射冠穿透酶、透明质酸酶、顶体素、蛋白酶、脂解酶、神经酰胺酶和磷酸酶等，其中以放射冠穿透酶、透明质酸酶及顶体素与受精关系最为密切。

测，隐睾的发病率从1970到1974年的0上升至90年代初的90%。患隐睾症的雄性，一个睾丸未下降到阴囊，导致精子生成减少；若是双侧隐睾（两个睾丸均不下降），则会完全不育。这个情况是遗传的，很可能反映了一个隐性致病突变的表达。佛罗里达山狮的特异突变尚未识别出来，但在狗、猪、羊和家猫等几个家养物种中，已经证实了隐睾症的遗传基础。在受检的所有雄性佛罗里达山狮中，56%发现隐睾，但从得克萨斯州、科罗拉多州、（加拿大）不列颠哥伦比亚省和智利捕获的40余只美洲狮的医学检查中，却没有发现一例。

到1994年，已对研究期间死亡的55只佛罗里达山狮做了尸检。1992年，出现过一种叫做“卵圆孔未闭”的心脏异常，即心脏的心房间隔膜未能正常闭合，造成5只山狮死亡。洛奇在一次例行体检时，注意到一只山狮有极不寻常的心脏杂音，从而诊断出它患有这种缺陷。她形容听诊器中的声音就像一个没放平的洗衣机，隆隆声响彻整个房间。那只山狮是父女交配的产物。高达80%的佛罗里达山狮有心脏杂音，而其他美洲狮亚种有心脏杂音的不足4%。

似乎这些还不够，佛罗里达山狮还背负着沉重的传染性疾病的负担，远比其他美洲狮亚种更为沉重。高度流行的微生物病原至少有15种，包括狂犬病毒和绿脓杆菌（铜绿假单胞菌 *Pseudomonas aeruogenosa*），都是在健康动物中不常见而发生在免疫系统被解除了武装的宿主（例如服用免疫抑制药物或患有艾滋病的人）身上的微生物。至少8起有记载的山狮死亡归因于病原微生物。正如我们对猎豹的怀疑一样，近交的历史和与世隔绝的生活为佛罗里达山狮取得了一种生存平衡。近亲繁殖增加了致命微生物的易感性，而与世隔绝则限制了这些微生物的扩散。

在我所见过的濒危物种里，佛罗里达山狮展示着最为极端的生理问题。近亲繁殖是否是诱因，这个怀疑通过一个相当不寻常而且或许是意外发生的事得到了证实。1986年，在大柏树沼泽地种群以南80英里的大沼泽地，抓获了一个山狮小家族。这些大沼泽地的山狮没有一只有尾钩，7只山狮中只有一只有发旋。当我们检查线粒体DNA（用RFLP方法）时发现，每一只大沼泽地山狮都有一个与大柏树沼泽的佛罗里达山狮明显不同的遗传型。将大沼泽地山狮的线粒体DNA基因型与其他美洲狮加以比较，表明它们很像——实际上一模一样——哥斯达黎加的一个美洲狮亚种。这是怎么回事？一个哥斯达黎加的遗传谱系是如何到达南佛罗里达的呢？

我们疑惑不解，但我们知道在佛罗里达博尼塔温泉（Bonita Springs）有一个叫做“大沼泽地奇幻园”（Everglades Wonder Gardens）的路边动物园，里面圈养着一个佛罗里达山狮的种群。这个群体是动物园园长莱斯·派珀(Les Piper)以他20世纪40年代初在亨德利县捕捉的野生佛罗里达山狮建立起来的。派珀从未承认，但一直有谣传，说他在50年代曾从"边境南边"的某地引进了一些非佛罗里达山狮，以改善他的品系。我们对派珀圈养山狮中的7只所做的分子遗传分析揭示，有一些个体有正宗的佛罗里达山狮的线粒体DNA，而其他个体有大沼泽地的哥斯达黎加型。派珀的和大沼泽地的山狮都有一个独特的南/中美洲山狮的等位酶标记APRT[①]-B，这个标记无论是生活在大柏树的正宗佛罗里达山狮还是在任何西部美洲狮的身上都是完全缺失的。确立了这个遗传关联，意味着派珀的圈养山狮通过某种方式到了大沼泽地。但它们是怎样到达那里的呢？洛奇需要对这个谜团寻根究底。

她翻遍大沼泽地国家公园护林员办公室的旧文档，找到了答案。她找到1965年公园管理处给莱斯·派珀的一封信，感谢他的合作，把7只他圈养的佛罗里达山狮释放到大沼泽地。一个早已被人遗忘的由政府批准的山狮放归项目在它们的后代中留下了遗传痕迹。这是我们的确凿证据。同时，这个踪迹消失了，直到20年后野外考察队在大沼泽地抓到了它们的后代，这些山狮的残存痕迹才浮出水面。

洛奇和我揭开的是一个意外为之的实验，在这个实验中，一个基因贫乏的"正宗"佛罗里达山狮与来自哥斯达黎加的另一个亚种交配，并成功地重返野外。在大柏树山狮身上如此明显的与近交相关的那些生理问题又怎样了呢？它们在大沼泽地山狮中大都被治愈了。尾钩和发旋不见了，没有隐睾症，也没有心脏异常了。它们的精子仍然相当畸形，但是我们认为，这个结果正体现了正宗大柏树沼泽地山狮的遗传影响。

65

不幸的是，大沼泽地山狮家族很短命。到1991年夏天，大沼泽地最后一只雌狮死了，很可能是由于汞含量过高而中毒，这是它死后在其身体的组织中发现的。剩下的两只雄狮向北迁移到大柏树沼泽寻找配偶，还有一只独自徘徊在大沼泽地。这个大自然的实验提供过希望，但最终大沼泽地山狮还是战败了。剩余下来的生存之战会在大柏树沼泽地进行，对因近亲繁殖而受到遗传诅咒的幸存佛罗里达山狮来说，这是个更大更好的栖息地。

可能因为保护管理问题还很新，我们有时在一些危急情况下，并没有全套事实的有利面也会得出结论。大多数观察佛罗里达山狮困境的人都相信，几个世纪以

① APRT是腺嘌呤磷酸核糖基转移酶。

来的人类掠夺和发展要对山狮的危险境地负责，这并不奇怪。佛罗里达山狮会步大沼泽地山狮、渡渡鸟或里海虎的后尘吗？如果我们往回走几步去更仔细地审视造成山狮困境的原因，就能更好地回答这个问题。

想想我们确实了解的美洲狮的自然史吧。大约500万年前，在北美洲，现代美洲狮的祖先分裂成三种不同的猫科物种：美洲狮、猎豹和现在仍能在南美洲和中美洲见到的一种小型猫科动物——美洲山猫(jaguarundi)。这些猫科动物与其他几种，如剑齿虎和美洲拟狮(American lions，豹属，是真正的狮子)，代表了这块大陆居主宰地位的食肉动物，被丰富的麋鹿、鹿和水牛等动物滋养着。大约200万年前，两个美洲大陆第一次合并在一起。这使得众多的物种得以迁移到南美，尤其是美洲狮这样的食肉动物。在南北美两个大陆连接起来之前，南美洲没有任何有胎盘的食肉动物，只有有袋类(与袋鼠有亲缘关系)食肉动物，这是在远古南方超级大陆冈瓦纳古陆中南美洲与澳大利亚之间长达9500万年之久连接在一起时遗留下来的。美洲狮在这个广阔的范围内兴盛起来，它们频繁出现在40万～50万年前的化石记录中就证明了这一点。

66

然而，大约1.8万年前，最后一次冰期使整个加拿大和美国北部被几英里厚的冰层所覆盖，堪比现代的南极洲。随着冰层在几千年中逐渐融化，北美洲荒芜的景观渐渐转化为富饶的森林地貌和大草原。当大解冻期接近尾声时，发生了令人费解的事件。在9000～1.2万年前，一波大规模的灭绝使40种哺乳动物在北美洲绝迹。因其发生的地质时代而被命名为更新世大灭绝的这些绝杀，主要涉及大型动物，如猛犸象和乳齿象以及五种成功的食肉动物：恐狼[①](dire wolf)、巨大的短面熊、美洲拟狮、剑齿虎和猎豹。

类似的大灭绝浪潮也发生在南美和澳大利亚，在欧亚大陆和非洲也有发生，只是范围小一些。尽管一些大型食肉鸟类，如鹰、雕、秃鹫和泰乐通鸟[②](teratorn)，也绝迹了，北美洲几乎所有的灭绝都是绝杀大型哺乳动物，它们再也没有出现，仅存于我们的想象中。

这些在哺乳动物7000万年的化石记录中范围最广的大灭绝，其原因还是一个谜。两种流行的猜想，即气候环境的压力或人类迁入这些地区造成的破坏，相持不

① 恐狼(学名 *Canisdirus*)，是犬属已灭绝的一个物种，在更新世的北美洲非常普遍。虽然它与灰狼有关，但却不是任何现存物种的直系祖先。恐狼与灰狼在北美洲一同生存了约十万年。它是更新世大型动物的其中一种。约于1万年前，恐狼与大部分其他的北美洲大型动物一同灭绝。

② 生活在中新世至更新世北美洲及南美洲的大型猛禽，约1万年前灭绝。属于畸鸟科 Teratornithidae 泰乐通鸟属 *Teratornis*。

下。几乎所有发生灭绝的地区都有早期人类短暂居住过，这也是为什么有些人觉得是这些早期人类起了作用的原因。我当时缺席，所以也只能猜想，但肯定是某种全球性的大灾难引发了灾变。它可能不是我们所认为的6300万年前造成恐龙灭绝的星系陨石，因为不同大陆上的大型哺乳动物灭绝的时间和持续时间都不相同。我怀疑是一场毁灭性的瘟疫席卷了大型食草动物，使它们的数量锐减，从而使大型食肉动物和猛禽挨饿。瘟疫可能是从驯化的牲畜传过来的病原体引起的，当时的人类刚刚开始驯化牲畜。 67

致命的瘟疫现在相当普遍。人们还见证了19世纪末灾难性的牛瘟暴发，使东非水牛和角马减少了95%。还有数不胜数的其他例子。人类的掠夺和环境危机当然可能在那些晚更新世大灭绝中起了作用，但是随着微生物猎人们[①]从现代物种中了解了这些祸害，全球性瘟疫的情景越来越说得通。

那么，美洲狮又是如何承受住消灭了北美其他物种的那些压力而活下来的呢？答案似乎是北美的美洲狮其实并没有挺过来。一个替代故事的遗传证据是由下定决心而又极端认真的研究生梅兰妮·卡尔弗(Melanie Culver)发现的，她开始她的博士学位研究时，是希望解决美洲狮亚种归类的分类学争议。

从一开始，我和卡尔弗就怀疑斯坦利·杨和爱德华·高曼命名的32个美洲狮亚种是否有可靠的遗传学基础，所以她试图使用当时最强大的遗传工具，即线粒体DNA序列分析和收集到的遍布哺乳动物染色体的核微卫星重复序列来检视美洲狮亚种问题。梅兰妮用了与我们用来确定猎豹和非洲狮瓶颈发生时间同样的微卫星标记，来寻找可以确认亚种间差异的特异等位基因标记。借助麦乐迪·洛奇的美洲狮野外生物学家网络，加上新来的博士后沃伦·约翰逊(Warren Johnson)的人脉、聪颖和口才，卡尔弗用了几年的时间，收集每一个已定名亚种的美洲狮血液和组织样品。如果无法从美洲狮猎人或山狮生物学家那里得到血液样本，她就从博物馆标本或猎人的战利品上取皮肤剪片。卡尔弗、洛奇和约翰逊用了10年时间，收集了约300份美洲狮组织样品，包括一些从博物馆弄来的19世纪佛罗里达山狮和已灭绝的东部美洲狮的皮肤剪片，东部美洲狮是漫游在新英格兰地区和大西洋沿岸各州的一个亚种。 68

虽然卡尔弗热衷于物种保护，但她真正的能耐却是遗传生物技术。她开发了从鞣制皮革中提取DNA、评估线粒体和微卫星片段DNA序列的新方法。线粒体

① 微生物猎人(*Microbe Hunters*)应来自美国微生物学家保罗·克鲁伊夫(Paul Henry de Kruif, 1890—1971)，1926年出版，科普畅销书。北方妇女儿童出版社(2009年出版)的中文版译为《微生物猎人传》。

的 37 个基因中,有 3 个基因(315 只美洲狮的 16s rRNA, ATP8 和 ND5 基因,总共 891 个碱基对)的 DNA 序列给了她一幅清晰的美洲狮种群结构图。梅兰妮和卡洛斯·德里斯科尔(Carlos Driscoll)——和她同实验室的合作伙伴,一个充满活力的新派保护遗传学家——评估了美洲狮和其他猫科动物的 12 万多个微卫星基因型,做了比较。他们的数据量巨大,进化分析令人生畏,但结果明确、切题、刺激。卡尔弗 1999 年夏天在美国遗传学会(American Genetic Association)的年会上介绍了她的研究结果。

卡尔弗发现,即使用当时最先进的分子遗传学工具,也不可能肯定或区分这 32 个分开的地理亚种各自的种群。绝大多数已命名的亚种都是一个大种群的一部分,它们之间有着连续的基因流。她所能做的,最多也就是检测 6 个地理群体的遗传分支: ① 南美洲南部,包括智利和阿根廷西南部;② 南美洲东部,包括巴西、亚马逊以南和巴拉圭;③ 南美洲北部,包括委内瑞拉、厄瓜多尔、玻利维亚、圭亚那和哥伦比亚;④ 南美洲中部,包括阿根廷东北部;⑤ 中美洲,包括哥斯达黎加、巴拿马和尼加拉瓜;⑥ 北美洲,包括美国、墨西哥和加拿大。

仔细检查时发现,中美洲和南美洲的美洲狮种群具有其他大型食肉动物的相当典型的遗传结构。它们的线粒体 DNA 和微卫星呈现出很强的遗传多样性。线粒体 DNA 基因型的一种独特模式将墨西哥以南的 5 个地理区域的群体区分出来。微卫星结果也指向相同的结论,即墨西哥以南的 5 个地理区域种群和以北的一个群体。所有南部美洲狮群组都表现出丰富的变异,多达我们在佛罗里达山狮所见的 10 倍。根据独特的基于 DNA 的基因型验证,我们建议把南方的 5 个群组科学合法地确认为亚种。

69

墨西哥、美国和加拿大的美洲狮则更让人迷惑。在这片广袤的大陆地区,涵盖了杨和高曼命名的 16 个传统亚种的活动范围,而这里所有的美洲狮在遗传方面几乎完全相同。有 100 只美洲狮都有一样的单一线粒体基因,4 只来自温哥华岛的美洲狮多了一种基因型,也仅仅是一个核苷酸字母与较为常见的类型有差异。微卫星标记也讲述了同样的故事,甚至更为生动。北美的美洲狮显著雷同,遗传多样性仅为南美美洲狮种群的 1/50～1/20。这些结果表明,所有的北美美洲狮的遗传多样性已经高度同质化。这只能意味着整个北美美洲狮种群是经历过一个严重瓶颈的种群的后代。

梅兰妮·卡尔弗和卡洛斯·德里斯科尔通过测量微卫星等位基因的大小范围估算出北美美洲狮种群瓶颈的发生时间,这是和德里斯科尔用来确定吉尔森林狮子种群瓶颈时间同样的方法。在使遗传同质化的种群瓶颈发生之后,这个大小的范围随着时间的推移,因新突变产生的等位基因缓慢积累而扩大。北美美洲狮中,所有85个微卫星所见的平均等位基因大小范围与我们所测非洲猎豹的几乎完全相同。这意味着北美美洲狮经历其种群瓶颈的时间,与非洲猎豹大体相同。既然确定了猎豹的瓶颈是在1万～1.2万年前,那么北美美洲狮就都是生活在大约同一时期的几只个体的后裔了。南美美洲狮微卫星等位基因大小范围比北美美洲狮的要大很多,确定了它们内在多样性形成的年代在4万多年以前。

这些计算的含义具有挑衅性。今天所有活着的北美美洲狮——在落基山脉也好,在加拿大、墨西哥和佛罗里达州也好——都要追溯到生活在大约1.2万年前的几个奠基者,那正是更新世大灭绝的时候。在消灭了那么多大型哺乳动物和猛禽的这次大灭绝事件之后,美洲狮从南美洲迁入北美洲。然而,北美的美洲狮化石遗存却远远早于这场大灾难,这就提出了一个问题:晚更新世大灭绝之前占据北美的那些美洲狮怎么了?答案是:无论杀绝美洲的狮子、剑齿虎、乳齿象、巨型地懒和美洲猎豹的是什么,它也消灭了整个大陆的常住美洲狮。这就是一次大灭绝事件。 70

在大型哺乳动物、大型猫科动物和美洲狮从北美洲消失之后,一小帮美洲狮,也许是一两个家庭群组,北迁到先前不那么幸运的住民空出来的地区,安下家园。美洲狮移民会建立并保卫大片领地,然后让年轻的美洲狮北扩。由于行为竞争的作用,创始者的数量一直很少;定居在巴拿马地峡及其以北地区的美洲狮又阻断了南部出生的美洲狮进一步北上的任何行为。随着时间的推移,北扩美洲狮的后裔在墨西哥、美国和加拿大定居,创建了一个新的更大的北美种群,但是这个种群比它们南美洲祖先的遗传多样性显著降低。

因此,佛罗里达山狮的遗传枯竭实际上始于1.2万年前,而20世纪的第二次严重瓶颈又加剧了这个枯竭。卡尔弗对有100年历史的佛罗里达山狮博物馆标本的分析显示,它们总体的遗传变异比今天的大柏树沼泽地山狮高出5倍。19世纪的佛罗里达山狮与西部美洲狮的遗传多样性相当,这两个种群都反映了晚更新世的遗传退化。更新世种群瓶颈的后果仍然很明显,很可能就是大卫・韦尔特在美国西部诸州山狮中看到的精子畸形高发(70%～80%)的原因。这些升高的精子畸形率比远交的南美美洲狮高很多,南美美洲狮的精子畸形率不到40%。

佛罗里达山狮所遭受的双重打击,少说也是令人忧心的。正是在这一背景下, 71 1992年10月,约翰・卢卡斯将科学家、野外生物学家、管理人员和保护活动家邀请到白橡树庄园。

在任何人看来——持这种观点的人有很多——山狮脆弱的种群前景渺茫。即使横跨南佛罗里达，面积超过 200 万公顷(1 公顷＝10^4 平方米)的山狮栖息地是连续的，与美国东部任何一个野生动物保护区一样大，但是它对于维持一个健康的美洲狮种群来说仍然是太小了。因公路撞车、常见疾病和飓风等偶发事件造成的死亡就能轻而易举地终结整个种群。遗传数据传出的消息则更糟——两次与灭绝擦肩而过，使佛罗里达山狮的保护性基因组多样性丢失，并已表现出来。山狮不仅有近亲繁殖的基准难看外形，即尾钩和发旋，还有致命的心脏畸形、隐睾症、极端精子缺陷和显著高发的微生物疾病。以保护政策为专业的种群生物学家尤利西斯·希欧(Ulysses Seal)和罗伯特·拉齐(Robert Lacy)，用基于目前野生种群繁殖结构的计算机模型，在统计学上预测出，不到 50 年内，几乎肯定佛罗里达山狮会由于偶发事件而可能灭亡。如果对它们不管不顾，就在你们这些人数众多闹闹嚷嚷的倡导者争论这个过程的时候，佛罗里达山狮就会作为教科书关于如何灭绝的一道练习题，只成为人们的记忆了。

白橡树研讨会的与会者通过了一项联合决议：行动，尽快行动。会议论文集的执行摘要建议，“需要重建佛罗里达山狮和毗邻美洲狮亚种之间历史上曾有的基因流，即基因增强，来扭转(种群)和近亲繁殖的影响……”并“需要尽快采取行动。”优先考虑的三种方案是：直接将另一个地区的美洲狮迁移到佛罗里达；为雌性佛罗里达山狮进行人工授精；采集野生佛罗里达山狮的精子来为非佛罗里达美洲狮进行人工授精。

对这个问题还是有一些反对意见。一种意见来自佛罗里达州的保护人士，他们对凡有政府协助的保护工作绝无信任。他们绝对相信，以任何理由对山狮进行任何操作都是对它们的骚扰和伤害。自 10 年前发生第一起捕获山狮死亡事件以来，这些心怀善意却感情用事的倡导者参加了所有的山狮会议或研讨会。

72

另一个坚定的反对声音来自野外考察队的领导，生态学家戴夫·梅尔。在野外工作三年后，梅尔形成了他自己顽固的印象，即山狮种群面临的唯一一个最大的威胁，就是栖息地有限。他不相信山狮遭受了近亲繁殖的影响，并曾提出命运多舛的大沼泽地山狮可能就是毁于“远交衰退”，这是一个早就被摒弃的概念，还是在旧南方[①]时代为证明反对不同种族间通婚法律的正当性而提出来的。

梅尔的见解全面而真诚，但他不慌不忙地固守生态学的顾虑，造成他心里的严重矛盾。相对于麻醉为采集血液和精子样品和生物医学评估使动物的安定时间得以增加的好处，梅尔对麻醉山狮的风险还是很恼火不安。他坚持他从野外观察中

① “旧南方”在此处指的是美国南北战争之前，美国南部奴隶制种植园系统的地区。

形成的意见，胜过政府官员、管理者和官僚们的公文，也胜过他对把关在笼子里的山狮交给辅助生殖和圈养繁殖的鄙视。他唾弃计算机模型，呼吁收集更多的野外数据。这些紧张的心态使梅尔成为"基因增强"的主要反对者，不过他只是少数几个对达成共识的建议持异议者中的一个。

白橡树决议出来后近 3 年的时间里，政府摇摆不定，无所作为。最后，佛罗里达州议会的一个代表团逼着美国内政部长实施了基因增强计划。1995 年春，罗伊・麦克布莱德把 8 只来自西得克萨斯州的大个儿、健康又没有怀孕的雌性美洲狮搬迁过来，在大柏树沼泽地的不同地点释放。定下 8 只这个数目，是为了使当时 30～50 只育龄成年山狮组成的种群获得 20％的遗传增强。在诸种选项中之所以选择动物迁移，是因为当时的人工繁殖技术还没有开发到适合美洲狮的可靠程度。之所以选择得克萨斯美洲狮，是因为至少在 1900 年时，得克萨斯美洲狮亚种的活动范围还与佛罗里达山狮重叠，所以这只是 19 世纪基因流的重建。事实上，搬迁行动也被改称为"基因修复"(genetic restoration)，至少部分原因是为了公关。 73

在接下来的几年里，引进的雌性得克萨斯美洲狮与雄性佛罗里达山狮交配。到 2001 年年中，佛罗里达州的栖息地诞生了 17 只第一代和 33 只第二代和第三代杂交美洲狮。杂交后代明显强壮健康，比它们的"正宗"佛罗里达山狮父亲更结实。负责跟踪的罗伊・麦克布莱德形容它们为超级猫，具有发达的肌肉和流畅而充满活力的冲刺，使得追逐并赶它们上树对他的狗来说更为困难。即便它们一旦被赶上树，这些满身腱肉的杂交种会飞身越过猎犬和野外考察队逃生，这场面在它们正宗但显见得更弱的佛罗里达山狮父母和祖父母那里可是十分罕见的。

在大柏树沼泽栖息地的山狮密度增加了近一倍，实现了白橡树会议的希望。杂交后代没有尾钩或者发旋，迄今为止，所检查过的雄性个体精子畸形率有所减少，与西部美洲狮相当。虽然现在还不能宣称恢复行动彻底成功，但它肯定是在向这个方向发展。我们很多关注着这个大型自然实验的人都在双手合十地祈祷着，也许有一天我们对山狮的大胆尝试，将成为保护方面的成功案例。

今后很多年，佛罗里达山狮的传奇将不只是保护界的记忆。确定北美美洲狮是晚更新世瓶颈传下来的，这就生动地提醒人们，现代物种的基因组中带有内置的精密计时器，我们可以用来解释它们的自然史。我们在阅读这些信号方面正做得越来越好，就像古生物学家已经学会了用化石碎片重新组装出早已灭绝的物种一样。慢慢地，但是以令人激动的小小增长积累起来，像佛罗里达山狮传奇这样的大胆尝试，就越来越多地教会我们如何解读隐含在基因中的神秘代码。 74

除了让一种美丽的生灵继续存在，人类还可能得到一个意想不到的好处：佛罗里达山狮身上所见的心脏心房间隔缺损也是儿童中最常见的先天性心脏缺损。它可以通过手术修复，但是对其遗传基础的怀疑从佛罗里达山狮那儿获得了验证。随着遗传学家努力揭开人类基因组的面纱，揭开把每个人区分出来的几百万单核苷酸变异体的面纱，我们正在接近把特异基因变异体与心脏病、先天性异常和高血压等具有明显遗传影响的疾病联系起来成为日常惯例的那一天。佛罗里达山狮提醒我们，特定基因的识别为新的遗传性疾病的诊断和治疗提供了一种可行的路径。

我们为人类的生殖也学到了类似的教训。隐性基因对留在山狮腹内的精子异常或睾丸的明显影响，可以帮助识别我们自身这些缺陷的遗传基础。人类男性不育症的发病率是非常高的。遗传学家正在开始识别一旦突变就会在代谢途径中损害人类生殖的那些基因，这和野生山狮相类似。当这些新的发现转化为治疗时，他们欠那些美丽而脆弱的佛罗里达山狮的人情债可是不小啊。

最后，佛罗里达山狮给了我们一个以往记载中从未有过的近距离观察一个处于灭绝边缘的濒危物种的机会。整个过程还检验了保护主义者、科学家和政府机构协同工作的能力。两种截然对立的思想展开了一场舌战，一方坚持认为我们应该任那些可怜的动物自生自灭，顺其自然，而另一方则逼迫着立即采取行动。两个阵营都激昂地声称自己代表着山狮最佳和唯一的生存希望。

在我对佛罗里达山狮的叙述中，我掩饰了一些棘手的管理问题，从而可以突出科学的故事。但是，受威胁物种的科学研究并不是在真空中进行的，保护决策与人、社会、政府、法律和公共政策都是关联在一起的。在下一章，我将揭露那些关键的决策过程和我们保护濒危山狮亚种的科学努力中挥之不去的那些幕后政治癫狂。

75

第五章　官僚作祟

1983 年，也许是要平息佛罗里达报刊在克里斯·贝尔登团队捕获的那只佛罗里达山狮死亡事件上的愤怒，佛罗里达州的州长鲍勃·格莱姆任命了一个由 5 名供职于政府和学术机构的科学家组成的佛罗里达山狮技术咨询委员会(Florida Panther Technical Advisory Council)，监督山狮的保护行动。成员之一、佛罗里达大学特聘教授约翰·艾森伯格(John Eisenberg)是闻名遐迩的哺乳动物生物学全科专家。艾森伯格对大多数事情都非常有主见，而他对佛罗里达山狮识别的意见则表现出了非凡的先见之明。艾森伯格说服了他在技术咨询委员会的同事，认为固守尾钩、白斑和发旋作为识别佛罗里达山狮的正式标准，在政治上是很危险的。 76

1986 年，在第一次捕获新发现的大沼泽地山狮群组仅仅几个月之前，艾森伯格和克里斯·贝尔登曾就贝尔登所青睐的诊断特征交换了看法。艾森伯格问贝尔登，"如果在大沼泽地捕获的山狮没有发旋或尾钩，你怎么办？它们算不算是佛罗里达山狮呢?"听到这个交谈的人都认为艾森伯格的担忧毫无根据。然而，大沼泽地美洲狮的确既没有尾钩也没有发旋。而它们却有着更像是哥斯达黎加美洲狮而不是佛罗里达美洲狮的分子遗传标记。游荡在佛罗里达的是两个世系的美洲狮，大沼泽地这一版有一点点意外的基因增强。这是好消息，还是坏消息？ 77

麦乐迪·洛奇对遗传上的发现太激动了，而顾不上担心政治上的含义。洛奇关心的只是山狮的健康和对科学真理的追求。但是，随着数据变得更清晰、更明确，洛奇的同事质疑起她对新结果的这份热情。这不是因为他们有更敏锐的科学头脑，而是由于山狮保护会带来的影响。他们敦促洛奇和我考虑把研究结果压下来——干脆不要公之于众。原因是：根据美国《濒危物种保护法案》，濒危物种和其他类群之间的杂交后代将没有资格受到保护或资助。整个佛罗里达山狮恢复工作因这些令人不安的遗传新发现而摇摆不定。

艾森伯格和他的委员会敦促美国内政部和佛罗里达野生动物委员会(Florida

Game Commission)修改佛罗里达山狮的定义,作为这种可能性的缓冲。这两个机构的反应是典型的官僚主义,什么都不做。现在,洛奇和我手握着确凿科学证据,可能会突然阻挠对一直获得政府资助和保护的为数不多的濒危物种之一的支持。肯·阿瓦雷斯估计,20 年来山狮保护的花费超过了 3000 万美元。

分类学,或称系统分类学(Systematics),是基于科学的对世界物种的按等级分类。这个领域传统上是一个模糊的学科,以博学而专业的大师为主导,他们会记住并解释成千上万个拉丁物种名。分类学的进展很少见诸报端,那些尖刻的争议也只是一代又一代在尘封的科学文献中徘徊。而当物种和亚种的精确分类识别为《法案》提供保护的基础时,那种学术上的单纯就会永远丧失了。

《濒危物种保护法案》有时被称为植物和动物的"人权法案",由理查德·尼克松在 1973 年签署成为法律。有 1000 多种美国本土物种和 500 多种外来物种被美国鱼类和野生动物管理局列为濒危,目前该管理局还积压了 3500 个物种等待升级到受保护的地位。这个法案长达 45 页,它规定,任何人都不得携带、骚扰、危害、追逐、狩猎、射击、打伤、杀死、设陷、捕获或收集法案所列的物种。处罚非常严厉,包括监禁和最高每天 2.5 万美元的罚款。该法被认为是迄今任何地方所颁布的环保文件中最有效的法律之一。

在其 30 年的历史中,《法案》经受了各种可能的冲击。近至 1996 年,美国国会参众两院都收到提案,要求要么废除这部法案,要么至少对其进行修正。1978 年,为了保护田纳西州的一种小型濒危鱼类蜗牛镖(snail darter),最高法院裁定让投资 1 亿美元的大坝更改走向。老乔治·布什总统驳回了这项裁决,认为它"是一把指向全美国就业、家庭和社区的剑"。他的内政部长曼纽尔·卢汉(Manuel Lujan)将《法案》说成是"经济发展的严重阻碍,需要……废除"。1995 年,最高法院法官安东尼·斯卡利亚(Anthony Scalia)在谈及俄勒冈州甜蜜家园(Sweet Home)斑林鸮(spotted owl)的栖息地保护时,以一种少见的观点扬言,"没有必要保护繁殖场所,因为即使繁殖不成,也不会伤及活的生灵。"小布什总统时期监督该法案执行的内政部长盖尔·诺顿(Gale Norton)曾向最高法院争辩说,此法"违宪,侵犯了私有产权",不过他争辩未果。该法案自一开始,就将野生动物环保主义者和土地开发商剧烈地分化为两个极端。

佛罗里达州塞米诺尔印第安人部落(Seminole Indian tribe)酋长詹姆斯·比利(James Billie)的怪诞传奇,很能说明《濒危物种保护法案》在与佛罗里达山狮保护联系起来时,会怎样如何错综复杂。1983 年 12 月,这位 40 岁的民间歌手和越战老兵在大柏树保护区塞米诺尔印第安保留地内和一个朋友在皮卡车里打聚光灯照鹿时，一头山狮绿色的眼睛闪在探照灯的光束中。比利用一把大火力手枪射杀了这只山狮，剥了它的皮，用它的肉做了一餐饭，然后将皮毛挂在他家附近的一个柏树杆上。接到举报后，佛罗里达野生动物委员会的野生动物巡护员第二天就赶来了，没收了皮毛和锅里面的残羹。他们逮捕了詹姆斯·比利。根据美国联邦法律和佛罗里达州法规，他因杀害和持有濒危物种佛罗里达山狮而被起诉。 79

佛罗里达州的媒体将随后的法庭审理描绘成两个极度自由的原则之间史诗般的争斗：保护濒危物种的权利对土著美洲印第安人自由狩猎或者说不管联邦法律而沿袭其生活方式的固有权利。比利的律师辩称，塞米诺尔人在他们自己的保留地上，不受野生动物法规的约束，在那里全年都允许狩猎。的的确确，他宣称，如果不是因为白人对佛罗里达的开发，就不会有濒危的佛罗里达山狮。

毫无疑问，比利射杀了那只山狮。山狮毛皮在他的杆子上，他的饭锅里还有山狮骨头。然而，1987 年 10 月，当此案到了佛罗里达州拉贝尔的地区法院审理时，被告根据山狮有争议的分类提出了更有力的辩驳。他们质问，如果连一帮帮专家都不能就佛罗里达州山狮是什么形成一致意见，那陪审团凭什么能给杀了这样一个动物的普通公民定罪呢？

麦乐迪·洛奇和劳里·威尔金斯(Laurie Wilkins)为控方作证。劳里·威尔金斯是佛罗里达自然历史博物馆的专业分类学家，刚刚检查过 29 个美洲狮亚种的 648 个标本，分析了佛罗里达山狮活体和博物馆标本中出现率非常高的尾钩、发旋、白斑和头骨等特征。她作证说，比利射杀的山狮具有和正宗大柏树沼泽佛罗里达山狮类似的尾钩、发旋和拱形鼻腔。

辩护律师在他的综述中，轻巧地进行了辩驳。识别佛罗里达山狮的问题甚至在“专家”之间也是有争议的。在佛罗里达野生动物委员会用于识别佛罗里达山狮的三个标记中，一个是非遗传性的，即蜱虫感染诱发的白色斑点，而其他两个，即发旋和尾钩，从未被最初描述佛罗里达山狮的先驱动物学家科里、邦斯和高曼所提及。而且，有传言说，大沼泽地山狮就没有这些可做判断的特征。一个遵纪守法的平头百姓怎么可能认出这是受保护的山狮呢？到底谁才算是佛罗里达山狮呢？ 80

联邦法官指示陪审团，任何“放弃权利或犹豫不定”的结论都构成“合理怀疑”和宣告无罪的理由。在意见相持不下的陪审团终止了审议之后，这起联邦法院案件撤诉了。此后不久，比利经州法院审理被无罪释放。次年，我们实验室得到了比利所获山狮的组织样品，根据线粒体和核基因分析，确定它就是地地道道的大柏树佛罗里达山狮。如今詹姆斯·比利和O.J.辛普森[①]都作为自由人居住在佛罗里达。

1990年12月,我们详细分析大沼泽地与大柏树美洲狮不同血统的遗传学研究结果,预定在现已停刊的科学期刊《国家地理研究》(*National Geographic Research*)上发表。想到这些数据可能被反对保护的人所利用,来颠覆无比可贵的联邦政府对山狮的保护,我的共同作者、野外考察队和我对这种可能性都很不安。我们深知对濒危物种的定义和识别存在着相当的混乱。乱上加乱的,是非常强大但很难理解的新的分子遗传技术,这些技术会以惊人的精确度揭示早已被人遗忘的历史事件,如大沼泽地山狮的背景。从这样立法上的两难境地,是否存在一种方法,可用来提取因保护而收集的佛罗里达山狮和新杂交世系的数据呢?我们真是进退维谷:要么发表研究成果,从而给濒危物种的对立面打开一个法律的漏洞;要么压下重要的科学数据不发表。这两个选项对我而言都不能接受,我必须找到出路。

我开始恶补《濒危物种保护法案》的历史及其应用和诠释,这些在《联邦公报》上都有发表。这个法案旨在保护那些数量和栖息地已锐减到威胁其生存的物种。它明文规定保护三种类群:物种,亚种和特定的脊椎动物种群。

81

美国内政部律师处作为美国鱼类和野生动物管理局的法律顾问,在1977年至1983年间,出台了一系列弯弯绕绕的内部备忘录,应对濒危物种的杂交。这些意见的对象有海滨沙鹀(dusky seaside sparrow)、南塞尔扣克山驯鹿(southern Selkirk Mountain caribou)和海獭。对每一个案例,律师处都裁定,濒危物种间,濒危亚种间,甚至列为濒危的种群间的杂交,都不再受《法案》规定的保护。这些备忘录的结论是,对杂交种的保护,不但对恢复列为濒危的类群没有任何帮助,还可能进一步危害它们的生存。这个观点,后来被私下称为"杂种政策"(Hybrid Policy),具有司法先例的效力,并在随后几年内影响了管理和保护的决策。

海滨沙鹀是沙鹀的一个黑化亚种,分布在佛罗里达中部和东部,于1966年被列为濒危物种。到1980年,整个种群锐减至只有6只。5只被圈养起来,准备和佛罗里达州的墨西哥湾沿岸地区一种颜色稍浅的斯科特海滨沙鹀杂交,这是挽救沙鹀的一次英勇的努力。律师处援引先前的杂种政策备忘录,否决了这项实验。海滨沙鹀灭绝了。

---

① O. J. 辛普森(O. J. Simpson,1947—)是前美国著名橄榄球运动员、演员,他被指控于1994年6月12日杀死前妻妮克尔·布朗·辛普森和她的男友罗纳德·高曼,但是因为起诉证据存有漏洞,本着"合理怀疑"的原则,对辛普森的刑事审判最终裁定他无罪。

几年后，分子遗传学研究表明，当时要用来杂交挽救海滨沙鹀的那个亚种，很可能是一个糟糕的选择，因为它们属于按亚种来说已经孤立生存了很长时间的一个种群，有25万年之久。具有讽刺意味而又幸运的是，今天幸存良好的邻近的大西洋沿岸亚种，在遗传上倒是亲缘关系非常近。原来海滨沙鹀并不是那么独特，也不濒危。因此，在某种程度上，海滨沙鹀从来不曾真正灭绝。

杂种政策的其他后果就不是这么无关痛痒了。1990年，当年测量猎豹不对称头骨的学生罗伯特·韦恩，已经是加州大学洛杉矶分校的遗传学教授了，他完成了一个漂亮的遗传学研究。研究表明在自然界有很多地方，当灰狼和郊狼的活动范围重叠时，它们就形成杂交。几乎刚一听说这个消息，怀俄明、蒙大拿和爱达荷这三个西部州农场局的法律工作人员，就立即正式上书美国内政部，请求从濒危物种名单中把灰狼删除，因为它和常见的非濒危物种郊狼形成了杂交种。他们的主张直接引用了律师处的杂种政策意见。美国鱼类和野生动物管理局否定了这一请求，说是灰狼和土狼的杂交非常罕见。其实它不是那么罕见，但这个案例很能说明杂种政策如何让政府自己画地为牢，需要不断出招辩解，来捍卫对濒危物种的保护。

82

美国鱼类和野生动物管理局使用的物种和分类识别的科学依据，是分类学上的一个范式，名为生物物种概念，简称BSC。BSC由哈佛大学鸟类学家恩斯特·迈尔(Ernst Mayr)于1940年制定，他可以说是自查尔斯·达尔文以来最有影响力的进化生物学家。迈尔的洞察力，以及他对动物学、生物学、生态学和系统学等广泛学科的清晰表述，使他在整个职业生涯中，都是生物学思想和政策的先锋。

迈尔的BSC将物种定义为实际或潜在的异种交配种群的群体，又与其他这样的群体有生殖隔离。有法律效力的词是生殖隔离。已经有几十种其他对物种定义的建议，如根据进化潜力、根据过去的历史或根据选定的在物种中观察到的判断特征来给物种定义。但是，迈尔和他的支持者更推崇生物学物种概念，因为它似乎客观而明确。物种自身演化出天然防止在野外杂交的内在屏障。相比之下，基于外在特征相似性的物种定义则有赖于所用的是哪些特征。由于生物学物种概念早已广为人知，广泛接受，美国鱼类和野生动物管理局实施濒危物种保护的立法时，就采用了这一概念。这一惯例就成了杂种政策的基础。

在过去60年中，有相当多受人尊敬的分类学家和进化生物学家出于各种原因，试图把生物学物种概念BSC拉下马。他们大多数人都铩羽而归，可能是因为就在我写下这些文字时已经96岁的恩斯特·迈尔依然健在，机敏，而且思路清晰，大多数批评者都不是他的对手。

83

1990年初，就在我们的山狮困境明显起来的时候，哈佛的另一位进化遗传学巨匠理查德·列万廷(Richard Lewontin)请我去给他的研究生做一个讲座。列万廷是评估种群变异的先驱，他在1966年第一个通过等位酶变异体估算出果蝇种群的总体遗传多样性。我拜访列万廷前给迈尔教授留了个简短的便条，询问他是否可能有时间一见，讨论一下基于生物学物种概念的杂种政策给像佛罗里达山狮和灰狼这样的物种造成的困境。他应允了，我很兴奋。

在期待着这次会面的同时，我花了一个星期的时间来阅读各种关于物种概念的文献，包括迈尔的好几本书。会面那天，我知道这次会面只有一个小时时间。我向他解释了佛罗里达山狮血统的一分为二、灰狼与郊狼的杂交以及杂种政策。我请他与我合写一篇社论，用简单易懂的语言来排除疑义，说明生物学物种概念所体现的自然事件应该支持而不是挫败保护目标。有了他的合作，我希望我们能够影响乃至废除杂种政策，不是通过情绪化的诉求，而是通过理性的科学视角来看待生物物种概念在华盛顿环路以外的现实世界中对物种和亚种活动的自然含义和诠释。

迈尔教授非常乐意帮忙，我们的会谈延长了一个小时，交流了思想、观念、偏见和看法。在接下来的几天里，我们要撰写好几稿，几个星期之内，我们写好了论文草稿，提交给《科学》杂志。我们故意用了一个刺人的标题：《官僚恶作剧：认识濒危物种和亚种》。为了得到想要的关注，我们需要一个有冲击力的标题。

《科学》杂志审查并接受了这篇文章；我和迈尔做好了承受公众和政府反应的准备。这篇文章首先概述了执行杂种政策提出的问题——威胁了对好几个物种和亚种的保护。有最先提出生物学物种概念的人作为共同作者，这篇文章非常有力地回应了迈尔在1988年的推论：“因为杂交可能偶尔发生在属于不同的真正物种的个体之间，那么就非常有必要强调，生殖隔离这个术语是指种群的完整性，即使偶尔有个别个体可能会误入歧途。”我们指出，在自然界，有几百例有限的“杂交区域”，都是在亲缘非常近的物种有了接触时出现的。然而，这种杂交区并不破坏任何一方亲本物种的遗传完整性，也不应混淆对它们的亲本物种的识别。

我们也提出，种和亚种有很大区别。虽然物种有生殖隔离，但亚种却没有。相邻的亚种连接并合并它们基因库的情况很普遍。这是我们在自然界看到的，甚至在人类群体中也有看到——不同的族群，如非洲人、亚洲人和白人，就相当于人类的亚种——他们之间就是自由通婚的。

我们的文章为亚种提供了一个新的扩展定义，即“在分类学上不同于其他物种分支的，但在地理上确定的本地种群聚集体。”为了帮助政府监管部门识别亚种，我们提出了一些明确的指导方针。与其他亚种相比，一个亚种的成员应该共同具有独特的地理分布范围或栖息地，一些可识别的遗传控制的形态学或分子特征，以及独特的自然历史。由于它们不是一个独特的物种，它们在生殖上不会互相排斥，并将定期与相邻的亚种交配。我们进一步论证，所有亚种都有潜能获得与其特定的生态条件相符的适应性，它们分离的时间越长，我们可以期待的累积适应性就越大。如查尔斯·达尔文1866年所描述的，所有亚种都有潜力在某一天演变成新物种，不幸的是，永远不可能知道哪些亚种将实现这种潜力。

从表面上看，杂种政策对充分发育的物种还是有道理的，这些物种一起繁育时会产生不育的杂交后代，如狮子与老虎、马和驴。没有人想鼓励这种非自然的杂种交配。然而，对亚种和种群而言，杂种政策就应当废弃。我们论证说，亚种至少有四种可能的自然命运。它们可以逐渐改变成一个新的亚种，它们可以灭绝，它们可以演变成一个全新的独特物种，它们还可以遇到另一个亚种，交换基因，交叉交配。所有这些都是野生状态下常见的自然结果——所以像佛罗里达山狮或海滨沙鹀这样的濒危亚种，不应该因为日复一日自然发生的事情而受到惩罚。

85

我虔诚祈祷，希望我们意见的指向、我的共同作者的显赫声名，以及这个话题的时效，会突破美国渔业和野生动物管理局的惯性。文章发表前几天，我接到几个报道这个争端的记者的电话。《纽约时报》记者威廉·史蒂文斯(William Stevens)告诉我，他刚刚给美国鱼类和野生动物管理局的发言人打过电话，请他对此发表评论。几个星期前，我曾给该机构的官员寄去了这篇社论文章的预印样章，好让他们有所准备。发言人断然告诉史蒂文斯，“没有什么杂种政策。整个事情都正在重新考虑之中……管理局正处在就什么是杂种，什么不是杂种制定出一项政策的过程中。”

我很惊讶。他们竟先于我们这篇文章撤销了杂种政策。这是我所能想象的最好的消息。体制内的胜利！不论多么微乎其微，我们还是调整了《濒危物种保护法案》解读中的一个脆弱漏洞。杂种政策不复存在，在我们的社论文章发表几个星期之前一下子被搬开，有效地挪走了暂停佛罗里达山狮保护的法律依据。

这对其他许多濒危物种来说也是好消息。在华盛顿州，北方斑林鸮(Northern Spotted Owl)已经与邻近的亚种杂交。根据新的分子遗传数据，发现了蓝鲸和长须鲸间的杂种后代。就连美国渔业和野生动物管理局的旗舰濒危物种红狼，虽然也像佛罗里达山狮一样在过去十多年持续得到政府保护，但也表明它是郊狼和一个已经灭绝的狼亚种的杂交后代演化而来的。重新思考这个问题的时机的确成熟了。

86　18个月之后，就是白橡树庄园佛罗里达山狮研讨会的召开，提出了佛罗里达山狮恢复计划。由于杂种政策的逆转，向这个病入膏肓的种群加入新鲜血液的决定才成为可能。如果杂种政策依然故我，那么从得克萨斯再引入一个不同亚种不仅会有争议，而且还违法。现在这个政策正在被审查，就算是政府官员，对恢复计划也不那么难受了。

要知道，150年前，佛罗里达山狮的活动范围还与得克萨斯美洲狮的相毗连，所以恢复计划并不算牵强。这个计划只不过是要恢复两个亚种或族群间由于人类定居而中断的自然基因流动。这个论据，再加上山狮保护形势的紧迫，让谨小慎微的决策者们具备了他们所需要的弹药，来捍卫这个大胆而必定会有争议的恢复计划。

美国渔业和野生动物管理局花了五年时间搞出来一个新的杂交种政策。1996年2月7日，这个新政策终于出现在《联邦公报》中，标题是《濒危和受威胁的野生动物和植物：处理杂交及杂交后代(杂交问题)的政策和法规建议》。这个新政策非常直截了当，但是精心制作得很聪明。它只是简单地承认，"与属于一个列入名单物种的一个亲本的相似度超过与列入名单和非列入名单双亲之间的中间个体相似度的杂交个体"即为濒危。濒危类群的保护会"表明它包括原来列到名单之内的亲本实体的杂交及杂交产生的个体。本政策意在通过保护和保存杂交后裔来帮助恢复列入名单的物种。"新规则要求通过一项经过批准的恢复计划，包括遗传管理计划，来开发出识别标准。他们承认了现已撤销的杂种政策备忘录从1977年至1983年对濒危物种造成的损害。新计划强调了新的基因技术在揭示种群自然历史中的杂交和基因流动方面的强大作用。

87　修订后的政策有意含糊而笼统。它为保护机构的官员们提供了他们所要求的灵活性，以便既能保护物种，又能起诉那些试图对杂交种政策做出有利于他们的解释的违法者。这个经历使我想起了关于制作香肠和立法的那个人们熟知的名言[①]，过程虽不总是悦目，但是在某些情况下，产品味道不错。

在亚种、杂交和濒危物种的司法核准问题上的政治混乱，只代表了一个关键但争执不休的保护问题的冰山一角：什么时候一个亚种应该保持纯正，什么时候可以鼓励它与另一亚种相互混杂？答案有两个层面：一个层面涉及自然基因流的基因渗入，这个我们只是简单地观察和记录，如19世纪得克萨斯和佛罗里达山狮亚

① 即香肠法则，最早出自德意志帝国第一任总理、铁血宰相俾斯麦。他说："世上有两物，爱好者不当去观察其制作过程。两物者，一为香肠，一为法律。"

种间的杂交;第二个层面则涉及由管理干预的杂交,如1996年对同样两个群组实施的美洲狮恢复实验。

大多数可识别的旗舰物种有无数已命名的亚种,是由于像查尔斯·科里和欧南·邦斯这样的19世纪哺乳动物学家的热情。在那个浪漫时代,无畏的生物探险家们穿越未知的地域,通过射杀动物来记录标本。那时鲜有区别亚种的客观标准,所以根据地理和有限样本的比较主观的区别,就足以定义新的亚种,并给它们命名。

今天的分类学家有更好的以种群为基础的工具和更明确的标准来认识亚种。分子遗传学的出现更增加了几乎是无限数量的DNA特征来用以检查。此外,物种中正在演化的DNA序列提供了与生俱来的分子钟,可以估算出两个物种或亚种间最后一次交换基因以来的时间跨度。古生物学家告诉我们,一个脊椎动物物种进化成另一个新的物种需要一两百万年时间。狮子、老虎、豹和美洲虎是典型的没有争议的物种。我们可以将它们轻易地区别开,它们的基因差异可以将它们最后的共同祖先追溯到约200万年前,而它们也不会自然产生可存活的杂交后代。

相比之下,亚种的指定却不断在濒危物种管理计划中造成冲突。研究亚种的野外生态学家和形态学家注意到可能是适应栖息地的独特特征——譬如佛罗里达山狮的长腿和窄而扁平的头骨。这些适应性特征会对渴望着命名一个新分类单元的分类学家很有诱惑力。然而,精确量化使一个亚种真正独特的那些适应性的数量和程度,是很困难的。 88

一旦一个物种满足于命名一个亚种的复杂条件,就会倾向于不惜一切代价地抵御无论出于何种原因的自然或人为实施的异型杂交。命运多舛的亚洲狮圈养计划就是这种"纯粹主义"的牺牲品。当我们发现了非常成功的圈养亚洲狮项目的5只奠基者中,有两只是非洲狮时,这个保护项目就被抛弃了,让我非常懊恼。

一个类似的难题最近发生在远东豹(Amur Leopard)身上,这是被限制在俄罗斯远东符拉迪沃斯托克(海参崴)附近山中的一个微小的残遗亚种种群。这个亚种有独特的身体特征,我的俄罗斯研究生奥尔加·乌普蕾金娜(Olga Uphyrkina)对豹的各个亚种进行的全面遗传分析更为远东豹的遗传独特性增加了大量分子遗传学的严密性。20世纪80年代建立的一个圈养远东豹种群,现已经在全世界范围内增长到超过200只个体。然而,有关这个圈养家系的4只创始者中,有一只来自现已在野外灭绝了的毗邻中国东北豹亚种的猜疑,最近得到了分子遗传学证据的证实。野生远东豹的状况很像佛罗里达山狮,受到新近的近亲繁殖的影响,只剩下不到50只个体。这个圈养家系祖先混杂的情况一旦为人所知,会不会因为亚种

“纯粹主义”的理由而导致它的终结？我但愿其不会。

我偶尔还会遇到那些捍卫相反极端观点的人。一些生物学家和保护主义人士断定，所有亚种都既短命而又难以辨别，所以应该对它们完全忽略不计。取消所有亚种，只专注于种。为种群之间、亚种之间乃至大陆之间的杂交提供方便，以保持最高程度的遗传多样性。

89 我自己的看法处在这些截然对立的立场之间。既然亚种有进化为物种的潜力，或者至少有获得对特定栖息地的适应性的潜力，那么保护它们似乎是合理的。认识不到这些潜力，我们就没有理由保护远东豹、佛罗里达山狮、北方斑林鸮或亚洲狮了。亚种间展示的遗传区别，意味着两个群体分离的时间已经长到足以改变并适应环境。对于大多数亚种，也就是隔绝不到20万年的种群，如果它们偶尔碰巧有杂交行为的话，并没有令人信服的遗传方面的理由来把它们分开。然而，也没有什么好的理由让它们结合，因为混杂会重新改变它们已经积累起来的遗传适应性。佛罗里达山狮的实例是基因流动应当增强的唯一一个例外，在该例中，压倒性的遗传、生殖、医学和生态生活史数据都指向迫在眉睫的灭绝。我们干预是对的，但这个案例非常极端，非常不合规则。

对于习惯于干净利落的解决方案的科学家来说，分类学令人恼火。没有区分物种、亚种、种群或其他分类等级的正确方法，只有约定俗成的惯例。科学家们，特别是生物学家和遗传学家，就爱挑战既定思维，建立新的范式。但是，在分类学上，这种动态大体上是描述性的，几乎是哲学性的。也许这也难怪恩斯特·迈尔最近的著作都致力于讨论生物思维的哲学了。

保育生物学家会使用所有现有的科学工具，来达到保护物种和栖息地的目标。似乎令人汗颜的是，曾经有过的物种幸存到今天的不足1%，而现在世界上活着的物种有名字的还不到总数的5%。然而，我们的保护工作必须建立在坚实的基础上：一个对现存生物物种的有序分类。所以，我们被迫像政客们那样行事——妥协前行——这往往是在没有掌握所有必要数据的时候。我所知道的每一位优秀的科学家都认为这种做法有悖常理，很难做到，有时甚至是不可能的。但真正优秀的科学家还是会尽量去做。

第六章 鲸的故事

我们与鲸在这个星球上共处，鲸的大脑不仅比我们的大得多，也更复杂更古老得多。而我们对它的作用毫无头绪。 90

罗杰·佩恩

斯科特·贝克高大灵活，晒得黝黑，方下巴，一头深棕色的头发，因在南方腹地的童年养成的习惯，说话平缓但故意拉长调子。这个年轻人大大方方地描述他在整个研究生阶段，是如何乘着纵帆船，从阿拉斯加南部沿海的冰河湾穿越太平洋到夏威夷群岛，一路拍摄座头鲸尾部(他称之为尾片)的黑白图案。他解释说，每头鲸的尾片都是独一无二的，让他得以一次又一次地认出单个的鲸。

他展开的故事让我着迷，有商业捕鲸将一个物种逼至灭绝边缘的故事，这在19世纪捕鲸船的航海日志都有记载；有20世纪保护工作的故事；还有今天国际捕鲸委员会的全球鲸类种群统计计算机数据库的故事。斯科特想探索座头鲸种群历史的细微之处，他觉得遗传学研究可能会助他一臂之力。他恳求我让他也装备上我们已经在猎豹、狮子和美洲狮研究中运用过的遗传学大炮。

座头鲸是很壮观的生物，长度可达19米，重量超过48吨。它们生活在地球上除北冰洋外的所有大洋中，以其巨大的胸部鳍状肢而著称，当它们突出水面时，这些鳍状肢看起来更像某种神秘的飞行生物的翅膀。座头鲸喜欢靠近海岸活动，很容易就成了18世纪和19世纪捕鲸队的目标。在1966年实施全球范围的保护时，它们的数量已经从商业开发前的12.5万头锐减到不足5000头。过去几十年里，种群的数量只是略有增加，而且非常缓慢，所以斯科特担心，对它们的立法保护可能力度太小也太晚了。他急于调查是否可能存在基因贫乏，希望帮助他钟爱的巨鲸。 91

他的问题似乎合情合理，也引起了我的好奇心。然而，我不禁想知道一个小问题：如何从自由生活的座头鲸身上采集DNA样本呢？斯科特丝毫没有退缩。

“那简单，”他解释说，“我们不过是发一支小小的活检镖(biopsy dart)来采集适合细胞培养的，或直接提取鲸的 DNA 的皮肤样品。我已经这样做好多年了。事实上，为准备获取基因，我已经收集了 100 多头鲸个体的样品。”

他接着描述了一个最初由名叫里克·兰伯森(Rick Lambertson)的野生动物兽医发明的取样方法。兰伯森设计了一个圆形镖，安在箭头末端。就在羽毛的前面还附有一个漂浮的浮子。取代箭头的是一个管形箭头，前端圆形开口边缘锋利。从这个椭圆管的中心伸出一个微型牙用钢丝的倒钩。当有鲸游过时，可以用强力弩把这个活检镖射出。镖的圆形箭头会刺穿鲸的皮肤和鲸脂，而中央的倒钩会勾住软组织片段。镖尖有一个凸缘卡圈，被润滑过，鲸下潜时就掉下来，释放装了活检物的箭头，使其浮出海面，就能轻而易举地捞起。

那一天，斯科特迫不及待地要给我演示这个操作过程。于是我们就出去，到了马里兰州德特里克堡的一大片空场地，我们国家癌症研究所的实验室 20 世纪 80 年代初就搬迁到那里 。这片绿地紧邻 50 年代所建的军队医院，当时德特里克堡是一个进攻性生物战研究中心。我们用一个纸箱代替鲸，拿了一把 80 磅(36.3 千克)的弩和 5 支兰伯森飞镖。射了 5 次，有 4 次射到了纸板塞；第五次是我射的，射飞了！

92

斯科特·贝克在夏威夷大学的专业是野外生态学，研究座头鲸在北太平洋的迁徙。他的研究照片组成一个庞大的计算机数据库，尾片匹配的鲸拍摄地点在地理上相距很远，从而证明这些动物每年都要做长距离的迁徙。鲸的迁徙距离的确远达 12000 千米，从它们吞食大量浮游磷虾、沙丁鱼、鲭鱼、凤尾鱼和小群鱼类的寒冷夏季觅食地，到它们在热带地区的繁殖生产地。斯科特在做研究生工作期间，一有机会就收集宝贵的活组织样品。他取了在阿拉斯加东南沿海、加利福尼亚中部沿海、墨西哥的下加利福尼亚海岸等地觅食的北太平洋鲸的样本，还从夏威夷取了北太平洋鲸的样本。

斯科特于 1989 年加入了我们实验室，在接下来的几年里，他精通了分子遗传学、DNA 指纹图谱、线粒体 DNA-RFLP、DNA 测序和种群多样性分析。然而，他还是不间断地组织外出采样。太平洋鲸群的样本采集已经很广泛了，所以斯科特将他的弩瞄向了北大西洋种群。

尾片研究识别出小群的大西洋座头鲸于夏季的几个月里在缅因湾、纽芬兰、格陵兰、冰岛和挪威觅食。每到冬季，这几个地方的鲸群都会向南迁徙，聚集在加勒比海域多米尼加共和国北部一个叫银岸(Silver Bank)的凶险的珊瑚礁区。斯科特取得了圣多明各大学鲸类研究领导人奥斯瓦尔多·瓦斯奎兹(Oswaldo Vasques)的合作，支持一支科考队，在大西洋座头鲸到达加勒比海时前往取样。他也邀请我一起前往。

我在2月中旬抵达圣多明各。在拥挤得令人窒息的大巴车里坐了4小时。穿过岛上潮湿的热带雨林，我来到北岸的小村庄萨马纳。海面平静，风景如画。马萨诸塞州普罗文斯敦海岸研究中心送的60英尺的长大型豪华纵帆船一天前抵达这里，协助我们的探索。斯科特不是我所说的擅交际的那种人，所以他没有跟我讲太多即将开始的探险之旅的细节。

当我们登上泊在萨马纳港的那艘普罗文斯敦纵帆船时，我以为我们会乘它来靠近那些座头鲸，我们可以看到它们正在海湾里游荡。我错了。普罗文斯敦来的负责人菲尔·克拉彭(Phil Clapham)解释说，我们要驾驶的是一艘14英尺的佐迪亚充气筏(一种军用橡胶充气筏)，配有25马力(18.39千瓦)埃文鲁德舷外马达。这艘大帆船则要一直舒舒服服地泊在海港。

我和斯科特登上充气筏，他操纵弓弩，菲尔驾驭发动机，而奥斯瓦尔多负责发现座头鲸。看见贝克用一根麻绳把自己绑到船上时，我就问他我们是否应该穿救生衣。他冷冷地回答说，“不用，那只能让你难受的时间更长。”

我们驶入萨马纳湾，搜寻座头鲸的标志，即换气时喷发的水柱，它总是令人激动得不禁大喊，“她在那儿喷气呢！”我们开着我们的充气筏驶向看到的第一头鲸，慢慢地靠近那因座头鲸下潜而早已空荡荡的喷发点。片刻功夫，有如波音727飞机大小的一头鲸破水而出，给了我们一个尾浪。它下一次浮出水面时就没有这么戏剧性了，贝克射出弩箭，直接命中那突出水面的峰脊。鲸的反应就像被蜜蜂蜇了一下，迅速潜了下去。我们收回飞镖，离开这里，开始寻找下一个喷潮。

正被几只追求者追逐的一头雌鲸提供给我们第二个机会。我们的船摇摇晃晃地穿过6英尺的浪端白沫，因为是从一对50吨重正不顾一切地要交配的座头鲸之间通过，我们开得很小心，以免翻船。急切的雄鲸们似乎很讨厌要和闹哄哄的机动船争夺心上人的注意力，便游得很近，表示它们很恼火。当一头鲸果真玩闹着把小艇顶至浪尖时，我开始想，这艘公家的小艇倒还不如还在陆地上呢，或者至少也该在泊于萨马纳湾的母艇上啊。斯科特却对这场混乱毫不在乎，对两头雄鲸都实施了突袭，采集了活检样品。

到采样工作接近尾声时，我的恐惧开始消退。座头鲸虽然非常巨大，特别是从一个微型小艇上用肉眼平视更是如此，但它们给我的印象却很温柔。飞镖似乎没有让它们有多烦扰，而观看6～8头座头鲸在离岸不到半英里(804.7米)的港湾里玩闹着回旋的情景，真是令人难忘。它们的悲惨历史和棘手的遗传问题以后将更加清晰起来，但是在我们的银岸之行结束时，我真切地理解了驱动斯科特那燃烧着的保护这个宏伟的进化产物的激情是什么。

斯科特·贝克拿着弩,搜寻座头鲸。

通过斯科特·贝克,我间接地了解了很多有关鲸及其保护状态的知识。大约有14科83种鲸目哺乳动物(鲸,海豚和鼠海豚)漫游在世界各大洋中。鲸目动物一般分为两大类,或两个亚目:一个是须鲸亚目(Mysticeti),因其板状鲸须而得名,它们是滤食性动物,滤食小个体的浮游生物;另一个是齿鲸亚目(Odonticeti),包括抹香鲸、突吻鲸、海豚和鼠海豚。有好几个鲸类物种,尤其是蓝鲸、长须鲸、露脊鲸、灰鲸和座头鲸,已经遭到捕鲸业的严重滥杀,只是最近才得到国际保护。

多年来,斯科特累积的活检组织样品取自北大西洋4个座头鲸种群(缅因州、纽芬兰岛、冰岛和银岸)、北太平洋4个种群(阿拉斯加、加利福尼亚、墨西哥和夏威夷)和南半球大洋的5个种群(南极洲、澳洲西岸、澳洲东岸、新西兰和汤加)。他用小卫星DNA指纹图谱 、线粒体RFLP和控制区的DNA序列,检测了每一群鲸的分子遗传多样性。值得注意的是,所有的群体仍然显示出了比较可观的遗传多样性。尽管有过极度开采,但座头鲸尚未遭受像吉尔狮子或佛罗里达山狮那样的长期或反复多次的近亲繁殖。这对座头鲸而言确实是一个意外的好运。它们从商业捕鲸的鼎盛时期幸存下来,这个物种的遗传潜力却没有受到显著损伤。到目前为止,一切都还好。

95

斯科特和我确实注意到遗传变异中一些有趣的模式,这让我们得以洞察到围绕鲸类迁徙习性的好几个谜团。观察座头鲸的人都知道,来自地理上距离遥远的几个觅食地的鲸会在冬季一起来到共同的繁殖区(太平洋的夏威夷,大西洋的加勒比海银岸),但之后发生了什么?是有一个回老家的策略,还是它们在回程中将自己的目的地弄混了?

遗传数据里就有答案。每一个觅食地的鲸都具有一组独特的遗传类型,是可以识别也是具有地域特异性的种群"签名"式标志模式。例如,每个觅食地鲸群的线粒体遗传类型(基因型)尤为独特。记住线粒体DNA继承于母亲,我们就可以得出这样的结论:回到夏季觅食地的迁徙必定是由雌性领导确定的。如果鲸群不是忠实地返回自己母亲原来的地域,那么每个觅食地就势必会混合包含来自其他几个觅食地的基因型。

来自阿拉斯加、加利福尼亚和墨西哥的座头鲸,每年都迁徙到夏威夷交配产仔。每年在夏威夷都会出现所有这些基因型的混合。然后,新生幼鲸跟随妈妈回到她原来的觅食地。基因型的分布也表明,来自每个地域的雄鲸即使有其他机会,也还是优先与自己地域的雌鲸交配。没有人能说清这种情况是如何发生的,但选型交配(assortive mating),即选择与来自它们夏季取食地[①]的伙伴交配而不选择不同地理地域的交配伙伴,显然发生在这些鲸类种群中。

将不同大洋的座头鲸种群的基因型加以比较,其分子基因型也很有信息量。我们用一个计算机程序分析了鲸个体的线粒体和微卫星 DNA 基因型,建立了基于进化的种系发育树——一个像树一样有很多分支的简图,根据基因相似性,把每一头鲸和其他个体联系起来。例如,灵长类物种的进化树会将人类和黑猩猩的基因型作为近亲联系起来,然后把这一对再跟红猩猩(一种差异更大的类人猿)的基因型相联系,再把这个群组与两种更小的猿类(即长臂猿及合趾猿)相联系,然后把所有的猿类与差异更大的狒狒、绿猴之类的旧世界猴类相联系。用来自个体、种群或物种的遗传数据和 DNA 序列数据建立这样的进化树,提供了一个强大的工具,让我们用来解释不同群体之间历史上的隔离、迁徙、联系和进化层次。

斯科特分析了来自世界各地的鲸,发现了三个主要的种系发育簇,或者叫海洋进化枝(一个进化枝是一组基于进化树的相似基因型)。毫不奇怪,南部各大洋的鲸彼此之间的亲缘关系,比在北太平洋或北大西洋所见的鲸更近。如果这些区域之间的基因流动或个体迁移不存在或者有限,那么这种情况就不出我们所料。实际上,窝在座头鲸这三个海洋进化枝里面的,是 4 个例外的"进化小枝"。这是些见于一个大洋的由 3~5 个亲缘关系很近的基因型组成的小群组,它们作为一个群组,与另外一个大洋的主要进化枝非常相像(例如,北大西洋的一个小群组更像南部大洋的进化枝)。对这种模式最好的解释,是远古时期一次非常罕见的大洋之间的迁徙事件。这次迁徙建立了一个新世系,而今天,这个新世系显得是在"错误"的大洋里。

利用所有座头鲸基因组多样性的数量,使我们可以借助分子钟来估算这个物种最后一次经历种群瓶颈以来的时间跨度。记住,我们就是用这种方法,确定出非洲猎豹和北美的美洲狮的种群瓶颈发生在 1.2 万年前。座头鲸的遗传变异回溯到 300 万~500 万年前的某个时候,所以,鲸类没有显著遗传同质化,或经历种群瓶颈的时间已经很长久了。相比之下,类似的遗传估算确定,现代白人或亚洲人种群来源于 15 万~20 万年前"走出非洲"的迁徙。

虽然这 300 万~500 万年建立座头鲸遗传变异的间隔对这个物种来说是个好兆头,但是这场景也有黑暗的一面。当一个远交系的健康物种坚持了很长时间后,种群中就会积聚很多潜在有害的突变基因变异体。长时间大量不同基因的突变积

① 原文为 natal regoin,但作者意为夏季取食地。

累又称为“遗传负荷”，受二倍体状态的保护免为自然选择所害；也就是说，对人类、鲸类和所有的脊椎动物物种而言，每个个体都有两个基因拷贝，分别来自父亲和母亲。在一个健康的远交种群中，因生殖而产生的正常基因混合，使两个受损基因配对从而造成突变的表达很难成为可能。当种群数量下降之低会促成近亲繁殖时，遗传负荷就会显现。我们不得不相信，座头鲸400万年未经历瓶颈的生存状态，已经使巨大的遗传负荷，即一种基因组的脆弱性，得以在座头鲸中积聚起来。幸运的是，隐藏的突变尚未出笼。看来，对这一物种的贪婪杀戮叫停得正是时候。

商业捕鲸的历史可以追溯到12世纪西班牙北部沿海比斯开湾的巴斯克水手。为获取食物、鲸脂和鲸油而猎鲸需要相当的技巧、海上的组织以及使用手持鱼叉枪装备的熟练程度。现代捕鲸据说始于1864年，当时挪威水手斯文·佛恩(Svend Foyn)发明了一种从蒸气捕鲸艇的船头开火的捕鲸炮。到20世纪30年代，商业捕鲸每年猎获的巨鲸达3万头，其主导为挪威、英国和美国的捕鲸公司。早在1911年，英国自然历史博物馆的保护主义者们就开始呼吁，要对高强度无节制地宰杀大型鲸类，特别是座头鲸的活动进行科学监测。

国际捕鲸委员会(IWC)由40个捕鲸国于1946年成立，表面上是为了达到对鲸种群最大程度的可持续利用，而没有明说的目的则是为了确保作为一种可猎获资源的鲸类存量的未来。该组织至今仍然是鲸类保护和鲸产业最主要的监督机构。座头鲸的数量曾高达12.5万头，到1962年，其数量竟锐减(5000～10000头)到造成整个产业垮台的程度。次年，全世界的捕鲸者都同意停止捕猎座头鲸，希望它们能得到恢复。到1982年，IWC投票通过在全球范围内无限期禁止所有商业捕鲸的决议，于1986年1月生效。此外，国际性保护条约《国际濒危物种贸易公约》(CITES)[①]，将国际捕鲸委监管的所有巨鲸都列入附录一，也就是最濒危一类。这意味着公约的所有签约国都同意禁止鲸类物种及其产品的国际贸易。

98

不顾强烈的国际批评，日本、挪威、冰岛和韩国这四个国家对IWC及其捕鲸禁

① 《国际濒危物种贸易公约》(CITES)，又称《华盛顿公约》，于1973年签署。公约规定以许可证及分级管理的方式，进行政府间的野生动物贸易管理，以确保这种贸易不会威胁到野生动植物物种的生存。公约的缔约国和政府有178个。目前，公约收录了3万余野生动植物物种，分列入附录一、附录二和附录三。

公约规定，附录一应包括所有受到和可能受到贸易的影响而有灭绝危险的物种，这些物种的标本的贸易必须加以特别严格的管理。附录二应包括所有那些目前虽未濒临灭绝，但如对其贸易不严加管理，以防止不利其生存的利用，就可能变成有灭绝危险的物种，以及为了使某些物种标本的贸易能得到有效的控制，而必须加以管理的其他物种。附录三应包括任一成员国认为属其管辖范围内，应进行管理以防止或限制开发利用而需要其他成员国合作控制贸易的物种。

令毫不理睬，搬出1946年的《国际捕鲸公约》，该公约成立了IWC，并明确允许为了科学目的捕获鲸鱼。日本也反对《国际濒危物种贸易公约》将六种鲸（长须鲸、塞鲸、布氏鲸、小须鲸、抹香鲸和贝氏喙鲸）列入附录，声称它们并没有真正濒危或受到威胁[①]。

日本捕鲸业在东京建立了鲸类研究所（Institute for Cetacean Research），为日本的捕鲸计划冠以科学之名。自1987年以来，鲸类研究所每年从南极洲猎捕400头小须鲸；自1994年以来，每年从北太平洋捕获约100头小须鲸。到2000年，他们又给这个单子添加了50头布氏鲸和10头抹香鲸。

日本鲸类研究所所谓的"科学捕鲸"在技术上倒是合法的，因为任何国家对IWC和CITES的服从都是出于自愿。然而，绝大部分所捕鲸的去向却是作为"kujira"，也就是鲸肉的通称，在日本的鱼市上零售。事实上，鲸类研究所每年7300万美元的预算中，有一半是由鲸产品的销售补偿的。日本鲸类研究所的科学家们辩称，收集关于现存鲸类管理的重要数据的研究十分必要，他们抱怨说，那些批评者忽略了一个事实，即小须鲸数量很多，并不特别濒危。他们最新的伎俩表现在 99 2001年7月的国际捕鲸委员会会议上，他们提出，鲸吃得太多，应当为海洋鱼类资源的减少负疚。

大多数IWC成员国对日本鲸类研究所新科学数据的质量和他们为自己捕鲸辩解的强词夺理都不为所动。美国代表团呼吁对他们实行国际制裁（失败了），克林顿总统在2000年其任期最后一年的最后几个指令之一，就是禁止日本捕鲸船进入美国水域，象征性地表明美国对日本拒绝履行国际捕鲸委禁捕令的反对。

随着这场辩论的升温，斯科特·贝克有了另一个担忧。他一直奇怪为什么座头鲸和其他濒危鲸类物种的数量恢复得如此缓慢。毕竟，禁捕座头鲸已经有几十年了。他的遗传数据显示，幸存的座头鲸拥有相当多残留的基因组多样性。那么，问题出在哪里呢？它们为什么没有像短吻鳄、北象海豹或白头海雕等其他保护物种那样恢复了它们的数量呢？

斯科特怀疑，也许打着合法或被接受为合法猎捕幌子的非法偷猎要对此负责。20世纪90年代初，斯科特来到夏威夷大学，与进化遗传学家斯蒂芬·帕隆柏（Stephen Palumbi）一起工作，他们两人构想出一个计划，要找到这个问题的答案。

斯科特已经收集了数百头鲸的组织标本，包括所有的大型鲸和其他较小的鲸

---

① IUCN物种红色名录定义了物种的濒危状态。其中"濒危"（Endangered）是"受威胁"（Threatened）中的一种情况。虽然作者在这里和第七章中用了endangered和threatened，但应该不是红色名录里面的濒危程度定义。

目动物。他提取了线粒体和核基因的 DNA 序列,同时寻找鲸的自然历史中的进化层次或进化树,在这个过程中,他得以得出像签名般的标志性 DNA 序列,毫无歧义地识别出不同种类的鲸。凭借这种进化数据库的力量,斯科特和帕隆柏着手开始了一个隐秘但却高尚的项目,这个项目将永远改变对猎鲸的国际监测。

在保护界盛传着日本以"科学捕鲸"为名捕获濒危鲸类物种的流言。绿色和平、地球信托和国际爱护动物基金会等非营利组织都激烈地发出了怀疑的声音,认为所有的日本寿司和鲸肉都有猫腻。斯科特和帕隆柏掌握着探明真相的科学工具。他们做了一些试点实验,来看看他们能否从生鱼生肉或寿司样本中检测出鲸的 DNA。他们能够做到,因此在 1993 年,斯科特前往东京,第一次(以后他去了多次)拜访那里熙熙攘攘的鱼市。 100

一个 6 英尺 3 英寸(1.91 米)高、操着阿拉巴马口音的美国白人在一个日本鱼市探头探脑地走过,势必会很招眼,所以斯科特请了一位日本本土的保护人士舟桥直子(Naoko Funahash),到不同的市场购买新鲜的鲸肉,凡是标有"kujira"的都买。舟桥先去了东京的筑地鱼市,这是世界上最大的鱼市,一个占地 56 英亩的摊位云集的大杂烩,每天零售海产品达 500 万磅。所供应的海洋生物超过 400 种。她把鲸肉块塞在小玻璃瓶中,标上广告打的商品名称及市场位置。然后,她溜到较小的偏僻市场,增加暗中采集的组织样品。

斯科特在他东京酒店的房间里弄了个临时的遗传学实验室。他需要在日本处理这些鲸的组织样品,因为从法律上来说,他不能把样品带出这个国家。他的目的是要证明,至少有一些鲸肉属于 CITES 附录一的濒危物种,将这样的组织标本甚或 DNA 运过国际边界,必须携有由日本批准的 CITES 出口许可证,否则就是非法。考虑到他的研究动机,他得到许可证的机会干脆为零。

为了解决这一难题,斯科特采用了名为"聚合酶链式反应"(PCR)的新技术(即一种酶催化 DNA 复制反应)复制合成从鲸肉样品中提取的基因。用 PCR 方法复制 DNA 之后,斯科特再用凝胶电泳方法将复制的 DNA 片段与原始的鲸 DNA 模板分开。合成的 DNA 与鲸肉样本几乎完全相同,但是,就像一个濒危物种的照片一样,它不受国际司法禁止国家之间运输的限制。原始的鲸 DNA 被留下来,所以没有任何违法。

斯科特在挤得满满当当的酒店房间里一个像迷你吧的 PCR 仪上面,悄然而从容地进行了 DNA 扩增。一旦收集了几十个鲸肉标本,他便若无其事优哉游哉地走出海关,他的移动实验室和 DNA 拷贝牢靠地在他的行李里。他登上回国的飞机,急切地想对这些 DNA 副本测序,这将揭示这些日本鲸肉的真实身份。 101

他的测序分析结果明确无误，罪证确凿。在最初购买的 16 个样本中，他找出有 4 个是濒危的长须鲸，1 个是座头鲸，还有几个是小须鲸、海豚和鼠海豚。显然，受保护的物种如长须鲸和座头鲸正出现在日本鱼市。

在随后的几年中，斯科特几次造访日本，然后，他将他的监视范围扩大到韩国市场。在他作为新西兰奥克兰大学高级讲师这个新职位时，他在几个博士研究生的协助下，在整个 90 年代继续他的工作。他的团队在日本各地的鱼市中收集到了超过 700 份鲸肉标本，从韩国得到 300 份。他们在酒店客房里锁上门，将每一份样品的 DNA 做了 PCR 扩增，将合成的 DNA 产物随身携带到海外，回国后再通过 DNA 测序技术做出物种识别。

1993 年至 2000 年间，有整整 10％的零售鲸肉样品查出是来自禁捕鲸类。日本官员一直坚称这些物种不是他们的科学捕鲸计划所捕获的。斯科特总共确认出 6 种须鲸：24 头长须鲸，5 头塞鲸、2 头座头鲸、4 头布氏鲸、2 头蓝鲸，1 头亚洲灰鲸，还有 1 头蓝鲸与长须鲸杂交体。尽管大多数捕获物其实都是小须鲸，并不是特别濒危，但就是这些小须鲸中也有惊人发现。种系进化分析表明，近 1/3 的小须鲸样品源自日本海，在那里，有一个小须鲸的濒危小种群，应该是受法律保护，根本不得猎捕的。来自数量更多的南极和北太平洋种群的小须鲸仅占样品总量的 2/3。

斯科特对韩国鱼市的筛查结果也好不了多少，伪装成合法鲸肉的布氏鲸、喙鲸、座头鲸、逆戟鲸和海豚都有发现。几年中，斯科特和帕隆柏发表了一系列科学报告，详细叙述了他们可以拿上法庭的监测结果。他们请求国际捕鲸委以及日本政府和韩国政府，采用他们的分子遗传学方法筛查捕获物，实施他们所赞同的对濒危鲸类的保护。1995 年，国际捕鲸委通过决议，执行一个现场检测鲸肉的计划，就采用 DNA 鉴定的方法。日本的野生动物管理官员也同意用斯科特的方法来监视他们捕获的鲸。

102

他们侦探般的遗传学工作揭示的可怕真相，是几十年来，日本和韩国“合法”地违反国际捕鲸委的禁捕令，为非法捕获受保护的鲸类物种提供了一个有效的保护伞。日本、韩国、冰岛和挪威拒绝遵守 1986 年国际捕鲸委的猎鲸禁令，使这些国家为国际海洋哺乳动物保护界所唾弃，但是结果发现违法者并不止上述国家。

1994 年，环保界从一些俄罗斯科学家那里得知，从 20 世纪 40 年代到 70 年代末，苏联的工厂式捕鲸船从南部各大洋捕获了多达 4.8 万头座头鲸，为之震惊。而此期间正式的政府报告的捕获量是 2710 头。国际捕鲸委的最新纪录表明，座头鲸原始的南半球种群有 80％～95％在那些年遭到非法猎杀。

现在似乎可以肯定，为走向亚洲鱼市而进行的非法捕捞，已经严重限制了座头鲸从其历史上的屠戮恢复元气。监测鲸肉的建议最终得到认真采纳，而进一步的国际合作或许会堵住野生动物掠夺者钻了几十年空子的一个漏洞。在这个案例中，遗传技术发挥了作用，而且也许在未来会更有作为。

斯科特·贝克和及其合作者们所洞悉的一切真是了不起。这些先驱者们摸索出了一套方法，来研究一个仅仅在翻出水面时才短暂现身的物种的迁徙行为。今天，关于座头鲸的迁徙模式、母系主导、对出生地的忠实性及导航技能等等累积起来的知识已经很可观了。在许多方面，我们对座头鲸惯用做法的了解，甚至比我们对更为熟悉的陆地动物物种的了解还要多。我们应该希望有朝一日对土豚、臭鼬、薮猪或长颈鹿也能有这样多的了解。

103

整合现有的生物技术监测鲸，追踪它们的基因，进行个体识别，并评估它们的自然历史，使这些发现成为可能，并永远改变了“科学捕鲸”的辩论。所得到的知识不仅仅是一种学术锻炼，还为鲸类的管理者和保护者提供了重要信息。要推翻一个狡猾、动听、根深蒂固的观念，只有指出其矛盾的、冷静过硬的新科学数据才能做到。收集可以拿上法庭论证的结果，需要多年的耐心、决心和远见卓识。当这些品质与科学研究和政策结合在一起时，它们真的可以让这个世界变得更美好，就像斯科特·贝克为了他心爱的座头鲸所做的一样。

第七章　狮瘟疫

104　他们早上四点起床，热切期盼着他们非洲野生动物之旅的高潮，即乘坐热气球横跨广袤的塞伦盖蒂平原，之后以带香槟酒的早餐结束。康妮和哈罗德·钱德勒夫妇(Connie 和 Harold Chandler)急切地穿上他们的香蕉共和国[①]衣服，急匆匆赶往气球发射场，从他们在塞隆奈拉的豪华旅舍乘坐路虎开不了多远就到了。这是1994年1月，是欣赏东非广阔美景及其奇妙的野生动物的最佳季节。前一天晚上，他们的导游司机曾忽悠他们，讲了在拍摄《走出非洲》(*Out of Africa*)期间，他给罗伯特·雷德福、梅丽尔·斯特里普及他们剧组帮忙而让其感激不尽的真实性很可疑的故事。钱德勒夫妇把零食、防晒霜和自己的摄像机带到了气球甲板上，期待着精彩的塞伦盖蒂大冒险。

随着太阳在绵延的塞伦盖蒂平原上冉冉升起，气球载着他们夫妇升空，越过无尽的角马群、斑马群和长颈鹿群，它们把这一片地区啃食成一片棕色的草茬。那些有幸到访过东非野生动物公园的人，会花上无数个钟头以热烈的谈论重温他们的亢奋。大多数人还会同意，即使是最好的照片，也远不足以表现那种壮观。你一定要亲身体验，才能理解非洲大草原所激发起的那种超乎寻常的狂热感情。

钱德勒身心都在飞，这时康妮发现下面有3只年轻雄狮在漫步。气球下降，哈罗德开始用摄像机拍摄。然后，意外发生了。

105　殿后的那只雄狮的唇须开始抽动。很快，它的歇斯底里变得引人瞩目，足以惊吓它的兄弟们，它们打了这个颤抖着的年轻狮子几下就跑开了，可能是要躲开下降的气球。那只狮子的抖动发展成颤栗，进而变成严重的肌肉痉挛。然后，这可怜的家伙蹒跚着突然进入了一种癫痫病大发作般的神经病状态，前腿使劲前伸，使它在空中乱摆，然后轰然倒地。在令人痛苦的30分钟时间里，这只动物就像恶魔附体

---

① 一个较贵的服装品牌。

康妮和哈罗德·钱德勒夫妇在热气球上发现雄狮的异常状况并拍摄下来。

一样翻来滚去。最后,剧烈的发作和翻滚终于渐渐减弱,这悲惨的生灵当着已经吓坏了的气球乘客们的面,痛苦地咽下它最后一口气。谁也不再有心情喝香槟了。

吓得发抖的游客们亲眼目睹了一幕鲜有人见到的景象,就连训练有素的临床兽医也很少见到过:一个大型食肉动物的急性神经崩溃。但是,是什么杀死了这只狮子呢?是一种毒素?是一种致命的细菌?还是一种遗传性疾病?

那一天驾驶热气球的格雷格·罗素(Greg Russell)明显被弄得心烦意乱,他前去寻找在坦桑尼亚唯一有可能诊断出病因的那个人,这个公园新来的野生动物兽医,我的老朋友麦乐迪·洛奇。

那次事件不久之后,我收到了洛奇发来的电报,它立即引起了我的注意。她的电文很短,语意隐晦,令人不安。

"史蒂夫,请给我打电话。我们有情况!狮子正死于一种神秘的疾病。我担心一种致命的FIV[1]正横扫狮群。救命。快快。

爱你的梅尔"

麦乐迪随后给我寄了一份钱德勒的录像拷贝。没有时间可以浪费。我简单跟我科研上最得力的助手詹妮丝·马滕森讲了讲情况。她打电话给克雷格·派克,那位正领导着一个塞伦盖蒂狮子的20年研究项目的生态学家,以及琳达·曼森(Linda Munsen),一个有实际知识的美国田纳西大学医疗病理学家,她对新兴的猫科动物感染有丰富的野外经验。然后,我们联系了康奈尔大学的麦克斯·阿佩尔(Max Appel)和苏黎世的汉斯·卢茨(Hans Lutz),他们是一流的病毒学家,会认出新老猫科动物病毒,并且非常了解可怕的FIV病毒。这些人代表着揭开狮子疫病病源的最优秀的头脑。所有的人都急切地想施以援手。

106 在那次热气球之旅之前几年,加利福尼亚州佩塔卢马(Petaluma)的私人家猫养育者马洛·布朗(Marlo Brown)得出结论说,她的一只宠物猫就要死于艾滋病了,猫科家族便一下子进入了艾滋病研究的主流。这只猫肯定有与人类艾滋病患者相似的症状:体重严重下降,呼吸道感染,皮肤病变以及大量的细菌感染。即使这些症状是免疫抑制的标志,但猫患艾滋病这个想法仍然似乎荒唐。

艾滋病最早于20世纪80年代初在人群中出现,是在洛杉矶和纽约市同性恋社区一伙罹患罕见癌症——卡波西肉瘤和肺炎的病人中出现的。后来确定,艾滋病患者会逐渐丧失某种特定类型的淋巴细胞,即携带分化抗原CD4的T淋巴细胞[2],这种细胞在针对病毒性疾病的免疫防御中起着重要作用。导致艾滋病的是

---

① 猫免疫缺陷病毒,全名为Feline Immunodeficiency Virus。

② 记作CD4+T淋巴细胞。

一种新的人类病毒,学名是人类免疫缺陷病毒或艾滋病病毒(HIV),它们感染并破坏 CD4+T 淋巴细胞。HIV 最早进入人类是在 20 世纪初,它源自感染了与艾滋病病毒遗传关系最为接近的猴免疫缺陷病毒(SIV)的非洲灵长类动物。

马洛·布朗的病猫被送交美国加州大学戴维斯分校经验丰富的动物病毒学家尼尔斯·佩德森(Niels Pedersen)博士,此时 HIV 和 SIV 是已知的这种类型中仅有的两种病毒。佩德森对猫有自己的艾滋病病毒这一可能性感到好奇。他知道,猫携有其他许多病毒,如猫科动物白血病病毒和曾折磨猎豹的猫科动物传染性腹膜炎病毒。于是,他用布朗的宠物猫的血液样本,试着用标准的细胞培养病毒分离技术。果然,他分离出了猫科版的艾滋病病毒,并将其命名为猫免疫缺陷病毒 FIV。

FIV 的基因组,具有和 HIV 基因组相似的序列、基因组成和基因排列。FIV 和 HIV 是慢病毒,是逆转录病毒的一个亚科,就像卡西塔斯湖鼠病毒一样,它们能使小鼠、猫、猴子和鸡罹患白血病或肉瘤。也和 HIV 一样,FIV 有一个小病毒 RNA 基因组,有约 9000 个核苷酸,为逆转录病毒的平均大小。HIV 和 FIV 都包含逆转录病毒常见的四个主要基因: *pol*,对逆转录酶进行编码,这些逆转录酶将 RNA 基因组转换成适合插入细胞染色体的 DNA 拷贝;*gag*,规定病毒核心蛋白,以保护和屏蔽敏感的 RNA 基因组;*env*,病毒的外层包膜蛋白,黏附在细胞表面受体上,来触发病毒注入细胞;*LTR*,在病毒基因组两端的具有调节开/关功能的基因变阻器序列。

107

佩德森发现 FIV 的文章一经发表,整个兽医研究领域的病毒学家们纷纷开始筛查 FIV。在世界各地的家猫样本中,有 1%～10%感染了 FIV,不同地区的感染比例有所不同。FIV 表现出造成 CD4+T 淋巴细胞逐渐减少,与 HIV 在艾滋病患者身上所破坏的细胞相同。感染了 FIV 的猫显示出许多与艾滋病类似的症状,包括早期的流感样症状,不常见的癌症,淋巴瘤,神经系统肿瘤,上呼吸道疾病和细菌感染。猫艾滋病及其致病病毒就像是人类艾滋病的复写本。

FIV 的分离激发起专注于猫身上的 FIV 的密集研究。在佩德森宣布其研究结果几年之后,我参加了在华盛顿特区举办的一个关于人类和动物当中新发现病毒的会议。鲍勃·奥姆斯特德(Bob Olmsted),美国国立卫生研究院一个年轻的博士后,总结了对全世界家猫 FIV 感染率的最新估计,并列举出一连串 FIV 介导的免疫崩溃会引发的各种疾病。一言以蔽之,FIV 对猫构成了一种悄然加剧的祸患,就像艾滋病病毒对人类一样。

在会议茶歇期间,我和鲍勃高声议论起来;如果 FIV 进入其他猫科物种,会怎么样? 或者,它已经传到了野生猫科动物中,就像 HIV 从猴子传到人类一样? 猫科动物有 37 个物种,它们当中除了家猫,都被认为生存受到威胁或者是濒危物种。

FIV 会不会灭掉其中几个甚至它们全部?

那些从种群瓶颈和近亲繁殖残存下来的有过遗传受损历史的物种,又怎么样? 108 家猫是相当远交的,但猎豹、亚洲狮和佛罗里达山狮都携带有从灭绝边缘死里逃生的遗传后遗症。我解释说,这些物种在最近的种群崩溃期间,已经失去了大量的遗传多样性。它们的遗传单一性会使它们的免疫系统成为新病毒的脆弱目标。

鲍勃同意帮助我们筛查我所收集的野生猫科动物冷冻血清样本,寻找 FIV 抗体。15 年野生动物遗传学和生殖研究的历险,已经产生了一个从 30 个猫科物种采集的组织样本的样品宝库。一份血清样品会保留感染过这个猫科动物的任何微生物的抗体,而我们有成千上万个样本储存在我的冰柜中,从来没有做过 FIV 检查。

鲍勃会用一种叫做免疫印迹电泳的技术筛查血清。其操作过程为:将尼尔斯·佩德森送给我们的纯化家猫 FIV 蛋白的裂解蛋白与我们的野生猫科动物血清相接触。如果大猫科动物感染了 FIV 或 FIV 的亲缘病毒,那么猫血清中的抗体就会与 FIV 蛋白结合。结合于 FIV 核心和包膜蛋白的抗体复合物,可以用免疫印迹电泳凝胶法分离,从而很容易地可视化。

我们被我们所发现的吓了一跳。几乎我们检查的每一个猫科物种,都会有一些个体有 FIV 抗体。狮子、老虎、猎豹、雪豹、豹猫、美洲狮,概莫能外!凡一物种,只要我们有超过 20 个血清样本,则至少有几个动物的 FIV 抗体检测呈阳性。检测出抗体意味着这些猫科动物曾经暴露于并且可能仍在感染着与 FIV 相同或亲缘关系非常近的病毒。我们一共筛选了近 3000 份猫科动物血清样品。从南北美洲其天然活动范围收集到的 434 份野生美洲狮样品中,有 97 份(22%)有 FIV 抗体。佛罗里达山狮的感染率为 24%。非洲狮的情况甚至更糟,所检测的 700 份非洲狮样品中,500 多份为 FIV 抗体阳性。传奇的塞伦盖蒂狮子的感染率为 70%,三岁以上的塞伦盖蒂狮子的感染率则达 100%。南美洲豹猫当时的阳性率为 12%。我们的名单还在继续。我很惊恐:所有这些猫科动物都处于由一种致命的艾滋病病毒 109 所造成的免疫系统崩溃的边缘。

我向野外生物学家和动物园管理狮子的负责人发出了警告。全世界的动物园、兽医学校和野生动物保护区都重复了 FIV 筛查。动物园的兽医们随时准备着找出在人类和家猫患者身上描述过的那些消耗性疾病、细菌感染、淋巴瘤和神经系统破坏。整个圈子的人都在看着,但是也在祈祷他们不会看到我们的恐惧成为现实。

经过好几年,我的焦虑才缓和下来。慢慢地,否定性的数据涓涓流进。塞伦盖蒂狮子没有明显的免疫抑制，没有疾病，没有死亡，没有能说明问题的症状。多年的野外观察证明，尽管狮子和美洲狮都感染了这种判了家猫死刑的病毒，但它们还是在活到高龄。就连感染了 FIV 的猎豹和佛罗里达山狮，即便它们遗传衰退严重，它们也没有死于免疫系统崩溃。

野生动物兽医们搜索并检查了动物园里的数百只感染了 FIV 的动物，却找不出一例可以联系到 FIV 感染的疾病。到 20 世纪 90 年代中期，我已准备好做出结论，不过还是很谨慎，即，虽然 FIV 会有效地杀死家猫，但它对自由活动的猫科物种却做不到这一点。野生猫科动物似乎易受感染，但不知何故，它们对这个致命的疾病却有免疫。

那么它们是如何避免了艾滋病的？这些大型猫科动物有什么是它们被驯化了的堂兄弟姐妹们[①]和人类所没有的？

此时，我和我的学生们被这个难题迷住了，决心要解决它。我们从检查大型猫科动物中 FIV 的遗传变异模式开始。我们希望，重建病毒的自然史会提供一些线索。埃里克·布朗(Eric Brown)很快就被这个项目所吸引。埃里克是一位聪明的研究生，他坚定而充满激情，通过跟踪从非洲各地收集到的狮子样本中这个病毒基因组的演化模式，他将 FIV 之谜提升到一个新的水平。

110

埃里克发现，每只受感染的狮子都在产生一大群 FIV 遗传变异体，甚至在他从演化(或突变)最为缓慢的 FIV 基因 *pol* 中取样时，也是如此。在受感染的狮子体内，FIV 是在若干离散的组织中复制，每天产生出几百万新的病毒颗粒。高突变率在每一个新颗粒中贡献一个或两个新的核苷酸变化，所以当埃里克在一只狮子体内从十几个病毒颗粒来确定基因组序列时，每一个基因组都与其他基因组有好几个核苷酸不同，虽然它们仍然相似到足以反映出它们都是最先感染这只狮子的病毒的后裔。

实际上，FIV 感染产生了病毒类型丰富的多样性。FIV 以数以百万计的独特免疫挑战如洪水般冲击着被感染的动物——这导致了宿主防御系统超载。为了抵抗感染，宿主的免疫系统每天必须识别并摧毁数以亿计的新突变变异体。这正是 HIV 对艾滋病患者及试图寻找治疗方法的研究人员的巨大挑战。难怪 HIV 最终压倒了人体的免疫防御。FIV 在被感染的狮子身上采用的也是同样的策略。但是，为什么这些狮子不死呢？

---

① 指家猫。

被研究的塞伦盖蒂狮群的每一只个体都有其自己的略有不同的一群 FIV 基因组,表明每个狮子体内独特的动态变化。然而,当埃里克比较非洲各地几个不同种群狮子的 FIV 序列时,他发现了三组相当不同的 FIV：A 株、B 株和 C 株。平均而言,在 FIVA、B 和 C 株系之间比对的 *pol* 基因核苷酸有 23%是不同的。在单一的狮子体内,FIV 的 *pol* 序列相差只有 1%～2%;而被相同毒株感染的狮子之间,其最大差异率为 5%。毒株之间的大差异可能意味着该病毒曾经在地理上相隔绝的三个狮子种群中分别演化,亦或在不同的猫科物种如豹或狞猫中演化。只是最近,这三个 FIV 毒株不知怎样在塞伦盖蒂狮子种群中混合在一起了。

我们还发现,一些狮子感染了不止一个 FIV 毒株。多毒株感染会给病毒充足的机会进行基因重组。简而言之,不同毒株可以在狮子体内交换基因,创造出一个更强大更厉害的毒株。这为毒性变化确立了极大的潜力。但是,即便我们很努力地盯着,非洲的狮子还是没有显示出任何 FIV 引起的疾病的迹象。

狮子中的这种多样性格局应该与其他猫科物种的 FIV 情况联系起来看。每个野生猫科物种都有自己的 FIV 毒株,只是与其他猫科物种分离出来的 FIV 亲缘关系较远。因此,来自不同家猫的病毒,每个病毒都有来自其他家猫的 FIV,作为它们最近的近亲。狮子与其他狮子的 FIV 病毒的关系,都比从美洲狮或豹分离出的 FIV 更近。不同猫科物种之间没有任何病毒毒株的基因混合,表明一旦 FIV 感染了一个物种,它就一直与这个物种如影相随。所以狮子的 FIV 在狮子当中适应、演化并传播,即使有,也极少跳传到另一物种。可能并不总是如此,但现在它就是这样。

解开这个谜题的下一把钥匙,来自出生在新西兰的富有才华而又坚定的博士后玛格丽特·卡朋特(Margaret Carpenter)承担的对美洲狮的研究。玛格丽特要检查我们储藏很全的来自 30 个美洲狮种群的血清样品。这些收藏是梅兰妮·卡尔弗、沃伦·约翰逊和麦乐迪·洛奇数次采集美洲狮样品探险的战果,超过 400 个个体,它们来自北起不列颠哥伦比亚省北部,向南穿过落基山脉、中美洲、巴西和阿根廷,一直到智利南端的火地岛的广大地区。玛格丽特的泛美美洲狮 FIV 序列比埃里克在非洲狮当中所见显示出更多的序列差异。她发现了 15 个独特的美洲狮 FIV 毒株,其中每一个毒株都与那三个非洲狮毒株变异程度相当或更大。美洲狮 FIV 的多样性是海量的,大于其他任何猫科动物,大于人类的 HIV 变异和猴子的 SIV 变异,甚至大于 SIV 和 HIV 两个基因组序列之间的差异。

我们非要量化不同猫科物种 FIV 基因组的变异性不可,这可不是一个智力上玩玩的事。遗传学家都知道,突变变异的积累有时间依赖性,因此,FIV 的变异量可以告诉我们该病毒已经在一个个体、一个种群或一个物种中存在了多长时间。

对全球范围家猫 FIV 的取样分析显示，我们比较的任意两个 FIV 分离株都有大约 8%的差异。非洲狮 FIV 的平均遗传差异为 16%，美洲狮是 18%。这些数值说明，美洲狮和狮子的病毒远比多样性较差的家猫 FIV 要老得多。这些定量估计正是我们拼出一个猫科动物 FIV 的可信历史所需要的。但是，我首先需要解释一下一个物种感染上一种凶残的传染性病原体的典型命运。

简单地说，当一种致命的病毒进入一个新的物种时，要么是瘟疫驱使该物种灭绝，要么这两种生物学会共生。在哺乳动物的历史中，大量物种已经灭绝，很多都是一种致命病毒性疾病的牺牲品。

那么幸存者怎样避免这种命运呢？有两类事件可能会导向物种的幸存。第一类涉及病毒的遗传改变，缓和了它的毒性。这样一个病毒对疾病的诱发力会减弱或减轻，物种就继续存活。

第二种幸存路径取决于受感染种群的自然遗传多样性。一个远交种群中某些少数幸运的个体能够利用免疫防御系统中天然的遗传变异体来抵御新病毒。随着时间的推移，敏感个体灭亡了，而有抵抗力的个体则生存下来，并将其遗传抗性传递给后代。经过几代之后，病毒可能会继续蔓延到新的个体，但就算它有杀伤力，也只能杀死极少经过“自然选择”具有抗性的新一代中的个体。

这两种情况都会导致病毒与宿主之间的对峙。病毒会坚持下去，但远不会造成其祖先最初传染这个物种时所产生的那种程度的破坏。我们将在病毒中、在宿主中或者既在病毒中也在宿主中发生的导致这种平衡的改变称作适应插曲。当科学家们遇到经历过一个适应插曲的种群时，他们就目睹了一个适应力强的宿主物种和一个表面上无害的病毒之间的一种微妙平衡，承载着对一场过去的基因组之战的和平见证。

现在来看看猫科动物。美洲狮和狮子的 FIV 具有海量的内在基因组多样性，表明 FIV 在这些野生猫科动物中已经存在了非常久的时间。每个物种的病毒在遗传上对这个物种都是特异的，表明它们进入并且留下来不走了。即使不是全部，也有大多数野生猫科动物经历过历史上的适应插曲并存活下来，导致了今天这种微妙的平衡。

113

相比之下，家猫 FIV 的遗传变异性要比野生猫科动物 FIV 的少得多，家猫就患上了艾滋病。家猫就是最近才获得 FIV 的不幸物种。它们的适应插曲仍处于早期，这个插曲有朝一日将要么导致遗传上有抗性个体的选择性存活，要么导致毒性减弱的 FIV 毒株。(如果没有疫苗或治疗方法，人类的艾滋病病毒/艾滋病肯定也会这么走过来。不过这个问题将在本书后面的章节讨论。)

适应插曲假说的一个引起人期待的推论可能有助于解释为什么在狮子和美洲狮中 FIV 良性感染会坚持下来。像 FIV 这样的逆转录病毒会定期做两件事情。首先,当它们感染一种组织时,会触发一种叫做“病毒干扰”的现象。一个被病毒感染的细胞将阻止相关病毒的继发感染。在第一章中记载的卡西塔斯湖小鼠,就是病毒干扰的一个很好的例子。小鼠获得了病毒包膜基因 *env*,该基因产生的一种蛋白质能像病毒一样占据细胞的受体位点,从而保护小鼠免受真正致命的病毒感染。

其次,FIV 感染会刺激抗体,激发出一种更为复杂的 T 细胞介导的免疫反应,来解决逆转录病毒。难道说今天感染了 FIV 的塞伦盖蒂狮子正享用着天然的 FIV 疫苗? 会不会是良性的 FIV 使狮子免疫,利用病毒干扰来保护狮子免受随时哪天可以产生出来的毒性更厉害的 FIV 毒株的危害?

很可惜,我们无法估计猫科动物和灵长类动物艾滋病病毒的确切年龄,因为病毒不会留下我们可以用来校准一个病毒的分子生物钟实际年龄的化石。这些病毒可以有千百万年的历史,但更好的推测是 1 万～10 万年。我们相信这个时间尺度是在 1 万年或不到 1 万年,因为慢病毒从不以内源性病毒序列出现在宿主的染色体中。更老的逆转录病毒无不在受它们侵袭的物种基因组中留下其内源性的痕迹。

114

目前已经从马、山羊、绵羊、牛、猫、猴子和人体内分离出了慢病毒。对所有这些病毒一起做的基因组序列分析表明,FIV 比 HIV 或 SIV 更古老一点。事实证明,猫科动物的 FIV 病毒与灵长类动物的 SIV 之间的亲缘关系,比它们分别与牛、绵羊或山羊的慢病毒的亲缘关系更近。当我们考虑这个谜题中这些累积起来的点点滴滴时,就有可能对这些病毒的起源想象出一个假说性的但却有趣的历史。

多少万年前,在地中海盆地周围,一只猫攻击了它的猎物,一头感染了牛免疫缺陷病毒 BIV 的大型牛科动物的祖先。血腥的交锋使得牛病毒的一个突变变异体感染了这只大猫,在猫群中开始了一种新的瘟疫。病毒传遍了整个物种,变成 FIV,而这个新的 FIV 则不时跳传到其他猫科物种中。新的病毒可能杀害了成千上万甚至上百万只猫科动物。它想必消灭了北美洲和南美洲臭名昭著的剑齿虎——从进化的角度看,它们在大约 1.2 万年前灭绝得如此突然。

随着时间的推移,被感染的猫科物种当中的适应插曲导致了一种平衡的休战,像一种共栖[①]。在那之后,但还是好几千年前,一只受 FIV 感染的猫袭击了一只非洲小猴子,并将一个 FIV 的变异体传给它,成功地感染了这只猴子。SIV 发展起

---

① 共栖(commensalism),指两个物种共居,对一方或者双方都有利。病毒和宿主之间的关系不是共栖关系。

来，先通过最开始的那只猴子，继而通过其他好几个猴科物种传播到非洲，其中一种猴子最终将一个变异体传给了人类。

这个故事的证据是旁证性质的，然而，考虑到病毒的多样性、病毒的演化关系、疾病的发病率及其他流行病学观察，这个故事还是有道理的。总而言之，猫科动物似乎是安全的，不会被 FIV 所灭绝，或者我们一直是这样认为的，直到一对名叫康妮和哈罗德·钱德勒的美国游客夫妇在遥远的东非野生动物保护区进行了那次决定命运的气球之旅。

115 麦乐迪·洛奇既担忧又紧张。在一个猎物丰富易得的季节，她却正发现越来越多无精打采的瘦弱狮子游来荡去。神经系统疾病症状及消耗性综合征都是免疫缺陷的警示性征兆。而气球之旅拍到的录像证明，狮子正在遭受一个致命病原的攻击。难道是一种剧毒的 FIV 变异体突然出现在狮子中？收到洛奇的电报一个星期之后，路透社播发了这个消息：著名的塞伦盖蒂狮子，狮子王的本源，正死于艾滋病。

但是，这条消息原来是错误的。那根本就不是艾滋病。

洛奇和她的坦桑尼亚兽医团队发动了相当于国际公共健康警报的野生动物紧急行动。从黎明到黄昏，她那辆破旧的路虎车磕磕绊绊地从一个狮群驶向另一个狮群。团队对狮子们进行观察、麻醉、听心跳、抽血，并从垂死的狮子采集组织标本。采自 100 余只狮子的组织样本被送到美国国立卫生研究院、日内瓦、美国的康奈尔大学和田纳西大学，希望能找出瘟疫的病因。狮子种群统计学家克雷格·派克做出了一个很可怕的估计：在 8 个月内，已有超过 1000 头狮子丧生，占塞伦盖蒂狮子种群的 1/3。

几头垂死的年轻狮子经检测表明它们没有感染 FIV，排除了 FIV 是罪魁祸首的可能。病原体原来的确是一种病毒，但却是我们从未想到的一种病毒。尸检分析发现狮子脑部病变组织有一个怪异的水晶样沉淀，病理学家琳达·曼森认为，它很像在感染了犬瘟热病毒 CDV 的狗中所见过的。CDV 是一种麻疹病毒，是人麻疹病毒和臭名昭著的牛瘟病毒的远亲，而牛瘟病毒曾在一个世纪前造成了非洲角马和水牛的大量死亡。在家犬中，这种含有 RNA 的病毒会引起癫痫、神经损伤和髓鞘脱失症，即包绕神经纤维的脂肪绝缘组织脱落。CDV 的诊断由康奈尔大学的世界级 CDV 专家麦克斯·阿佩尔证实，她用菌株特异性犬瘟热病毒单克隆抗体检测出狮子大脑中的病毒蛋白。玛格丽特·卡朋特用敏感的 PCR-DNA 影印复制技术复原了她所检查过的每一只病狮的 CDV 基因序列。到 1994 年 8 月，塞伦盖蒂狮子中有 85%的个体 CDV 检测呈阳性，每一只患病和垂死的狮子都感染了 CDV。 116

麦乐迪·洛奇博士在为狮子做检查

到 CDV 在狮群中爆发的时候，科学界对 CDV 的了解已经有近两个世纪之久。它最初由疫苗微生物学家爱德华·詹纳于 1809 年发现①。CDV 通常会在野生犬科动物(狼、野狗、狐狸)，还有浣熊、雪貂、臭鼬和大熊猫中引发疾病。专家认为 CDV 会感染猫科动物，但会保持无害。这次可不是这样了！

在塞伦盖蒂范围内是不允许有家养动物的，但坦桑尼亚的土著马赛牧区牧民在公园周边的土地上饲养了 3 万多条狗。英国兽医莎拉·克利夫兰(Sarah Cleveland)筛查了马赛狗的血清，发现其中大约一半具有 CDV 抗体。在保护区东部边缘的一个村子里，狮子疫病爆发的高峰时，家犬中 CDV 检出率达到 75%。家养的狗很少与狮子发生身体冲突，但斑鬣狗与双方都有浴血交锋。果然，我们能够在我们检测的头 7 只塞伦盖蒂鬣狗中分离出 CDV。当玛格丽特·卡朋特比较狮子、鬣狗和马赛狗的 CDV 基因序列时，发现它们真是难以区分。相比之下，塞伦盖蒂的 CDV 与世界上其他地方的狗体内所见的 CDV 株却相当不同。塞伦盖蒂的生态系统已经演化出了自己的"厉害"株系，一种兼容多个物种口味的株系。它很容易从狗跳传到鬣狗，再跳传给狮子，并造成了大量的死亡。

克雷格·派克和莎拉·克利夫兰展开了一场接种运动，为马赛狗接种有效的减毒 CDV 疫苗。他们希望减少马赛狗中的 CDV 储留，从而保护面临湮灭的脆弱的野生动物。但是，几乎就像瘟疫暴发的那样骤然，到 1994 年 10 月，狮子突然停止了死亡。患病的动物复原了，生育重新恢复了，狮子重新夺取了它们在那脆弱的生态系统中高高在上的位置。

远缘交配的狮子之间的遗传差异，极有可能是它们幸存下来的原因。狮子们展示出在一个有遗传多样性的种群内，多样的免疫反应所起的保障作用。我们以停帧定格的准确度记录到一个 CDV 适应插曲。当这个插曲结束时，我们所有的人都如释重负地松了一口气。

117

即使是有经验的科研团队，也不是经常有机会近距离目睹一次与灭绝的擦肩而过。如果没有钱德勒夫妇的录像，没有派克的监控，没有洛奇的捕捉和兽医团队，我们完全会错过它。但这一次，我们赶上了这个事件，观察了它，研究了它，并从中吸取了教训。基因相互作用的自然过程和寄生虫/宿主的协同进化，又一次不明所以地打造了一个有效的解决方案，使一个自然种群挺住了一种致命微生物的攻击。

---

① 现在人们认为犬瘟热病毒是法国人 Henry Carré 于 1905 年发现的。爱德华·詹纳(Edward Jenner)被称为免疫学之父，他在 1796 年发现接种牛痘可以预防天花。

虽然FIV不是这次瘟疫的元凶，但它可能仍然起了一种帮凶作用。是不是FIV三个毒株(A,B,C)中的一个或全部三个一起，削弱了其携带者的免疫系统，使其更易感染CDV而死亡？我们最新的研究表明，某些感染了FIV的狮子实际上体内CD4+T淋巴细胞的数量也相对较低，这是HIV携带者艾滋病发病前的标志。也许是FIV和CDV的双重感染，加重了其中任何一个病毒单独感染的效力。我们仍在试图通过更多的实验数据来理清这些可能性。

在现阶段，这场狮子瘟疫给出的教训响亮而清晰：要关注受影响物种的遗传变异。尽量见证并记录自然的疾病防御，它们可能提供的策略是我们在实验室做药物设计做上一个世纪也发现不了的，还要观察病毒及其基因。病原体具有惊人的突变能力。为了生存和传播，它们必须规避它们宿主的免疫防御。被感染的动物种群必须灵活应变，通过选择最有效的免疫反应武器来演化出新的防御系统。大自然有效地促进了病原体与宿主之间的军备竞赛，输掉这场战争是常事，但却从来打不赢。只有适应下来的幸运儿能活着加入下一场战斗。

医学研究甚或基础研究项目很少是在一条直线上推进的，它们时不时转了一118 圈又回到原点。为人类医学而发展起来的新的生物医学技术在揭示濒危物种所面临的危险方面，尚有未得到利用的潜力。如果没有安全的麻醉、免疫印迹电泳、PCR、微卫星和病毒学监测，我们可能还在猜测到底是什么杀死了所有那些狮子。生物医学洞察力对于为保护濒危物种而设计的恢复计划至关重要。今天的保护管理项目无不包括生物医学、遗传学和生殖学的评估。有了更好的数据和更好的监控，我们就使得我们从事保护的人员有能力对付物种生存面对的真正威胁。

作为回报，幸存的野生动物们提供的遗传方案和适应性，可以成为人类医学治疗大有希望的线索。鉴于人类的不治之症充斥着我们的医院，而这么多的濒危物种面临着迅速灭绝的旋涡，揭示这些机制正当其时。理解和保护野生动物物种有许多理由。揭示出基因组的适应性对动物和我们自身的互惠，是不应该低估的。

第八章　婆罗洲的野人

科学家们都表现出一种惊人的夸大其词的普遍倾向。我认为，这不过是反映出我们希望被听到、被理解和被相信的意愿。但也有几位著名的例外。沃森和克里克 1953 年首次描述 DNA 盘绕成双螺旋结构的经典论文的结语就是羞答答的，“我们没有错过这一点，就是，我们假定的这个特定配对直接意味着一种可能复制遗传物质的机制。”看看，这般举重若轻地就投放了一枚科学炸弹。 119

另一个更加著名的将有巨大科学及跨文化重要意义轻描淡写的例子，是达尔文的巨著《物种起源》[①]中的一句话，说他的演化理论可能适用于人类。虽然达尔文在他的专著中只字未提大猿[②]（黑猩猩、大猩猩和红猩猩[③]），但全世界还是迅速抓住了这个异端邪说，即人类与某种猴子是近亲。

人们一直对于我们和大猿之间的相似十分着迷。然而，很多人却害怕猿类。小说家和电影制作人经常将大猿描绘成可怕的杀手，如埃德加·爱伦·坡的小说《莫格街谋杀案》以及好莱坞惊悚片《金刚》（*King Kong*）和《刚果》（*Congo*）。多亏三位才华横溢的行为学研究者的奉献，这个观点最近才有所缓和，这三位研究者是珍妮·古道尔、戴安·福西（Dian Fossey）和贝如特·高迪卡斯（Birute Galdikas），她们把整个职业生涯都献给了对自由生活的灵长类社群的密切观察。古道尔在坦桑尼亚的贡贝国家公园对黑猩猩的监测，福西在卢旺达维龙加·卡拉索特保护区 120

---

① 此书的全名为 *On the Origin of Species by Means of Natural Selection*，即《论通过自然选择方法的物种起源》。

② 人们通常将类人猿按照体型不同，分为大猿（great apes，包括人科 Hominidae 的猩猩属、大猩猩属和黑猩猩属共 6 个种）和小猿（lesser apes，包括长臂猿科 Hylobatidae 的白眉长臂猿属、长臂猿属，黑冠长臂猿属和合趾猿属共 16 个物种）两类。物种分类信息来源于 IUCN 物种红色名录 http://www.iucnredlist.org。

③ 根据中国科学院中国动物主题数据之“动物名称数据库”，Orangutan 的中文名应是“猩猩”。但是为了避免一般读者将其与大猩猩、黑猩猩等混淆，文中将 Orangutan 译成红猩猩。

(Virunga Karasote Reserve)对大猩猩的研究,高迪卡斯在婆罗洲的红猩猩康复站,都对大猿社会的细微差别进行了精确和详细的描述。通过《国家地理》(*National Geographic*)杂志的文章、电视纪录片以及详尽的专著的揭示,这些巨型而通常却很温柔的猿类的世界才更多地为人所见,知道它们与我们人类的精神一样,有好有坏。

当这三位"三灵长"研究者在收集这些大猿的社会学细节时,分子遗传学家们正在辩论一个更为基础的问题:这三种猿类和人类的进化史及遗传关系。事实上,这个名为分子演化的新学科是由分子钟原理驱动的,它是从试图解决人-猿的物种关系开始形成的。大多数专家能够赞同这个看法:猿类最早的祖先是在大约3000万年前从旧世界的猴(狒狒,非洲绿猴,山魈等)中分离出去的;而小猿(长臂猿和合趾猿,是用手臂在树枝上荡着活动的猿类)在大约2000万年前与各种大猿和人类分开。一个颇为完好的化石记录提供了这些年代测定,而遗传学家的DNA测算也和这个时间框架吻合。

现代大猿和人类的分离距现在更近,其不确定性也更大。专家们大体上都赞同最先从其他大猿中分离出去的是亚洲红猿,即红猩猩,它们今天幸存于印度尼西亚和马来西亚的婆罗洲岛和苏门答腊岛。这次分离发生在大约1600万年前。而非洲猿类的分离——大猩猩、黑猩猩和人类的分离——仍然还是个未解之谜。虽然与人类亲缘关系最近的肯定是黑猩猩或大猩猩,但却不容易确定它们哪一个与人类更近。在100多篇声称解决了人-猿种系关系史即进化树的科学论文发表出来之后,才终于形成了对这个问题的一个普遍的共识。

人类最近的亲戚显然是黑猩猩,它们大约在500万年前从向人类演化的那个世系中分离出来。就在那之前(也许是600万年以前),但是在红猩猩分离出去很
121
久之后,大猩猩的祖先从黑猩猩-人类世系中分离出去了。此外,有两个不同的现存的黑猩猩物种,即普通黑猩猩(*Pan pygmeus*)和倭黑猩猩(*Pan paniscus*),它们大约在200万年前分离开来,各自形成自己独特的世系。

我们实验室小组对这些研究进展有着适度的兴趣,多半是因为我们希望,在我们处理我们猫科动物的进化层级问题时,从灵长类动物研究学到的一些东西会有所帮助。我们新来的充满激情而又年轻的研究生戴安·扬切夫斯基(Dianne Janczewski)却急匆匆地提升了我们对它的兴趣。戴安曾在华盛顿特区的国家动物园当过红猩猩饲养员,在那里,她切身了解了在养育这些圈养的华贵动物当中一个大的管理问题。

动物园养殖红猩猩始于20世纪70年代初,到80年代末,美国动物园中共有

260 只红猩猩。根据红猩猩物种生存计划(SSP),它们由一个动物园联盟作为单独的种群来管理。这些红猩猩繁殖得很好,但存在一个亚种的纯度问题。在圈养的红猩猩中,30%来自婆罗洲,44%来自苏门答腊,还有 8%或者是两者之间的杂交,或者地理来源不明。

科学家们相信,印度尼西亚这两个岛屿上生活着不同的亚种,婆罗洲的婆罗洲猩猩(*Pongo pygamaeus pygmaeus*)和苏门答腊的苏门答腊猩猩(*Pongo pygmaeus abelii*)。然而,亚种识别的实际科学标准,说得再好也是含糊的。虽然提供了对形态差异的表述,但却有很多例外。有些描述说,苏门答腊猩猩是更亮的橙色,雄性个体颊垫大而多毛;而婆罗洲猩猩则被涂抹成更暗的红色,脸上胡子较少。实际上,在任何一个岛上雄性和雌性猩猩之间的差异,都比这两个亚种之间的差异更大,让专家们对亚种间的差异是否重要纠结不已。对染色体的初步比较[①]的确显示出一个毫不含糊的遗传特征。所有苏门答腊出生的猩猩都有一种形式的 2 号染色体;而婆罗洲猩猩的这条染色体上有一个片段是颠倒过来的,独特而易于识别。

122

各动物园的管理者已经将这两个亚种杂交了许多代,但物种生存计划的管理人员担心,两个基因独特的亚种之间继续杂交会破坏这两个岛屿种群演化出的适应性。此外,一些人预测,这两个群体之间的交配会导致生殖或发育异常,能造成先天缺陷,甚至不育。

那么,这种杂交是在产生两个大猿亚种的"骡子"[②]吗? 基于这些担忧,1985 年 2 月,美国动物园和水族馆协会(American Association of Zoological Parks and Aquariums,这是红猩猩物种生存计划的母体机构)无限期停止了婆罗洲和苏门答腊红猩猩之间的杂交繁殖。虽然大家都承认,几乎没有确切的证据支持或反对这两个独特亚种的存在,但是由于这个新的诫令,动物园饲养员还是奉命让这些结伴终生的配偶"离婚"。

戴安对这种情况已经烦恼得够久了。而她作为一个普通饲养员,地位低下,在这场辩论中,没有人重视她的意见。所以她下定决心,要采用最新调整过的分子遗传学技术,拿出能对这个问题下定义的全新数据。1986 年秋天,她概述了她的计

---

① 染色体经过特殊处理后,用特定染料染色,会产生在光学显微镜下可以看出来的深浅条纹;对每种染色方法,相同染色体上的带型是一定的。

② 马和驴两个物种之间的生殖隔离属于受精后隔离:因为马和驴的染色体数目分别是 64 条和 62 条,虽然两者交配,能产生骡子,但骡子有 63 条染色体,不能进行正常的减数分裂,所以绝大多数情况下骡子是不育的,说明马和驴是两个物种。

划：收集野生红猩猩的DNA样本，将遗传学洞察力用于这个令人困惑的问题，一个对圈养和野生红猩猩保护管理都有意义的问题。她想跟着我们研究组学徒，来拨开红猩猩历史的迷雾。我接受了她。

那年早些时候，在北美大陆另一端的华盛顿州，身材娇小的年轻兽医技术员哈蒙妮·弗雷泽(Harmony Frazier)和西雅图动物园肌肉强健、脾气有点暴的兽医威廉·"比利"·克莱什博士(William "Billy" Karesh)有过一次与戴安和我的谈话非常类似的对话。比利和哈蒙妮要组织一次收集DNA的远征，去东南亚热带地区——世界上仅存的野生红猩猩的老家。在一次红猩猩物种生存计划研讨会上，戴安和比利探讨了他们彼此类似的想法，播下了科学合作的种子。

123

比利不久就改任布朗克斯动物园一个野生动物兽医项目的领导，其正式名称为"野生动物保护协会"(Wildlife Conservation Society)，是世界上最有影响力的自然保护组织之一。在这个机构的支持下，比利装了几大箱兽医装备——药物，捕捉用的麻醉飞镖，试管，诊断装置——开始了大多数兽医梦寐以求的冒险行程。他成了一个保护倡导者，流动医疗大使，遗传样品收集者，这些都记录在他最近出版的一本书《天涯之约》(*Appointments at the End of the World*)中。他面临的第一个挑战，就是从神秘独居的亚洲大猿红猩猩中获取生物学样本，这是曾被玛格丽特·米德[①](Margaret Meade)形容为"婆罗洲的野人"的一个物种。

比利·克莱什与哈蒙妮·弗雷泽花了两年时间，给印度尼西亚和马来西亚的野生动物官员写信、打电报、发传真、交请愿书，请求获得收集红猩猩DNA标本的许可。他们的要求被登记在案，但批准就是下不来。他们毫不气馁，前往雅加达，"驻扎"在野生动物管理部门的办公室，请求颁发那非要不可的许可。他们的耐心和决心肯定是给印度尼西亚负责野生动物管理的官僚们留下了深刻印象，因为他们终于等来了绿灯。他们立即为其对婆罗洲的热带甘宁巴隆国家公园(Gunung Palung National Park)的第一次远征制定出一个计划。这是一次痛苦而危险的冒险的开端，是他们要将珍贵的组织样品带回家的决心才把它维系下来。

红猩猩(Orangutan，婆罗洲原住民达雅族语的意思是"森林中的老人")是唯一在亚洲演化的大猿，历史上的活动范围遍及东南亚，最远达到印度，但在大约1万年前缩减至婆罗洲和苏门答腊岛。在随后的几千年中，大洋周期性的兴衰产生了

① 玛格丽特·米德(1901—1978)，美国文化人类学家，世界上最著名的人类学家之一。她逝世之后，美国总统卡特于1979年1月19日授予她总统自由勋章。

印度尼西亚群岛的1.7万多个岛屿和无数孤立的岛屿物种。直到最近，跨过赤道的婆罗洲岛90%的面积还是热带雨林，是仅次于亚马逊地区的世界第二大热带雨林。婆罗洲四季降雨不断，年降雨量超过120英寸(3.05米)，滋养着一个巨大的丛林沼泽生态系统，包括无比丰富多样的植物、昆虫和动物物种。

红猩猩的数量已经从几个世纪前的十余万只，减少到今天的2万～3万只，又分为几十个种群，生活在婆罗洲和苏门答腊松散连接的栖息地中。由于森林采伐、私自开采黄金及农业开发破坏了栖息地，红猩猩的统计数字还在继续下降。20世纪80年代初及1997年的持续干旱，导致这个星球上最具毁灭性的森林火灾，使成千上万的红猩猩无家可归。红猩猩这个物种，包括婆罗洲和苏门答腊这两个亚种，已被列入《国际濒危物种贸易公约》(即CITES)附录一，这是自1970年以来CITES规定的濒危程度最高的级别。　124

1971年，贝如特·高迪卡斯抵达婆罗洲，开始了一个专门研究大猿中最难以捉摸的红猩猩的学生科研项目。就像在她之前的古道尔和福西一样，她也享受到古生物学家路易斯·利基(Louis Leakey)[①]的资助和指导。高迪卡斯异常细致地描述了红猩猩们半独居的生活方式、社会结构、母亲哺育以及因人类日益加剧的土地开发而导致的种群脆弱性。她和丈夫罗德·宾得莫(Rod Brindamour)建立了利基营(Camp Leaky)，这既是研究营地，也是救援那些被解救、被没收或因其他原因致孤的红猩猩的“康复中心”。直到90年代末，高迪卡斯一直管理着婆罗洲加里曼丹西南部谭荣普亭国家公园(Tan Jung Putan National Park)的利基营，她在1995年出版的《伊甸园的回忆：和婆罗洲红猩猩在一起的岁月》(*Reflections of Eden—My Life with the Orangutans of Borneo*)一书中，以惊人的细节描述了她观察和阐释红猩猩社会行为的努力。

高迪卡斯收留了因荡平的森林、采金作业带来的化学污染及森林火灾而成为孤儿的红猩猩，以及罚没的非法宠物红猩猩。总计起来她解救了200余只年轻的红猩猩并让它们重返野外。连同其他在婆罗洲和苏门答腊的救援工作，过去30年中，近800只不幸的红猩猩康复并被放归。高迪卡斯心想，60年代当乔伊·亚当森(Joy Adamson)将她那狮子孤儿艾尔莎(Elsa)放归野外时，保护界都为之倾倒。虚构故事片《威鲸闯天关》(*Free Wiley*)编织出一个搁浅的逆戟鲸被放归其海洋家园的故事，赢得全世界电影观众的叫好。对红猩猩来说，那是艾尔莎和威鲸的故事　125

① 路易斯·利基(Louis Seymour Bazett Leakey，1903—1972)，著名考古学家和人类学家，出生于肯尼亚。他对其妻子玛丽·利基发现的175万年前的东非人头盖骨的叙述和分析，影响了人类演化理论。

再乘以800。

红猩猩康复项目，像大多数曝光度较高的保护项目一样，也不是没有批评的声音。一些人担心重新放归野外的红猩猩会将在康复中心染上的外来人类疾病，传播到野生种群中，但到目前为止，没有任何证据支持这种担心。也有人争论说，放归年轻的孤儿红猩猩可能会破坏稳定的野外社会系统，但受到严密监测的几个种群都没有显示出有这种压力的迹象。恰恰相反，由于其半独居的社会结构，红猩猩倒似乎是放归的理想动物。与它们生活在互动群体中的非洲表亲黑猩猩和大猩猩不同，红猩猩基本没有必要被一个已经存在的群体所接受。也许，它们的全部需求只是一棵高高的树。

贝如特·高迪卡斯开始好奇，分开在两个大岛上的种群，甚至在婆罗洲岛上孤立的红猩猩种群，是否已经彼此分别演化到足以影响她放归计划的成功。也就是说，如果亚种已经非常独特，那么将红猩猩释放到远离其出生地的地方，就可能是有害的。这个问题对来源不明的被罚没的红猩猩孤儿尤为棘手。谁也不能真正指望一个在突击搜捕中落网的走私犯去披露这些动物真正的来源地。

在贝如特的一次美国巡回演讲期间，我在洛杉矶与她见面，并共进了一个很长时间的午餐，席间她表达了她的忧虑。她请求准许她的红猩猩家族成员参与遗传学研究。我和戴安很高兴能有贝如特的红猩猩加入进来，而且我们更加坚信，跨婆罗洲和苏门答腊的红猩猩群体遗传评估会很重要，不论其结果如何。

比利·克莱什知道他不会只是麻醉了野生红猩猩就能采集到血液样本做DNA分析。它们栖居在高高的树上，而他可没有高科技的佛罗里达山狮类型的特种研究团队那样的豪华设备，就连气垫都没有。于是，他设计了一个皮肤活检取样飞镖，与我们用来取座头鲸样品的那种非常相似，但用在红猩猩身上的要小一些。飞镖有4英寸(10厘米)长，由标准的兽医给药用镖修改而来。端头是以刀片为边缘的切割圈，当中有两个牙用刷状倒钩。用常规兽医用CO_2手枪发射，射入大块肌肉，飞镖刺透表皮，倒钩挂住组织块，然后从动物身上脱落。除了短时间刺痛，动物基本不会受到这种取样的干扰。比利先用皮夹克测试了他的活检飞镖，然后在西雅图动物园找了几只动物做了试验。

126

戴安设计出用消防栓大小的液氮罐冷冻新鲜皮肤样品的方法。她给比利配备了几个液氮罐、救生药品、组织样品采集补给品和一个详细的操作说明。有了这些补给品、药物、飞镖和许可证在手，比利·克莱什与哈蒙妮·弗雷泽便前往婆罗洲丛林，寻找红猩猩DNA。

活检取样小队的第一次婆罗洲之行后来在比利的日志中被称为他们的"逃离地狱之旅"。哈蒙妮和比利在穆斯林斋月期间抵达闷热而臭烘烘的印度尼西亚城市泰卢美兰奴(Teluk Melano)。他们的印尼同行兼向导是来自雅加达的一位穆斯林兽医。他已禁食一整天。当他们乘坐一条要散架的独木舟冒险溯河而上时,他因脱水而神志不清,昏了过去。苏醒后,他承认这是他第一次野外考察。

队伍的交通工具包括两个独木舟或舢舨,由生锈的 8 马力舷外发动机驱动,非常容易发生安全销断落或者出故障。当他们穿行在茂密的雨林中时,他们不得不低头躲避俯冲下来的翼展 4 英尺的巨型食果蝠,在黄昏,则要听分贝有如链锯的 3 英寸长的蝉的鸣奏。一旦他们在研究站附近停靠,徒步前往甘宁巴隆国家公园的木屋时,大群各种水蛭爬上他们的衣服,多少带走了些这景色的浪漫。水蛭并不致命,甚至也不令人觉得特别疼,但它们饱餐后伤口溢出的血沾在研究者的衬衫和裤子上,仍然令人心里发毛。

一旦他们弄干身上,摘除水蛭,很快就进入梦乡。第二天,团队一早出发去找红猩猩。拖着他们的捕捉装备在蜥蜴、昆虫、蚂蟥出没的沼泽穿行了几天后,他们终于遇到此行的第一只红猩猩。比利忙活了半天,希望趁着动物没有注意,打中一个大块头目标。他小心翼翼地装上镖管,瞄准,射击。成功！随后难题就来了：要找到从高高的树杈上掉落到下面沼泽中的装有组织样品的镖。

127

经过几天的辛勤工作和种种不便,比利、哈蒙妮、印尼兽医,还有向导开始了顺流而下的回程,带着收藏好了的三个红猩猩皮肤活检样品,很松了一口气。最后一难降临了：装有珍贵组织样本的便携式液氮罐,被装扮于河岸的无所不在的多刺藤蔓中的一根钩住,掉下舢板。哈蒙妮吓坏了,条件反射式地跳入河中,完全忘了那河中很可能有危险的水生生物,在液氮罐沉没之前将它救起。

样品保住了,运回我们的实验室进行分析。在接下来的几年间,又在婆罗洲和苏门答腊进行了几次样品采集的旅行,比利、哈蒙妮和戴安从包括贝如特的研究地在内的不同种群中采得 50 多份皮肤标本。

从早期我们筛查非洲猎豹血液中的酶到现在,评价种群或物种间累积的遗传差异的分子工具已稳步改善。包括 DNA 测序在内的 DNA 评估,正在日常性地用于像人-黑猩猩-大猩猩三者关系这样的演化问题。理论遗传学家也已利用电脑强大的能力来处理海量的数据,反复做着单调的分析程序,评估不同种群分组间的种群多样性和遗传相似性。电脑程序非常精确,信息量大得惊人。

红猩猩的亚种问题很重要,我们决心利用一切现有的方法来找到答案。随着皮肤样本由印尼陆陆续续到达，戴安将那些小块皮肤解冻，将组织植入小塑料培养皿，浸在细胞营养液中。皮肤中的成纤维细胞会附着到塑料表面并分裂，产生出一层汇合在一起的细胞，只是培养皿的大小限制了它的增长。戴安照管着这些细胞群，就像一个经验丰富的园丁在培育兰花。生长出的细胞被转移到较大的培养皿上，直到有了足够多的材料可以进行 DNA 提取。剩下的细胞被重新冻存，作为婆罗洲森林中温柔的类人猿们一个永存的遗传副本。

每个组织培养细胞系的染色体都受到检查，通过辨识 2 号染色体是否有能说明问题的倒位来确认每个红猩猩的来源地。我们然后再对两个岛屿亚种之间及比利、哈蒙妮和贝如特取样的婆罗洲 4 个种群之间的遗传差异做分子评估。

戴安首先检查了基因产物等位酶的差异，这是我们第一次用来评估猎豹遗传变异性的方法。接着，她利用活细胞培养的电泳凝胶上的放射性蛋白标记，检查了 458 种蛋白质。戴安花了几年时间收集和分析她的数据。为了让结论更确定，我们增加了更新的基因组学方法。吕植，一位来自中国北京大学的信心坚定的新博士后，率先用另外 4 种 DNA 检测方法对红猩猩进行筛查，每一种方法都旨在比较红猩猩种群。这些方法是：小卫星 DNA 指纹图谱，线粒体 RFLP[①]，以及名为 16S 核糖体 RNA 和细胞色素氧化酶基因的两个线粒体基因的 DNA 全序列分析。在我们筹划出评估红猩猩状况的计划将近 10 年之后，这些遗传学数据终于成型。

结果在一致性和分异性方面都很有戏剧性。无论用哪种基因组学方法，婆罗洲和苏门答腊红猩猩的基因都不相同，非常不同。我们记录到的是明明白白的差异，大于我们已检查过的任何亚种间的差异。红猩猩的遗传差异在物种尺度上就像狮子与老虎、马与驴或绿猴与狒狒之间的差异。如果我们的数据是正确的，那就意味着这两个岛上的红猩猩群体根本就不是两个亚种，它们是两个不同的物种。这是一个相当重大的发现。野生动物学界是不是漏掉了一个真正的红猩猩物种？看上去好像就是这样。

在这时候，我们知道了哺乳动物不同支系中的基因和 DNA 序列会以不同的速度演化。例如，在一个特定的时间间隔内，啮齿类动物（如小鼠和大鼠）积累基因突变要比灵长类动物或猫快得多，部分原因是它们的世代时间更短，就有更多的突变改变机会。因此，我们需要再找一个大猿物种进行比较，来校准我们对红猩猩这样大的遗传距离的评估。我们选择了两个广为接受的大猿物种，普通黑猩猩 *Pan troglodytes* 和局限在扎伊尔一片单独的热带雨林中的较小、也更直立的倭黑猩猩

① 限制性片段长度多态性（Restriction Fragment Length Polymorphism）。

Pan paniscus。在戴安和吕植评估过的同样五种基因体系中，两个黑猩猩物种之间的遗传差异与婆罗洲和苏门答腊红猩猩之间的差异大致相同，在某些情况下，差异还小些。

我们还能够用戴安和吕植的遗传距离数据，来估算婆罗洲和苏门答腊红猩猩的祖先彼此分离以来的时间跨度。我们采用的参照年代是广为接受的人类祖先从黑猩猩分离出去的时间，470 万年以前，这是新近根据大猿化石的年龄用分子生物学方法估算出来的。对每种分子方法，我们都用婆罗洲-苏门答腊红猩猩间的遗传距离，除以人类与黑猩猩相同基因的遗传差异，得到的比值再乘以 470 万年。

我们的结果惊人的一致。戴安用等位酶估算的两种红猩猩分开的年代是 80 万年前，用细胞培养蛋白质估算是 100 万年前；吕植用线粒体 DNA-RFLP 方法估算是 150 万年，用细胞色素氧化酶估算是 210 万年前。瑞典一个实验室根据线粒体 DNA 全序列(1.6 万个核苷酸)的独立估算是婆罗洲-苏门答腊红猩猩分开的年代为 350 万年前。这些分歧的年代计算可能看起来不怎么精确，但所有这些测算都将分离放在 100～300 万年前，这个时间足以发生一次物种水平的分化。

130 古生物学家告诉我们，一个物种需要 100 万～200 万年的时间演变成一个新的物种。无论我们研究哪些基因，两种红猩猩明明白白地都具有足够的独特性，可以被考虑为不同的物种。这些数据是明确无疑的。戴安、吕植、比利、哈蒙妮、我和印尼的合作者共同发表了我们的研究结果。我们建议考虑将婆罗洲和苏门答腊红猩猩作为两个充分发展的物种。

但是各个岛屿上各自独立的种群又是怎么回事呢？是不是还有一些有可能影响到贝如特·高迪卡斯重新放归动物地点的种群分支？遗传数据相当清楚地表明，婆罗洲 5 个隔离的种群(婆罗洲西岸的甘宁巴隆和库泰，北部的沙巴，西北部的沙捞月以及贝如特在谭荣普亭的种群)间几乎没有种群水平上的遗传特异性。我们将不同种群间的这种遗传相似性解释为，反映了婆罗洲所有种群间较近的基因交流或互相交配，直到上世纪才被人类定居所中断。

与人类、黑猩猩或大猩猩相比，每个红猩猩种群的等位酶、线粒体 DNA 和 DNA 指纹图谱都显示了大量本种群特有的遗传变异性。在这些种群中，没有发生我们在猎豹、吉尔狮子或佛罗里达山狮中所见的近期种群瓶颈减少了遗传多样性。这些发现对红猩猩保护而言令人鼓舞。制定一个保护计划，让这两个物种安享它们的遗传禀赋，为时还不是太晚。

研究发现的另一个意义，是保护人士将罚没的动物重新放归野外时，只需要管它们原本来自哪个岛屿就成。任何婆罗洲的个体都可以放归到任一婆罗洲种群，而不必担心其遗传问题，因为所有这些种群都大体相同。这意味着，每个岛屿上的放归计划都能集中在如栖息地、种群容纳量、饲养情况、社会行为、传染病和其他生态学参数等非遗传的问题上。

人科猿类[①]的比较研究，无论其目标是解剖学、生理学、行为还是遗传学，都正在开始揭示我们人类的起源。我们用于研究红猩猩种群结构的同样的分子遗传工具，已经表露出现代人类的遗传遗产可以溯源至非洲先祖。近至 15 万年前，一群非洲探险者冒险北上到欧亚大陆，使世界各大陆开始有了人。这可能不是人类走出非洲的第一次迁移。越来越多的证据表明在那之前，智人 *Homo sapiens*[②] 的祖先至少还有过两次迁移。详细介绍这些事件不在本章的范畴，但遗传考古学方面的平行研究正在热起来。尼安德特人或其他人类“亚种”被认为曾与我们的直系祖先共存，并可能被其灭绝。直到最近，我们还只能想象，几千年前人类祖先之间的历史接触。现在我们掌握的加密记录不单在考古遗址的人工制品中，也有我们的基因中传递下来的。这些证据正共同揭示出远古人类族谱中磨难和错误的一些细节。

人类研究的一个重要的社会结果，就是很棘手的对现代人类族群的遗传评估。在 20 世纪 60 年代中期，哈佛大学种群遗传学家理查德·列万廷(Richard Lewontin)制定了强有力的方法，来评估现代人类种族之间遗传多样性的意义。他想知道，人类种群中所见的海量遗传多样性，有百分之几代表了种族特异的差异。换言之，有百分之几归因于种族内个体间的差异。他这个问题的答案取决于非洲人、欧洲白人和东亚人这三个人类主要地理族群之间的遗传距离。为了得到答案，研究者们分析了现有每一个遗传标记的取样样本，首先是血型(列万廷)，然后是等位酶、线粒体 DNA、微卫星和单核苷酸多态性(SNP)的变异体。所有情况的结果都是一样，都很有戏剧性。大约 10%的人类基因变异取决于种族差异，取决于一个人来自哪个地理种族；其余 90%的变异可以归结为个体之间的差异。这意味着，在人类种群中，几乎所有的差异都是在个体层面上，只有很小的比例体现了真正的种族差异。换一种说法就是，你和你的配偶之间的遗传差异可能比欧洲人和非洲

---

① 人科(Hominidae)包含大猩猩属(*Gorilla*)、黑猩猩属(*Pan*)、红猩猩属(*Pongo*)和人属(*Homo*)4 个属，共 7 个物种。

② 尼安德特人(学名：*Homo neanderthalensis*)，是一群生存于旧石器时代的史前人类。1856 年，其遗迹首先在德国尼安德河谷(Neanderthal)被发现。目前按照国际科学分类二名法归类为人科人属，至于是否为独立物种还是智人(*Homo sapiens*)的亚种则一直不确定。

人之间的差异大10倍。列万廷及其后来者正确地将这些结果解释为对世界各国人民之间遗传等价性的肯定,其含义是对种族主义、歧视和种族主义政策的所谓遗传学基础的明确谴责。

在揭示我们过去的秘密方面,新的基因技术仍处于起步阶段。我们的基因组代码是一种活着的象形文字,比美国国家安全局(National Security Agency)有史以来破获的最复杂的间谍密码还要复杂,而且复杂程度要高几个数量级。随着一批新一代基因阐释者跨越生物学各学科寻找看起来合理的基因模式和配置,他们都预期从祖先物种的失误和适应办法中学到经验教训。正如我们必须努力避免有文字的历史上记载的人种灭绝和恶行一样,我们现在是不是能够开始揭开我们更为古老的史前时期的失误、偏见和大瘟疫呢?我相信我们能。

第九章　熊 猫 之 根

133　危险的攀爬持续了 6 个小时，在寒冷的细雨中跌跌滑滑，沿着陡峭泥泞的羊肠小道攀援而上。我们穿着保暖内衣和戈尔特斯品牌防水透气的登山靴，拖着背包，蜿蜒穿过茂密的竹林，翻过无数悬崖，经过伐木工人营地，路过高挂的瀑布。在每个驻足歇脚的地方，年轻漂亮的吕植博士都将天线对向熊猫无线电颈圈发出的信号。我坐了三天飞机到西安，又坐了 10 小时路虎越野车到杉树坪伐木营地，才到了这儿。我时差还没倒过来，又水土不服拉肚子，前一天晚上喝米酒还有点儿宿醉。可我还是决心体验一把很少人能够想象的冒险：登上中国多山的陕西省的秦岭山脉，看看栖居在自己洞穴的野生大熊猫和它的幼仔。

吕植最先听到了幼仔的叫声，声音很弱，像遥远的悲鸣，只有在森林的静寂中才能听得到。在山顶，年轻的研究生小健带着我们走到陡峭的悬崖上一块突出的巨石上。现在幼仔的哭声变得刺耳，令人不安。吕植敏捷地绕石而下，靠近下面的熊猫洞穴。吕植在北京大学的导师潘文石教授扶着我绕过巨石，这样我就可以看见那个因为和母亲分开而痛苦号叫着的 8 英寸(20 厘米)长的小家伙了。

没错，是大熊猫的宝宝，它有迷人的眼斑和米老鼠样的耳朵，又可爱又娇弱。他们给它起名为“桂叶”。小健解释说，桂叶的母亲嫫嫫外出觅食了，这是潘文石和134 吕植在秦岭长达 13 年的大熊猫研究中记录下的野生大熊猫的一个常见活动。

我的目光就离不开这娇弱的幼仔了，它很活跃，叫声响亮，很讨人喜欢。潘教授问我想不想抱抱幼仔，他让我放心，说这不会伤害它。我小心翼翼地伸出戴着手套的双手，把这黑白相间的小婴儿抱向我的温暖的外套。当它合上眼睛，舒舒服服地把它的头靠在我的围巾上时，它的叫声平息下来。其他人无声地笑了，因为他们知道我此时的感受。

当我把桂叶抱在胸前，我瞬间意识到，这就是物种保护的真正内涵。那个时刻清晰地印在我的记忆中，就像昨天刚刚发生。把幼仔小心地放回洞穴之后，我凝望着遥远的山谷若有所思，直到桂叶的一声突然尖叫打断了我的神游。原来是吕植从它背部拔了一根毛做遗传样本。

现在回想起来，我想我被吸引到大熊猫生物学研究和保护中来是必然的。大熊猫是动物保护运动毫无争议的旗舰物种。没有任何其他濒危物种能像羞怯迷人的黑白两色“猫熊”——甚至今天在中国人们还这么称呼它——吸引了这么多的关注、研究、争议或热情。大熊猫是动物园和保护行动中的超级巨星。或许是因为其巨旺的人气，它们也吸引了最优秀的——和最糟糕的——保护救星，帮助它们繁荣，避免灭绝。关于这一物种的政治、科学、价值和历史等方面出现了如此多的电视专题片、书籍和文章，所以我很犹豫是否要在诠释大熊猫的书库中再添加一章。然而，大熊猫的遗传研究故事是一个令人着迷的生物-政治交织的过程，我们可以借鉴其中的成功及失误。

在我生活的世界里，最著名的大熊猫是玲玲和兴兴。这一对熊猫 1972 年 4 月 16 日抵达美国华盛顿国家动物园，作为周恩来总理和中华人民共和国送给美国人民的礼物，以纪念理查德·尼克松总统敲开了中国对西方世界外交的大门。华盛顿这一对熊猫受到公众巨大的关注和喜爱。在展览的第一天，它们就吸引了 7.5 万名游客。在 1972 年结束之前，前来观看这一对爱嬉戏的年轻熊猫的游客超过了 100 万。

135

在整个 20 世纪 70 年代，每一个美国人都希望这对熊猫能有一个熊猫宝宝，但就是事与愿违。大熊猫繁殖有季节性，每年只发情（发情时雌性接受雄性的求爱）一次，通常是在春天。从 1974 年玲玲第一次发情开始，每个发情季节玲玲和兴兴都被放在一起。但兴兴一方有点问题，它往往骑跨在错误的一头，兴奋地向玲玲的耳朵或其他可笑但无效的部位射精。在一阵密集的媒体监察中，兴兴被扣上无能、笨蛋、懦弱无用的帽子。

到 1981 年，国家动物园的负责人和大熊猫繁殖专家们都非常担心。他们把伦敦动物园一只强健阳刚的熊猫佳佳空运来了，佳佳曾使马德里动物园一只雌熊猫怀孕产仔，多少证明了它有应对生育挑战的经验。佳佳与玲玲的相遇是一场灾难。它把这只美国母熊猫揍得失去知觉，直至休克。为了让攻击停下来，动物园的工作人员对空鸣枪，用消防水枪喷它们。没有交配，只有劫掠，佳佳很不光彩地被遣送回英国。“那个混蛋打伤了她，”国家动物园主任特德·里德（Ted Reed）气哼哼地说。《华盛顿邮报》专栏作家玛丽·麦格罗里（Mary McGrory）称佳佳为熊猫版的

吕植从桂叶的背上拔了一根毛做遗传样本

斯坦利·科瓦尔斯基(Stanley Kowalski)——田纳西·威廉姆斯(Tennessee Williams)令人难忘的舞台剧《欲望号街车》(*A Streetcar Named Desire*)里粗野的角色。

动物园管理人员被这场打斗吓坏了,决定尝试人工授精,中国动物园对大熊猫进行的人工授精已经获得成功。这样,1983 年当玲玲发情时,伦敦动物园的兽医约翰·奈特(John Knight)博士便做好了用电激取精术收集佳佳精液的准备。精子采好的次日,奈特将新鲜精液放在胸前的口袋中,登上一架英国航空公司的飞机前往华盛顿。佳佳的精子抵达杜勒斯机场之前,美国国家动物园的生殖专家戴芙拉·克莱曼(Devra Kleiman)决定给兴兴最后一次自然交配的机会。在她的注视下,兴兴像是完成了一个很像是恰当的骑跨,而且克莱曼听到一声大熊猫狂喜的尖叫,这是行为学者视为交配高潮的信号。当天晚些时候,玲玲还是被麻醉,用刚刚送来的伦敦佳佳的精子进行了人工授精。

136

在此后不久举行的介绍这些事件的新闻发布会上,有记者问动物园的公关发言人鲍勃·霍奇(Bob Hoage),如果玲玲确实怀孕了,他们怎么知道父亲是谁?霍奇回答说:“我们与国家癌症研究所的遗传学家斯蒂芬·奥布莱恩(Stephen O'Brien)博士有长期密切的合作。我相信他能搞清楚。”玲玲果然怀孕了,而我则发现自己头一次被丢进了大熊猫保护圈。

1983 年 7 月 21 日,玲玲生下了在美国出生的第一个大熊猫幼仔,一个重 134 克,看起来像无毛小鼠的小小的大熊猫婴儿。让人伤心的是,幼仔在出生后不到 3 个小时,就死于在产道内染上的假单胞菌感染。

幼仔的尸检是个很难受的事。我默默地采集了一块 10 美分硬币大小的皮肤组织样品,用来建立确定基因型的活体培养。我们已经有了兴兴和玲玲的皮肤成纤维细胞系。一个星期后,伦敦佳佳的一块浸在组织培养液中的皮肤切片乘飞机抵达。我们检测了熊猫细胞中的 29 个等位酶基因,选择这些基因是因为它们在其他哺乳动物中具有遗传变异性。不幸的是,这些遗传标记没有一个显示出 4 只大熊猫之间有任何变异。我们需要遗传差异来建立幼仔父亲的身份,所以我们决定用皮肤细胞系中更大群组的蛋白,由经过双向凝胶电泳分离的蛋白染色来分析。在我们检查的 300 个蛋白质中,有 6 个显示出遗传变异性,这些变异证明了兴兴是婴儿的父亲,而不是佳佳。行为学家戴芙拉·克莱曼所目睹的自然交配是成功的。

了解了兴兴具有生殖力,此后动物园每年都尝试自然交配。之后玲玲曾三次怀孕,但像第一胎一样,婴儿都没有存活,通常是死于大量的细菌感染。1992 年,玲玲在 22 岁时去世,兴兴于 1999 年去世。

137

参与世界上第一个大熊猫父系鉴定评估对我也是一次学习。当我徘徊在国家动物园的大熊猫展区等待组织样本时，我熟读了展示的图文。精心装饰的墙面不仅描述了大熊猫保护的丰富历史，还介绍了一个世纪来吵嚷不休的科学辩论。单是大熊猫究竟应归入熊科 Ursidae 还是浣熊科 Procyonidae，分类学家和熊猫生物学家都不能达成一致。作为一种妥协，有些人把它单独归为一科。

熊猫分类的丰富多彩的传奇故事可以回溯至一个西方人第一次对大熊猫的描述，他就是 19 世纪巴斯克传教士阿尔芒·戴维神父(Pere Armand David)。作为一个业余博物学家，戴维热衷于记录众多中国特有的哺乳动物物种。1869 年，他给他的科学导师、巴黎自然历史博物馆馆长阿方斯·米尔内-爱德华兹(Alphonse Milne-Edwards)寄去了他对一种神秘的高寒生物的描述，他称之为 *Ursus melanoleucus*(黑白熊)。次年，戴维为博物馆带回毛皮和骨骼材料。米尔内-爱德华兹研究了这个动物的骨骼和牙齿，并得出结论，它们更像大熊猫那些身材矮小的中国表亲，即红熊猫或小熊猫，而不是其他熊类。由于小熊猫已被毫无争议地归入浣熊科，米尔内-爱德华兹便宣布，大熊猫也应该跟小熊猫一起归为浣熊科，是一种巨型浣熊。这次交流开始了一场长达一个世纪的争论，它以活泼而刺激的方式主导了动物学讨论。

虽然大熊猫肯定看起来像熊，但它却有一些非常不同寻常的特点，与其与世隔绝的高寒生活方式和以竹笋、竹茎和竹叶为主的高度特化的食性相关。大熊猫的头骨和下颌骨很大，其强大的颚部肌肉和宽大的牙齿都适于破碎和研磨它的植物性食物。大熊猫有一个中度发达的第六指——熊猫的拇指——适合抓握竹笋。小熊猫也以食竹为生，它们甚至以同样的方式抓握竹笋，但它们没有额外的拇指。

138

大熊猫另外还有几个特征是熊类所没有的。它们雄性的生殖器很小，朝向后部，类似浣熊。大多数温带和北极地区的熊类物种要冬眠，而熊猫却不冬眠。这可能是因为大熊猫无法从相当低效的能量来源——竹子——中存储足够的能量。熊会怒吼或咆哮，大熊猫则像绵羊或山羊那样咩咩叫[①]。实际上这咩叫声相当于小熊猫和其他浣熊科动物的吱吱声和咔嗒声，但却听不到熊发出类似的声音。

在过去 130 年中，在科学文献中有超过 50 部学术专著，每一部都声称解决了熊猫的起源及其正确的分类问题。专家们的意见分为三个阵营，彼此强烈对立，却都固执己见地认为自己绝对正确。一个阵营宣布大熊猫是一种特化的熊，属熊科。第二阵营认为它是一种不同寻常的浣熊，属浣熊科。中间派的一个阵营将大熊猫

---

① 大熊猫的叫声包括犬吠和咆哮，这两种声音通常在冲突时或发情时发出。

和小熊猫一起单独归为一科(熊猫科 Ailuridae 或大猫熊科 Ailuropodidae),强调它们有别于熊或浣熊的生物学独特性。当我在玲玲和兴兴的展馆里等待它们的皮肤标本时,我意识到,关于熊猫进化之根唯一达成的一致,就是还没有达成普遍的共识。

于是我开始阅读关于大熊猫的分类的不同意见。我不得不说,给我留下了深刻印象的不只是科学辩论的深度,还有论战各派对争议的意义的振振有词。倾向于浣熊派的埃德温·科尔伯特(Edwin Colbert)在 1938 年指出:

> "所以这个问题多年未决,支持熊科的,坚持浣熊科的,还有中间路线派,都以最清晰的逻辑提出了他们的若干论据,而在此期间,大熊猫们则安详地生活在四川的大山里,我行我素,从来没有想到它们正在引起的动物学争议。"

139

史蒂芬·杰伊·古尔德(Stephen Jay Gould)[①]在 1986 年肯定熊科派时写道:

> "我们陶醉于我们一直未能解决某些关键争论,因为所有的乐趣就在争论中。"

支持单立一科的乔治·夏勒博士在 1993 年写道:

> "大熊猫就是大熊猫……在某些方面这个长期悬而未决的问题根本微不足道,它只是映射出科学上对不确定性的不快,以及让一切整齐就位的嗜好……然而,这个争议提出了一个根本的科学问题 —— 在分类中哪些特征是重要而有意义的?"

约翰·赛登斯狄克(John Seidensticker)在 2001 年若有所思地写道:

> "科学家们了解大熊猫起源的努力……已经像这个动物本身一样,成为笼罩在误解中的传奇……随着……更新更精密的技术出现……追溯不同推理思路和证据是如何展开的就十分有趣……这就是科学的运行;从来不是一成不变,总是在质疑,要再努力一次来澄清。"

从来没有一个分类学争议辩论得如此激烈,说辞如此优雅,有如此丰富的形态学、行为学和解剖学描述。比如 1964 年 D·德怀特·戴维斯(D. Dwight Davis)发

① 史蒂芬·杰伊·古尔德(1941—2002),美国古生物学家、演化生物学家,科学史学家与科普作家。1972 年,他和纽约美国自然史博物馆的尼尔斯·埃尔德里奇(Niles Eldredge)共同提出"间断平衡"(Punctuated Equilibrium)进化理论,由此享誉全球。

表的鸿篇巨著,专讲对死于1938年的芝加哥布鲁克菲尔德(Brookfield)动物园的大熊猫苏琳的解剖。他这部300页的专著分析了50个器官系统,文字和插图充满了精致细节,被斯蒂芬·杰伊·古尔德称为“本世纪最伟大的比较解剖学著作”。戴维斯的分类结论掷地有声。“大熊猫是一种熊,其卷入从熊属(*Ursus*)到大熊猫属(*Ailuropoda*)的初级适应转变的遗传机制极少——也许不超过半打。”[140]

戴维斯的观点很快就被许多人所接受,但可惜不是所有人都接受。他的批评者认为,他的分析无论多彻底,却没有遵循标准的分类程序,只是围绕他的观察细述了一堆主观判断。在他的专著的第一页上,戴维斯在脚注中承认,他从一开始就确信,大熊猫是一种熊,所以他在全书中都坚守着这个看法。他没有试图呈现一个大熊猫与小熊猫、浣熊和熊的全面比较分析,因为用他的话说,“这变得很困难,所以我放弃了。”戴维斯的工作是大师级的,很有说服力的,但更多的是描述性而不是分析性的。他的致命的弱点是他的假定,以为他的同事就为他的细节之广度也会接受他的解释。大多数人是这样,但还有许多人不是这样。

我无法抗拒这个历经百年之久却仍未解决并仍在寻找一种新看法的辩论。分子遗传学肯定要参与其中,而我有了细胞系中所有必要的生物材料:大熊猫、小熊猫和熊的DNA、蛋白质和基因的永久性来源。

在过去的几十年中,解决种系发育历史和分类关系的新的分子演化研究方法已经成熟。其原理是比较遗传相似性和差异性,特别是比较几个有亲缘关系的物种的同源基因序列和蛋白基因产物(氨基酸序列)的异同。基因序列差异的模式被用来揭示导致现生物种群组的远古演化进程中的分裂。要构建一个物种的演化历史,构建它的进化树,我们再次回到分子钟假说,即两个物种分离的时间越长,其突变差异量越大。用物种之间遗传差异的矩阵反向回推,用复杂的数学方法重建能最佳利用这些数据的进化树。事实上,现在有好几种理论方法(指名法,基于距离的方法,贝叶斯法,最大简约法和最大似然法)都使用计算机,根据分子数据来构建[141]种系发育树。当所有的分析方法,特别是用了几个不同的DNA片段,得到相同的结果时,人们就有理由相信,这些结果特指的演化关系反映了真实的演化史。

分子钟假说已经遭遇到一些争议。批评者指出,突变的积累并不总是精准地按照与时间比例的关系来发生,造成用分子钟构建的演化树的分枝长度会有过快或过慢的问题。这些批评令人不安,但并不说明这种确定演化关系的方法无效。相反,它们强调了使用不同的基因或DNA片段来重复试探性解决方案的需要。经过40多年的应用、改进和校验,分子钟方法已经经受住了时间的考验。这个方法用得非常好。

既然在我的实验室中生长着永久不灭的大熊猫活组织培养细胞，我们便采用了六种不同的分子遗传学方法来分析大熊猫的起源问题。每种方法各有鲜明的长处和短处。但我们有信心，这六种互补的方法一旦放在一起，会给我们一个有力的答案。

六种遗传学工具中的三种——等位酶遗传距离，双向电泳遗传距离（用来确定玲玲父亲身份的方法）和免疫学距离——评估不同的物种之间一组蛋白质中所积累的氨基酸序列的变化。两个不同物种中相同的蛋白质（例如血红蛋白或白蛋白）氨基酸序列的差异，是编码这些蛋白质的同源基因中突变分离的后果。所以，实际上，我们正在通过量化序列差异的程度来间接追踪基因间的演化差异。

另两种方法，DNA 杂交和线粒体 DNA 序列分析，是利用同源基因的 DNA 序列差异。这两种分析过程直接评估基因分歧性，作为演化时间的替代指标。

最后一个方法检查不同的物种之间染色体组织结构的差异。在漫长的演化进程中，祖先物种的染色体排列偶尔会因自发的断裂和再接合而重新排列，这个过程被称为易位。亲缘关系近的物种染色体易位断裂较少，而亲缘关系远的物种间长期的分离会导致较多的易位交换。通过检查染色体的外观，识别出两个物种中具有相同的同源基因的区域，我们可以计数发生了多少染色体易位，辨认出它们发生在染色体上的哪一段。利用几个物种之间这些染色体易位的模式和频率，我们推导出了熊和大熊猫物种之间发生的染色体重排。然后，我们运用名为最大简约法（maximum parsimony）的演化原理来分析染色体交换的步骤，这能最好地解释导致形成现代物种染色体组织结构的染色体片段的移动。

142

所有这六种不同的方法对于熊-大熊猫-浣熊的演化谜题，都给出了相同的答案。它们共同勾画出大熊猫演化历史的图景。戴维神父是对的。大熊猫确实是一种熊，它的基因连贯地出自演化树上形成熊科动物的一支；而小熊猫的基因出自浣熊所在的分支。新的数据以一定的清晰度表明了每个物种如何以及何时发生了演化。下面就讲讲分子们告诉我们的故事，关于熊和大熊猫如何形成的故事。

约 3000 万年前，在叫做渐新世的地质时期，今天的八种熊类（棕熊，美洲黑熊，亚洲黑熊，马来熊，北极熊，懒熊，南美的眼镜熊和大熊猫）和浣熊科动物（19 种，包括浣熊，长鼻浣熊，蜜熊，尖吻浣熊和小熊猫）的祖先分道扬镳，各自演化。又过了不到 1000 万年，小熊猫的一个祖先与其他浣熊物种分离开来，在亚洲演化，而其余浣熊科物种则在美洲演化。

熊科动物的祖先从浣熊科物种分离出来很多年后——我们估计是在 1800 万～2500 万年前——大熊猫的祖先与其他熊科动物分离。大熊猫逐渐演变出

143

其针对高寒栖息地的特殊适应性。在现在与大熊猫分开的熊的谱系中,下一次分叉导致了南美洲的眼镜熊(*Tremarctos ornatus*)为一方,而其他 6 种熊科物种为另一方。这个演化分离事件发生在 1200 万～1500 万年前。这 6 种现代熊属熊类分别是:棕熊(*Ursus arctos*),马来熊(*Ursus malayanus*),懒熊(*Ursus ursinus*),亚洲黑熊(*Ursus thibetanus*),美洲黑熊(*Ursus americanus*)和北极熊(*Ursus maritimus*),它们随后在大约 600 万年前彼此分离。这六种熊的分离几乎是在同一时代,使得即使用功能强大的分子生物学技术也很难精确地确定它们彼此之间的亲缘关系。

虽然遗传学分析可以产生结论性的亲缘关系,但我们估算的这些分离的年代也因研究熊科动物化石的古生物学家成为可能。化石标本不仅能确认分子树,还因为它们能提供地质年代的测定而提供了一个时间尺度。例如,野熊属 *Agriarctos* 化石一般被认为是大熊猫一系动物的一个早期祖先,那个物种出现在大约 1500 万年前的中新世。非熊猫的熊科动物的共同祖先,或"缺失的环节",是回溯到 2000 万～1800 万年前的祖熊属 *Ursavus*。600 万年前晚中新世的上新熊属 *Plionarctos* 被怀疑是眼镜熊的祖先,而奥弗涅熊 *Ursus minimus*(约 500 万年前)被认为是熊属动物的原始祖先。

分子遗传学产生的清晰分辨,以及六种相当不同的方法几乎完全的一致,给我留下了深刻印象。此外,这套东西与化石标本及其发生的时间非常吻合。

如果我认为我们已经用一些被旁观者所谓"巧妙和超现代的技术"解决了一个长达 120 年的演化之谜,是不是有失冒昧?也许是,但我相信,之所以分子方法解决了大熊猫之根的问题,而其他更传统的分析方法却一直纠结不决,有一个重要的原因,这个原因也解释了为什么分子遗传学方法为其他有争议的演化难题提供了新的解决思路。

144

当比较生物学家检查一个群中的几个物种时,他或她会发现一些同源的特征,它们提供了这些动物在演化过程中密切相关的证据;还有一些同功的特征,它们会搅乱这个过程。

同源的特征是从一个共同的祖先继承而来的特征,如果详查,它们通常会显示多元的复杂性和细节上的相似之处。例如,所有哺乳动物都有体毛,都由母兽的乳腺哺育,都有 4 个腔的心脏。这些是由哺乳动物的原始祖先传下来的同源特征。而猫科 Felidae 动物的成员,后足有可伸缩的爪子和脚趾,有可缩放的瞳孔。在不同的猫科物种中,这些性状的解剖学和生理学的细节都是一样的,证明它们也是从一个共同的祖先继承了这些性状。

同功的特征表面上看起来相似，但其发展的基础是不同的，因为它们是在独立的演化支系分别在不同的时间里演变的。昆虫、鸟类和蝙蝠的翼是同功器官：功能相同——扇动着飞起来——但各有其独立的起源。

通过计数一组物种中同源性状相似性的数量，可以量化演化关系。共有的同源性状数越多，物种间的关系越亲密。像解剖学或化石中所描述的那些形态学特征的麻烦，在于试图确定一个特定特征究竟是同源的还是同功的时候。如果我们将同功的相似性误认为是同源的，我们就会曲解一个物种的演化史。大熊猫和小熊猫抓握竹子的相同方法就是一个很好的例子。

分子数据使得区分同源性和同功性更为容易得多。只要将基因序列排成一条直线，辨识出线性 DNA 字母或氨基酸中同源位点的位置即可。检出的同源特征越多，种系分类的结果越有可能。我们对大熊猫检看了约 50 万个 DNA 字母，外加熊科和浣熊科动物 5000 万年演化过程中发生的染色体易位。分子遗传学性状几乎是无限的，因为一种哺乳动物的基因组含有超过 30 亿个 DNA 字母，每一个字母都是按与生俱来的分子钟设定的节奏演化的。因此，如果我们得到一个令人困惑的结果，我们就分析更多的基因，直到我们得出更有说服力的结果。

145

此外，大多数 DNA 核苷酸字母的变异是遗传“噪声”，不受强有力的自然选择影响。这对个体生存或适合度的影响被认为是中性的。这意味着，可以给每个差异与其他所有单独变化相同的“权重”。相比之下，可见的形态或解剖学的特质，像熊猫的伪拇指或其有研磨功能的食草性牙齿之类的适应性，其在自然选择中的作用则不容易赋权或量化。还没有办法来衡量多少遗传变化能形成适应性分歧。例如，平均而言，科迪亚克棕熊是普通棕熊的两倍大小。体型的差异会不会是一种可能预示物种分异的主要适应性？（不是，它们是棕熊的两个亚种。）这种不确定性能严重混淆完全基于形态特征的分类结论。

1985 年 9 月，我们在《自然》(*Nature*)杂志发表了我们对大熊猫起源的分子学结论。这期杂志的封面就是大熊猫和小熊猫的可爱照片。1987 年，我为《科学美国人》(*Scientific American*)杂志写了一篇这个论文的科普版，因为我想让那些大量借鉴这本出色杂志的基础生物学教科书的作者们能了解我们的发现的细节。当期《科学美国人》的封面是一幅色彩明丽的图画，画着一个大熊猫可爱的大脑袋。

也许由于大熊猫的曝光度和这场辩论的旷日持久，我们的文章引发了强烈的反响。不少评论是赞扬的，许多人赞赏我们大量、综合而且显然很明确的新的成套数据。也有一些经典分类学家对所有这些喧闹感到厌烦，因为就他们而言，大熊猫

146 的种系发育地位问题在戴维斯 20 世纪 60 年代出版的专著就搞定了。我当然很开心,因为就连批评者也在原则上同意我们的结论。针对他们对这新一轮宣传的恼怒,我只是指出,在戴维斯的专著之后发表的十几篇报告,还是不同意熊科派的观点。

1991 年来自世界各地的大熊猫专家的一次聚会特别令人难忘。在弗吉尼亚州弗兰特罗亚尔(Front Royal)的 4H 会议中心举行的这次会议,迎来了中国的一个大型代表团,我们都戴着耳机,享受同声传译服务。在大熊猫分类的专题讨论中,我概述了我们的分子遗传学研究结果,得到了礼貌但并不热烈的掌声。接下来的发言者是胡锦矗教授,一位在卧龙保护区工作多年,跟踪大熊猫的中国野外生物学家。他与乔治·夏勒博士合著了 1985 那本影响深远的著作《卧龙的大熊猫》(*The Giant Pandas of Wolong*)。

根据他广泛的行为学和形态学观察,胡锦矗认为,大熊猫和小熊猫的彼此相似无可争议,应该值得单独分为食肉动物的一个科——大猫熊科 Ailuropodidae,以区别于熊类或浣熊类动物。他没有提到与之相矛盾的遗传学结果。胡教授展示的许多图片中,有一张很引人注目的图像支持了他的论断:这是一张两团粪便的照片——一团长椭圆鱼雷形状的是大熊猫的粪便;另一团形状相似却只有前者 1/4 大小,是小熊猫的粪便。他的意思是,这些粪便的相似外观支持了小熊猫和大熊猫的共同祖先相近的说法。我知道我面临着很困难的事要做了。

台上的报告之后,演讲者被邀请到前边来,面对观众进行讨论。胡教授坐在演讲人席的一头;我在另一头,对将要进行的交流惴惴不安。胡锦矗开始重申他的立场,其根据的数据在我看来不说太弱,也是值得商榷的。我还没来得及回应,另一位发言人,来自北京大学的潘文石,便操着语速更快,声音更响亮的中文反驳起他来。他认为我们的分子遗传学结果全面、明确且令人信服。科学界应该承认新结果的质量和毫不含糊的意义,不再纠结于表面形态的相似性。分子是不会说谎的,147 这个话题应该结束了。我一个字都不必说了,潘教授扭转了乾坤。辩论停止了。我只是在心里偷笑。

讨论一结束,我冲上去与潘教授握手,向他表示感谢。陪同他的是他的研究生吕植,她流利地将我的英语为他翻译成中文,将潘的中文翻译成英语。我们热切地聊到深夜。我了解到,潘教授已经研究大熊猫 20 年,开始是在卧龙与胡和夏勒一起(潘也是他们那本书的一个作者),但野外生物学是自学的。他和吕植最初的专业背景是生物化学。

从卧龙之后,潘文石继续领导了在秦岭山脉的一个大熊猫野外研究,世界上现有的1100只大熊猫中[1]，有230只以这里为家。他曾穿越寒冷的高山栖息地跟踪大熊猫，有条不紊地对一群大熊猫的生活史、行为、交配、觅食和玩耍监测了16年。潘热情地致力于大熊猫保护，并相信，穿透弥漫在大熊猫生物-政治学中的夸张、不信任和误解的迷雾的唯一途径，就是把科研做对头，诚实地交流科研结果，不受政治日程的摆布。

潘没有避讳。他对高质量工作毫不掩饰地支持，对多余的花言巧语的蔑视，都是一点不留余地。在以后的岁月里，我和潘成为亲密的朋友。我们合作研究，我们共享数据，我们常常一起开怀大笑。将来我们还要一同遍游中国，一路讨论他的发现、我们的观点和偏好，以及保护科学。随着我们第一次夜谈渐谈渐深，慢慢地我更加了解潘那隐藏的实力，他那个子不高，不事声张的学生翻译，25岁的吕植女士。

吕植出生在距离北京西北300英里的兰州，父母是大学教授。在中国动荡的"文化大革命"(1966—1976)期间，她的父母被迫分居两地，所以吕植在成长过程中，有许多年是跟着她的奶奶。在她16岁时来到中国最负盛名和有竞争力的高等学府北京大学之前，她鲜少承欢在父母膝下。她在北大学业突出，三年级时，她发现了这个由富有魅力的潘文石教授领导的大熊猫野外研究项目。她当即就感到，为了大熊猫，为了中国，为了她自己的使命，她要成为这项研究的一员。

148

1985年，潘教授和吕植在秦岭山脉高山竹林之中的杉树坪建立了大本营。他们徒步跟踪大熊猫，记录下每一次活动。一些保护组织适时提供了购买无线电追踪设备和颈圈的资金支持。到1992年，他们为17只大熊猫佩戴了无线电项圈，并记录了80只大熊猫的活动，记载了11次幼仔出生和4次自然死亡事件。他们的研究将是有史以来记录下来的最广泛的大熊猫自然史。

在山上，吕植在业余时间里自学成才，成为一个世界级野生动物摄影师。她精彩的野生大熊猫照片在1993年和1995两次登上《国家地理》杂志的封面。

在弗兰特罗亚尔那第一个夜晚，潘教授和吕植跟我说，吕植准备在海外做一个博士后项目。之后，她将带着国际视野和经验回到中国的保护工作中。他们俩都确信，新的基因技术将成为任何保护工作的重要组成部分。我是否愿意资助吕植在我的实验室工作几年，对她进行分子群体遗传学的培训呢？她能不能仔细观察一下自由生长的大熊猫种群的遗传结构呢？大熊猫是不是像猎豹或佛罗里达山狮

① 从1974年开始，中国约每十年进行一次全国大熊猫数量调查。根据1985—1988年第二次全国大熊猫调查的结果，中国野外大熊猫的数量约1100只。第三次调查于1999—2003年进行，调查结果于2004年公布，野外大熊猫数量约1590余只。两次调查使用了不同方法。

一样，正在遭受着种群崩溃和基因贫困呢？

我当即就同意了。这对我们所有人而言是个多么难得的机会啊！培养下一代保护工作者掌握纷繁的分子遗传学？有机会检查难以捉摸的大熊猫的多份血液和组织样本？也许看到一点西方人难得看到的中国？我惊喜不已。吕植在 1992 年秋天来到我们实验室。

149 我们教给吕植分子遗传学，从前文提到的红猩猩物种问题开始实践；然后她转到大熊猫的研究上。她在我们实验室的培训，为理查德·罗杰斯(Richard Rodgers)①那句令人难忘的歌词带来了新的意义："如果你成为一名教师，会从你的学生身上学到良多。"

那些年里，我数次同潘和吕前往中国。我们前往他们的研究点，去大熊猫保护区，参加有关大熊猫的会议，还去了他们各自的家。他们向我，一个对自然保护的起起落落着了迷的学生，敞开心扉，畅谈他们的经验和他们的过去，全都是在中国正在发生的巨大社会变革的大背景下。

大熊猫保护的故事令人不安，但是又很复杂。残存的大熊猫数量正在减少。根据 20 世纪 70 年代和 80 年代的普查，估计野外幸存的大熊猫有 1100～1200 只，局限在中国西部青藏高原东缘的六个高寒森林地区。这些幸存种群又被山脉、河流、道路、林中空地和人类居住区分隔开，进一步分割为 24 个小种群。过去 25 年中，大熊猫占据的范围已经减少了一半。剩余的种群中，将近每群的数量不到 20 只个体。这样小的种群会由于一个处于生育期的主导雄性个体的异常死亡、偷猎、传染病爆发或气候灾难等随机事件，而有很大的灭绝风险。近几十年来，大约每年都有一个小种群眨眼就没了。

在 80 年代中期，世界自然基金(WWF)与中国林业部结成合作伙伴关系，制定了《中国大熊猫及其栖息地保护管理计划》。这个管理计划由中国和西方一群实力很强的野外生物学家、保护人士和科学家组成，由英国保护生物学家约翰·麦金农协调。我在 1985 年对成都附近的卧龙大熊猫繁育中心进行为期 3 周的访问期间，也为起草这个计划帮了一点小忙。我设法在计划中塞进了几段话，讲到近亲繁殖造成的潜在的遗传问题。但大熊猫的主要威胁不是遗传问题，威胁是人，人，是越150 来越多的人。

中国的人口从 1949 年人民共和国成立之初的 4.5 亿增长为 1982 年的 10 亿。

---

① 理查德·罗杰斯(Richard Rodgers，1902—1979)，作曲家，他和词作家 Oscar Hammerstein 二世(1895—1960)是美国最著名的音乐剧创造组。《音乐之声》即是他们的作品。

今天，中国大陆有12.6亿人，人和大熊猫的比例差不多是100万∶1。直到最近，在20世纪80年代成立的13个大熊猫保护区保护了大约60%的野生大熊猫，可是还有成千上万人也居住在保护区里。对大熊猫的一个主要威胁，是保护区内外兴旺的伐木业造成的栖息地丧失。偷猎也是一个重要的因素——熊猫毛皮在亚洲各首都的野生动物贸易地下市场的价格超过1万美元，是中国农村农民年收入的100倍。在秦岭，潘教授和吕植在10年间看到有6只大熊猫丧生于偷猎者之手。

1989年曾包括涉及大熊猫保护在内的中西方对话曾一度中断。然而经过一段时间，我逐渐了解到，许多中国的部长、老百姓和孩子们深深喜爱这种动物，无论政治如何动荡也决心要保护它们。终于在1992年，中国政府批准了中国-世界自然基金的大熊猫保护和管理计划，并承诺在8000万美元的项目成本中提供1200万美元。我、潘教授和吕植认为，差额部分可以通过大熊猫生育配对租借所赚的钱来筹集。到90年代初，来自中国的动物园的熊猫，每一对都能为中国大熊猫保护计划净赚高达1000万美元的捐款。我们开始在公开和私人场合游说，让租借费用投向世界自然基金-林业部的保护项目。

1993年在成都的一个大熊猫保护大会上，潘教授和吕植为一封致中国总理李鹏的请愿书收集到29位顶尖科学家的签名，呼吁停止在已建成的大熊猫保护区内的一切砍伐活动。一个月之内，从朱镕基副总理那里传来令人振奋的积极回应。秦岭的采伐被无限期停止，为重新安置生活在那里的2300名伐木工人和他们的家庭做了300万美元的预算。此后不久，遵循世界自然基金-林业部总体规划的建议，国家级大熊猫保护区从13个增至33个。所有保护区内的木材采伐被禁止；世界自然基金培训的反偷猎巡护员被招募来，在大熊猫栖息地巡逻。

151

吕植的野生大熊猫遗传研究发现，三个山系（邛崃山，岷山和秦岭）的种群都保留了相当可观的遗传多样性水平。这是个好消息，因为它意味着这些种群变成孤立隔绝并且变小只是非常近的事，在过去几个世纪之内。此时它们还没有显示出如我们在猎豹和佛罗里达山狮所见的严重近亲繁殖的迹象。如果它们的栖息地、生活方式和独居特性能被保存下来，它们的遗传禀赋看起来非常光明。

1995年底，吕植回到中国，成为WWF大熊猫项目的保护协调负责人。她遍访大片孤立的大熊猫保护区，结交护林员，给他们进行野外研究技术和野生动物管理培训，并鼓励他们，认识到自己孤独的工作重要而高尚。1999年，中国政府授予她“十大杰出青年”称号，表彰她对中国未来强有力而积极的影响。潘教授和吕植体现了他们这两代人在所从事的保护事业中的出类拔萃。

将我吸引到大熊猫及其令人好奇的自然历史中的，是颇具争议的大熊猫父系鉴定和争议不休的动物学辩论。但是我们的分子研究使我们超越了旨在解决长期存在的分类学问题的深奥学术探究。我们的研究结果证实并拓展了D·德怀特·戴维斯的真知灼见，比以往更好地展示了新的分子技术的力量和精确度。我们的科学探索过程已经进入了生物学教科书，我相信它为今后许多更复杂的分子种系发育研究打下了重要基础。

152

分子学和形态学之间永无止境而且往往是乏味的战斗已经戛然而止了。正如几年前哈佛大学的进化生物学家恩斯特·迈尔向我打趣说的，我转述如下："你们这些研究分子的家伙继续研究，给我们提供进化树。然后，我们就可以迎接真正有趣的挑战，解释那些适应性借以塑造现生物种和已经灭绝物种的形态变化。"

妙哉。他太正确了。这其中就隐含着对今天研究演化的学生有先见之明的指导。熟悉并精通每一个相关学科——形态学，种系发育，化石，分子，即使你暴躁的教授永远把住他们宠爱的理论。

对分子种系发育工具进行微调，现在正显示出可以出人意料地应用于分类学和物种识别项目以外的领域，包括人称分子医学的生物技术革命。种系发育的重建，也就是我们用来探究熊猫之根所用的工具，已被证明在追查容留像HIV（来自猴子）、埃博拉病毒（来自啮齿动物或蝙蝠）或塞伦盖蒂狮子的犬瘟热病毒（来自鬣狗）等新生病毒的宿主物种方面极有价值。种系发育的方法正被用来分析人类基因家族的特点，从而追查如泰-萨二氏症（Tay Sachs）①、囊胞性纤维症（cystic fibrosis）和地中海贫血等遗传性疾病的起源，也用它来评估在组织和癌中异常基因的表达。

采用种系发育方法的法医实践甚至也突然出现在司法领域。在1994年一个离奇的案例中，佛罗里达州墨尔本市的一位牙医被指控让病人感染了他携带的艾滋病病毒。对他和他病人的HIV病毒毒株进行了复杂的种系发育评估证明，非常肯定的是他在离世以前传染了几个病人，很可能是有意的。2001年的"911"恐怖袭击之后，分子种系发育方法是跟踪恐怖分子邮寄的炭疽毒株来源的关键工具。我在NIH做临床研究的同事们现在正在掌握种系发育运算法则，这是为解决分类问题而发展起来的，但现今成了生物医学研究中的关键。

153

然而，大熊猫生物学方面最响亮的信息，还是物种保护是将科学和非科学学科融为一体的。争论这两者孰重孰轻是徒劳和浪费时间之举。许多研究领域都有其

① 曾译为家族性黑蒙性痴呆和家族性白痴病。患者细胞内缺乏氨基己糖脂酶，不能将神经节苷脂GM2加工成为GM3，结果大量的GM2累积在神经细胞中，导致中枢神经系统退化。

坚定的捍卫者,甚至有学科沙文主义者[1],他们对其他观点视而不见、听而不闻。这对大熊猫却绝不可能,因为每一点微小的进步都被对大熊猫新闻的点点滴滴如饥似渴的媒体大肆宣扬。

1996年,一个中国团体宣布了克隆大熊猫作为保护策略的计划。这想法好吗?潘文石认为不好。他评论说:"大熊猫不是一种实验动物……其他试管项目已经表明,为一个试管生命的成功,会有无数的失败。我们有这么多的大熊猫来承受失败吗?"吕植补充说,"试管技术本身并没有错。错的是选择大熊猫来作试验的候选动物。"争议还在继续,我们都希望能帮上忙。技术或生物技术的解决办法不是唯一的手段,也不总是最佳的手段。

保护生物学是一门年轻的科学。早在上个世纪初,熊、狼和野生猫科动物遭到猎杀以保护我们的孩子免遭我们祖先视为致命杀手的毒手。泰迪·罗斯福、约翰·威斯利·鲍威尔(John Wesley Powell)[2]和约翰·缪尔(John Muir)[3]是在上个世纪之初最先担心野生动物保护的人吗?他们是否读过阿尔芒·戴维神父在1875年撰写的这些话呢?

"一年又一年,人们听到大小斧头在砍伐最美丽的树木。这些原始森林在全中国只有一小片一小片的了,对它们的破坏却以不幸的速度推进着。它们将永远不可替代。而将随着参天大树消失的是多种灌木及其他植物,它们因失去其荫蔽而无法生存;消失的还有所有大大小小的动物,它们都需要森林来生存并延续其物种……令人难以置信的是,造物主会把这么多不同的生物安放在地球上,每一种生物的特质都令人钦佩,其作用如此完美,也只有人,造物主的杰作,能永远摧毁它们。"

154

---

① 沙文主义者,原指极端的、不合理的、过分的爱国主义者(因此也是一种民族主义者),一般都是过于对自己所在的国家、团体、民族感到骄傲,因此看不起其他的国家、民族和团体,是一种有偏见的情绪。如今的含义也囊括其他领域,主要指盲目热爱自己所处的团体,并经常对其他团体怀有恶意与仇恨的人。词源自拿破仑手下的一名士兵尼古拉·沙文(Nicolas Chauvin),他由于获得军功章对拿破仑感恩戴德,对拿破仑以军事力量征服其他民族的政策狂热崇拜。

② 约翰·威斯利·鲍威尔(1834—1902),美国军人,地理学家,美国西部探险家。以1869年鲍威尔地理探险著称。曾任美国民族学局局长。

③ 约翰·缪尔(1838—1914),美国早期环保运动的领袖。他写的大自然探险,包括随笔、专著,特别是关于加利福尼亚的内华达山脉的描述,被广为流传。缪尔帮助保护了约塞米蒂山谷等荒原,并创建了美国最重要的环保组织塞拉俱乐部。他的著作以及思想,很大程度上影响了现代环保运动的形成。

第十章　我们的由来

“除非从进化论的角度来看，否则生物学的一切都讲不通。”

西奥多修斯·杜布赞斯基[①]

155　按照17世纪备受尊敬的大主教詹姆斯·阿瑟(James Ussher)的解释，《旧约全书》告诉我们，地球有6005年的历史，诺亚在4348年前登上方舟。当我在我父母和他们家人的基督教信仰中长大时，我被教导要接受并相信这些和其他圣经里的真理。虽然我的问题都会得到认真的回答，但是过于挑剔，不信服神学历史信条的准确，还是有危险的。这危险就是被贴上异教徒、叛教者、社会弃儿的标签。

研究地质学和行星历史的科学家估测地球的年龄要老一点，大约为45亿年。他们发现，生命不是在造物主忙忙碌碌的那一周的星期一开始的，而是更缓慢地经过几千年有氧的原始汤中的化学反应，慢慢地流入由最早期的自我繁殖的微生物构成的混沌沼泽。这些原始生命形态建立在规定了一种生命蓝图的化学编码上，这就是单核苷酸字母或碱基对的DNA双螺旋结构，有4个基本种类：腺嘌呤A，胞嘧啶C，胸腺嘧啶T和鸟嘌呤G。扭曲的梯子状结构的每一侧都有两条以百万计的核苷酸字母组成的线性字符串，它们以保证互补性的弱化学键接合起来。核苷酸T总是会结合156　A，G总是与C匹配[我曾经把这些配对按托马斯·阿奎那[②](Thomas Aquinas)和杰弗里·乔叟[③](Geoffrey Chaucer)英文名字的首字母来记忆。]因此，一条螺旋链上的GTAGTA 片段在另一条链上会有一个对应的CATCAT 片段。这种AT /GC字母的

---

① 西奥多修斯·杜布赞斯基(Theodosius Dobzhansky，1900—1975)，俄国出生的美国生物学家，现代综合进化论的奠基人之一。

② 托马斯·阿奎那(Thomas Aquinas，约1225—1274年)，中世纪经院哲学家和神学家，托马斯哲学学派的创立者。

③ 杰弗里·乔叟(Geoffrey Chaucer，1343—1400年)，英国中世纪作家，代表作为《坎特伯雷故事》.

互补性，是 DNA 复制和原始生物再生的基础。这种非常简单的化学结构是形成今天地球上所有生命的平台。

最早的生命迹象出现在大约 6 亿年前沉积的地质化石遗迹中。6 亿年前——这到底是多久呢？这些巨大的年代估算的麻烦在于，大多数人无法想象比如说 10 万年、100 万年、1 亿年或 10 亿年之间的区别。它们看起来都像是很久很久很久以前的一个时间！然而，努力把握住它们意味着什么，可以爽快地说明生物物种来来去去的时间，包括我们人类自己的起源是如何以及为什么发生的。

50 年前，科学新闻记者詹姆斯·雷蒂(James C. Rettie)在一个类似今天《读者文摘》(*Reader's Digest*)的广受欢迎的杂志《皇冠》(*Coronet*)提出了一种地质年代的图示形象。雷蒂想象出一个来自另外一个星系的高级太空旅行者，他用一个带有广角超长焦镜头的相机对准了生命开始之前，也就是大约 7.5 亿年前的地球。这位外星摄影师将相机设置成延时摄影模式，每年只照一个影像，直到现代。按照每秒 24 帧的正常速度放映这部电影，每天放映 24 小时，每周 7 天播放，也要一年才能看完。每一天将跨越 210 万年，每个月将跨越 6200 万年。以下就是这部电影所显示的内容。

从 1 月～3 月，这个年轻的星球几乎没有生命迹象，相当乏味。4 月初，第一个单细胞微生物出现，到月底时多细胞聚集物也已经出现了。4 月末和 5 月，海洋无脊椎动物三叶虫占主导地位；随后到 5 月末，第一种脊椎动物接踵而至。到了 7 月，一系列丰富多彩的陆生植物繁荣起来，并开始覆盖全球。8 月下旬出现了两栖类——第一类短暂在旱地出现的动物。

157

9 月中，早期爬行动物预告了恐龙时代的来临，恐龙时代将持续到 11 月末，主宰这部电影和这个世界长达 70 天。11 月初，鸟类和小型哺乳动物首次出现，但与恐龙的多样性、规模和成功相比都黯然失色。巨型爬行动物占据地球，饱尝各种植物和动物，遍地遍天空，利用现有的生态位，将微小哺乳动物前期物种的任何发展都限制在自己脚下。12 月 1 日，所有的恐龙都骤然消失了，成为让这个星球陷于黑暗的全球性气象灾害的牺牲品。大约在同一时间，位于北美西侧的落基山脉火山爆发。

12 月中旬，一些哺乳动物现代属(如猴子、猫、熊、啮齿动物、马等)的可以辨识的祖先开始出现。剑齿虎在 12 月下旬来来去去了几次，但是令人不安地仍然没有任何人类的迹象。新年前一天的中午，最早的人类终于以直立运动，增大的头盖骨和有声的交流首次亮相。晚 9 时 30 分，现代人类智人 *Homo sapiens* 走出非洲，迁移到欧亚大陆和美洲。夜 11 时 52 分，随着最后一次冰川退缩，狮子、猎豹、巨型地懒和美洲乳齿象在美洲灭绝。夜 11 时 55 分,我们所知最早有记录的人类历史和文明开始了。年终前 20 秒,哥伦布航行到美洲。午夜前 4 秒,第一辆汽车发明了。

在电影中(在地质历史中),有三个生物主宰时期:三叶虫(4 月～5 月);恐龙(9 月～11 月)和哺乳动物(11 月～12 月)。哺乳动物在电影中蓬勃发展了 70 天,前 50 天是像大鼠一样大小或更小的以昆虫为食的动物,被恐龙踩在脚下。最后一个月它们繁盛起来并主宰了地球,此时无数哺乳动物物种迅速填补了恐龙过早退出而留下的生态真空。

如今约有 4600～4800 种哺乳动物生活在地球上,这取决于你如何计算。它们占据了每块大陆,并且帮助定义它们所接触的生态条件。哺乳动物的形态和适应性差异是巨大的,其范围从有史以来最大的动物——蓝鲸,到回声定位的蝙蝠,到全盲的地下裸鼹鼠,和有认知能力的人类。哺乳动物物种多样性的丰富和它们显著的特化性,提供了创造人类物种的进化过程的进化背景。

158

我们这部电影的脚本,其实也就是胚胎发育的奇迹塑造物种成型的源代码,整齐地包裹在生物种每一个组织的每一个细胞中。每一个基因都有数十亿拷贝,每一次退化错误和每一次辉煌的适应性变动都留下一个书写字符串,它们都浓缩到一段线性的 DNA 字母上,由 20 个或更多(取决于物种)有鲜明特色的染色体整齐地打包到精子和卵子中。这个安排很有效。数千物种开心地把所有沉痛学到的历史教训复制下来,这也多亏了它们微小的基因组压缩和表达这些教训的能力,这是有史以来最复杂的工程蓝图。

基因组科学最终发展了追着生物基因组解密走的技术、决心和计算能力。我们现在联系基因组学所理解的少数哺乳动物之间惊人的相似之处,导向了一个无可争辩的结论:遗传学家们正在研究一个单一基因组的变异,也就是我们 1 亿年前的共同祖先的变异。小型哺乳动物的祖先物种从它那个时代的恐龙脚下爬出来后,将一个基本的基因组公式传递到有一天会主宰地球的所有后代。人类从这同一个基因组世系成长起来,并同时也带有一个从我们的原始祖先继承来的 DNA 平台和骨架。由于这种进化传承,人类间歇式的爆发,一次次的危险和成功,也总结了昨天、今天和明天的哺乳动物物种自然的和选择的经历。所以动物遗传学家要理解人类基因组学,而人类遗传学家要仔细思考其他哺乳动物。要明白人类和动物的基因组是多么错综复杂地由进化力量而结合起来的,我需要首先描述一下我们自己的人类基因组计划。

159

人类基因组计划在大约 15 年前流行起来。这个研究涉及遗传学家、政府倡议、商业企业、生物技术公司乃至伦理学家的国际合作，他们都试图首次解开、阅读并解释男人和女人的DNA全序列。

那么究竟什么是基因组呢？一个人的基因组是他所有的基因，他的DNA，他的遗传信息的总和，分别来自他父亲和母亲那整齐地编排在他的每一个细胞中的两个不同副本。将基因组想象成一部百科全书，染色体就是一卷一卷，基因是段落——有的短，有的长而复杂。三个字母的“密码子”，每一个指定一个特定的氨基酸，供细胞的蛋白质合成机器使用，是书中每个句子内的词语。这些词中的字母就是核苷酸或碱基对：A、T 、C和G。每个人基因组的一个完整序列涵盖30亿个核苷酸，都以一种神秘的语言由活细胞的翻译机器（蛋白质合成）读出。概言之，一个人类基因组编码的信息，足够装入100卷《大英百科全书》（*Encyclopaedia Britannica*）。遗传科学家们才刚刚开始破译基因的加密规则。

2001年2月，我们人类基因组的第一个全长序列草图被上传到地处马里兰州贝塞斯达市的美国国立生物信息中心的国家医学图书馆网站（www.ncbi.gov）。这个序列代表着编制一个完整的“通用”人类基因组序列极其艰巨的努力的顶点[①]。解读的不是一个人的(他们会选择谁?)的基因组序列，而是来自6个匿名志愿者的序列，这些序列被酶切断成一小块一小块的，称为“分子克隆”，每个约有15万个核苷酸字母的长度。这些DNA克隆被分发到位于世界上不同地方的6个DNA测序中心，每个中心都要对成千上万的DNA片段进行测序。运用强大的计算机程序来匹配小块序列两端的重叠序列，将遍布每一个染色体的相邻小块串到一起。为确保全面覆盖，同时也尽量减少由非常昂贵的自动化DNA测序仪造成的测序错误，这3万～4万个分子克隆的每一个都测序了10遍以上。

160

这种复合序列对生物学、医学和人类来说都是一个丰碑式的成就。回顾过去，仅仅150年前，德国修道士格里高·孟德尔（Gregor Mendel）凭借描述豌豆株系间限定其纹理和颜色差异的因子（称为基因），开启了遗传学领域。在20世纪，研究玉米和果蝇（一类微小的果蝇）的早期遗传学家培育出遗传变异体，并绘制了第一个遗传图谱。控制果蝇眼睛的颜色和刚毛长度和控制玉米子粒大小和穗的纹理的基因，这都归因于像天主教念珠串上的珠子一样沿着小小的染色体排列的突变变异体。到20世纪40年代中期，DNA被证明是细胞化学物质，通过它，基因被建成并传递给后代。能够自我复制的DNA双螺旋结构是詹姆斯·沃森（James Wat-

① 原文为Herculean effort，直译应为“赫拉克勒斯的伟业”，意指强烈的、精力充沛的想去尝试得到某种结果，取自Hercules，他是一个具有超凡个头和巨大力量的神话人物——大力神。

son)[①]和弗朗西斯·克里克(Francis Crick)[②]在1952年提出的。

20世纪70年代,当基因克隆和分子生物学领域处于起步阶段时,建立了最早的人类基因图谱,定位了遗传性疾病和变异蛋白在染色体上的位置。第一个被测序到其确切的核苷酸字母的基因是有77个碱基对长的小小的丙氨酸转运RNA,这个测序使得康奈尔大学的罗伯特·霍利(Robert Holley)在1968年获得了诺贝尔奖。到80年代中期,DNA测序技术已大大改善,10年后,DNA测序评估开始自动化。90年代初,随着DNA序列反应交给机器人和先进的生物技术,夜以继日地运行,一天就可以测得100万以上的碱基对序列,确定整个人类基因组序列的倡议势头越来越猛。1998年,开发了最快的自动DNA测序技术的生物科技巨头铂金·埃尔默-应用生物系统公司(PE-Applied Biosystems)与测序企业家和基因组领域特立独行的克雷格·文特尔(Craig Venter)联手。他们新潮的未来派基因组公司——塞雷拉基因组(Celera Genomics)公司宣布,计划在2001年解决并完成人类基因组序列草图的工作。这番夸口就像是在由政府资助的国际人类基因组项目联盟谨慎而小心的领导人们的坐席下点燃了一支蜡烛。几周之内,这个公共项目就重新调整了他们的目标日期以抗衡塞雷拉公司。2001年2月,塞雷拉公司的文特尔和美国国立卫生研究院基因组计划的主任弗朗西斯·柯林斯共同宣布了他们的私人和公共的人类基因组框架图完成了,并同时在《自然》(*Nature*)和《科学》(*Science*)的专刊上描述了它看起来是什么样子的。

161

序列草图的成就被誉为对遗传学、技术、医学以及人类的一个里程碑,它被称为圣杯、生命之书、"最重要的"。就连10年前诋毁说这是在"垃圾DNA"的海洋里没头没脑的测序的不赞同此事的科学家们,也在转而接受完整序列的好处。阅读不仅仅是一些而是我们全部的基因,是没有删节的一整套基因的奇迹,有着一个勇敢的生物学新时代的意味。遗传性疾病,运动和艺术天赋,头发的颜色,外观,甚至行为,都可以至少部分归因于遗传因素。有人设想了一个未来,在那里生物学上一

① 詹姆斯·沃森全名为詹姆斯·杜威·沃森(1928—),著名生物学家,人类基因组计划的重要倡导者和领导人,被誉为分子生物学之父。因发现DNA的双螺旋结构而与弗朗西斯·克里克等人获得1962年诺贝尔生理学或医学奖。曾任NCHGR(National Center for Human Genome Research,国家人类基因组研究中心)主任,纽约长岛冷泉港实验室总裁。

② 弗朗西斯·克里克全名为弗朗西斯·哈利·康普顿·克里克(1916—2004),著名的英国生物学家、物理学家及神经科学家。他最重要的成就是1953年在剑桥大学卡文迪许实验室与詹姆斯·沃森共同发现了脱氧核糖核酸(DNA)的双螺旋结构,二人也因此与莫里斯·威尔金斯共同获得了1962年诺贝尔生理学或医学奖。此外,克里克还单独首次提出蛋白质合成的中心法则,在遗传密码的比例和翻译机制等方面也作出了突出的贡献。1977年,克里克离开剑桥,前往加州圣地亚哥的索尔克研究院担任教授。2004年7月28日深夜,因结肠癌而逝世于加州圣地亚哥的桑顿医院,享年88岁。

切依赖于我们的基因的东西都会敞开大门任人去发现。以下就是人类基因组计划在其序列草图初始观察中的发现。

首先,30亿核苷酸字母序列中只有1%～2%是基因部分。在人类基因组中已经发现了3万～4万个基因,它们整齐地沿24个独特的染色体间隔串联起来。没有人确定总共到底有多少基因,因为当我们读一个裸露的DNA序列时,不那么容易分辨出一个基因从哪儿开始、结束或继续,但在这方面我们正在做得越来越好。

我们可以识别出我们知道的编码蛋白质(如血红蛋白、胰岛素、胶原蛋白、酶及其他更多)的基因,但我们只知道大约8000个基因的生理作用。其他2.5万个神秘的基因段落还在等待对其功能的描述。基因也被打断成短的叫做外显子的编码DNA片段,它们被或短或长的叫做"内含子"的非编码DNA序列片段分隔开来。有一些基因的外显子之间有20个以上的内含子,而另一些基因没有内含子。将我们的基因组比喻为一部活的百科全书,如果基因是段落,那么外显子是句子,内含子是逗号、分号、句号、感叹号。 162

与基因相邻的是调控序列元件,这种绵延的DNA可以决定基因在哪种组织里开启,制造多少它的产品和什么时候将其关闭。这些调控信号可以在编码基因外显子的上游、下游,甚至是窝在一个内含子中。然后基因之间有很多乱码DNA,它们可能并没有多少作用,只是在那儿将基因连接在一起。

大约有一半的人类基因组序列包含重复序列,它们会多次出现在不同的染色体区域。重复序列有不同的名称,具体取决于它们的大小或频率,它们包括:短散在重复序列(SINE)、长散在重复序列(LINE)、小卫星和微卫星。许多重复甚至并非人类原有的,而是已侵入我们基因组的其他物种或微生物的DNA移民。这些有相当大一部分都是内源性逆转录病毒序列,与第一章中描述的AKVR基因相似。病毒入侵的这类残余物由古代疫病流传下来,并作为残余序列印迹存在于我们的基因组中。通常情况下,它们起不到任何有用的功能,它们待在那里,就像基因组的扁桃体或阑尾一样,对于它们现今的携带者用处不大。

对基因组科学家来说,重复的DNA序列通常是麻烦事,因为它们让匹配重叠的DNA块(被测序的15万碱基对分子克隆)变得很难。但是偶尔它们也会有用。例如我们曾用来估算野生猫科动物的种群瓶颈年代的标记,称为微卫星的微小重复序列,其在人与人之间的变化也极大。微卫星是2～5个核苷酸字母的短重复段,在DNA序列中每1万个核苷酸左右就会出现。由于人与人之间极高的差异性,在做基因定位时,这10万个随机间距的微卫星序列已成为人们最喜欢用的基因标记,因为在家系研究中跟踪它们很容易。微卫星证明对法医界也是强有力的工具,用于匹配遗留在犯罪现场的血液或精液等样品(我们将第十一章看到)。

163 人类基因组计划的一个关键发现涉及散布在整个人类基因组的海量DNA变异体。原来,大约每1200个核苷酸字母的序列上就会出现一个普通的核苷酸变异。这意味着,不同的人中存在着约500万个单核苷酸多态性(SNP)位点。其中有些发生在基因的编码外显子内,另一些在其他调控序列元件,但大多数是在占我们基因组98%的非编码DNA的海洋中。SNP变异体已被证明是传承的遗传性疾病的主要原因。优良基因里坏的SNP突变是囊性纤维化、镰状细胞性贫血、肌肉萎缩症和泰-萨二氏症等遗传性疾病的原因。但绝大多数的SNP位点还没有被连接或联系到人的性格差异上。我们有些人觉得,人类基因组计划最大的前景,就是将众多的单核苷酸多态性与人类在疾病、天赋、外观和行为方面的差异联系起来。

所以,现在我们已经看了一眼人类基因组的全序列,那么它有什么好处呢?它意味着什么?它会使生活变得更好,还是更坏?回答这些问题已经花了大量笔墨,而答案都不相同。麻省理工学院的人类基因组测序中心主任埃里克·兰德(Eric Lander)[①]将我们的基因组序列视为"零件清单",把它比为从拆开的波音727飞机上累积的10万个零件的目录。他若有所思地说,如果没有操作手册而要把所有的部件组装到一起,我们会有麻烦。即使我们做到了,它也可能飞不起来!希望之城[②]的遗传学家大野乾看着人类的DNA序列,并将它转换成一个音乐作品,在他的讲座上用雅马哈合成器演奏出来。

医生们将基因组序列视为识别超过2000种折磨我们的遗传性疾病的第一步。基于精准的突变来更早、更准确地诊断遗传疾病,可提供更对症的遗传咨询和预防保健。人类遗传性疾病的突变评估会带来创新疗法,来攻击或补偿缺陷基因丧失的功能。

164 肿瘤学家期待着遗传学能应用在数以百计的人类癌症的精确诊断中,用"智能炸弹"疗法将药物导向特定组织中的肿瘤,而同时使正常细胞不受干扰。老年医学专家梦想着能够更好地理解衰老的原因并改善老年人的虚弱状态。精神科医生希望新的遗传学会使心理诊断和治疗更加客观。

日渐繁荣的生物技术产业已经催生了人类基因、其变异体以及它们的治疗潜力的专利许可。医药研究和开发实验室正试图将药物代谢基因中的单核苷酸多态

---

① 全名埃里克·斯蒂芬·兰德(1957—),是麻省理工学院教授、怀特黑德研究所成员、麻省理工和哈佛布罗德研究所主席。人类基因组医学的重要参与者之一,曾获麦克阿瑟"天才"奖,盖尔德纳国际奖。

② 希望之城国家医疗中心是美国一所顶尖的、私立的、非营利性的集临床研究、医院和研究生院为一体的机构,位于加州洛杉矶市。

性与一些人对新药化合物的不利或有利的反应联系起来。总有一天，全科医生在开处方药之前，会评估每个病人的关键基因。新生婴儿回家时，将会带着一个诠释他们成千上万基因的基因型 DVD 或 CD 光盘。对于患者，这将意味着反复试错法药物治疗的结束，而这在我们这个用药过度的社会是如此普遍。

我自己对人类基因组序列的看法，更像是重新发现了一部遗失已久的一个无畏的探险家用一种久已被遗忘的神秘语言所书写的日记。每一章都有可以发现的人类过去的线索，我们的祖先为生存而进行的种种争斗所留下的遗传痕迹。大大小小的成功故事都在那里，一点点聚在一起，就像累积起来的过去参战的奖杯一样。每一卷，每一章，每一个诗句，都保存了我们祖先逐渐增加的遭遇灭绝和适应的秘密记录，耐心地等待我们开始尝试去破译那些能够揭开我们生存奥秘的信息。伴随着无数成功故事的，是错误的起点、死胡同和突变失误的记号，是物种和个体新繁殖的新策略，它们被证明比以前的那些更不适合。破译这个玲珑精巧的密码，会重新发现人类、动物及生命本身的起源。

与解密人们更熟悉的古代法典——死海古卷[①]或罗塞塔石碑[②]——不同，人类基因组周围存在的不是一个，而是几乎无限个副本。准确地说，地球上的 60 亿人口中每个人都有两组基因组副本，非常容易从脸颊拭子或一点点血样中获得。但专家们读取这个序列时，他们并不真正明白其许多意味。基因并不总是显而易见的，而当它们显而易见时，它们是干什么的却并不清楚。调控序列，即基因表达强弱的调控开关，有许多种类，其中大部分都没能得到很好的理解。在一些染色体区域，基因簇非常紧密地排列在一起；而在其他一些区域，它们却散落在大片缺乏基因的无义 DNA 荒漠或任何我们可以辨别的地方。用来解释基因组序列的一个关键战略肯定来自一个意想不到的来源，即人类基因组模式和结构与其他物种基因组——同时代的进化辐射盛开的花——的比较。

165

比较的方法对生物学并不新鲜，它已经被使用了几百年。我们对人体解剖结构和功能和研究，极大地得益于比较解剖学，也就是借助研究猫、猪和猴子当中的

---

① 死海古卷，也称死海卷轴，是 1947—1956 年间，在死海西北基伯昆兰旷野的山洞中发现的古代文献，是一些用希伯来文书写在羊皮卷上的早期基督教的经文，大约是公元前二三世纪，到公元 70 年间写成。它们的发现被称为 20 世纪最伟大的考古发现。

② 罗塞塔石碑(Rosetta Stone，也译作罗塞达碑)，制作于公元前 196 年，刻有埃及国王托勒密五世诏书。最早是在 1799 年由法军上尉皮耶-佛罕索瓦・札维耶・布夏贺在一个埃及港湾城市罗塞塔发现的，现存于大英博物馆。石碑上用希腊文字、古埃及文字和当时的通俗体文字刻了同样的内容，使得近代的考古学家得以有机会对照各语言版本的内容解读出已经失传千余年的埃及象形文的意义与结构，而成为今日研究古埃及历史的重要里程碑。

器官代谢和差异。实验动物的比较生理学极大地提供了人类肾脏、心脏、肌肉和生殖生理学的信息。生物化学、神经学和免疫学也是如此。现在到了比较基因组学的时候了。

比较基因组学代表了一种范式转移,是生物推理的一种逆向推演。对于其他比较学科,差异被解读为一个物种选择的生态位、栖息地或生活方式的特化或适应性。陆地上的动物用肺来获取氧气,鱼类需要鳃,某些蜥蜴则通过其皮肤上的气孔呼吸。对于基因组学,我们比较的不是功能结构差异,而是同时造成所有这些适应功能和结构修正的基因脚本。我们比较的基因和它们积累的变化决定了之前来过的每一个相对变异;然后通过检测自然选择的模式,我们可以推断我们的基因进化的起源和机制,以及它们是如何工作的。

由于比较基因组学的前景,对其他物种的基因图谱和基因组测序的热情也复166 苏了。我们从建立完全不同的物种详细的基因图谱或全长基因组序列开始,然后检查它们的同源基因和基因组是如何组织的。对全基因组序列首先要考虑的是遗传研究中的传统模式生物,大肠杆菌(*Escherichia coli*,一种细菌)、酿酒酵母(*Saccharomyces*,一种酵母)、果蝇(一种蝇)和秀丽线虫(*Caenorhabitits elegans*,一种线虫)。在人类之外,又选择了两种哺乳动物,即小鼠和大鼠这两种长期担任医学模式生物的物种,来做全基因组测序。2002 年 12 月,一个国际测序联盟发布了非常高质量的小鼠基因组序列草图。另外准备就绪的是其他十几种哺乳动物物种的测序计划,每一物种都从不同的方向继承了祖先哺乳动物的基因组。

早在 20 世纪 70 年代,正在首次组合人类基因图谱时,绘制其他物种图谱的较小的作坊式产业也如雨后春笋般涌现。农业社区渴望农场动物——牛、羊、猪——的基因图谱,以便在大规模饲养中管理影响大小、瘦肉率和抗病能力的重要经济性状。从事鸡研究的人开始开发这个物种的图谱,以在这个巨大的食品工业中寻找一种能更好地被油炸的遗传优势。

黑猩猩基因组图谱项目已经发展到有必要对所有与人类亲缘最近的基因进行测序。我们检视黑猩猩 DNA 的样品时,其平均 98.5%的基因序列与人类 DNA 相同。为了帮助了解我们与黑猩猩有多密切的关系,英国科学记者马特·里德利(Matt Ridley)在他 2000 年出版的优秀图书《基因组》(*Genome*)中,提出了一个生动的比喻。假设乔治·W·布什站在华盛顿白宫,拉住他母亲芭芭拉的手。然后芭芭拉拉住她母亲的手,她母亲再拉住自己母亲的手,以此类推。随着母亲的母亲们的队列延伸出纽约大道,上到 I-95 州际高速公路,当这个人类的关联到达纽约市的时候,美国总统就会拉住一只黑猩猩的手。

今天赞成黑猩猩全基因组计划的人认为，通过比较黑猩猩序列和人类基因组序列，我们将开始理解人类直立行走的发展、认知思维和复杂语言的基础。日本和美国的科学家于2002年宣布计划在未来几年中开始黑猩猩基因组测序。 167

到20世纪70年代中期，比较基因组学方法有无限的潜力来揭示进化的没有边界的创造力，这已经很明显。我也认为，它在比较医学中有一个真正的未来，但我需要选择一个哺乳动物来比对。在生物医学应用的具体设计上，我选择了普通家猫。

我首选家猫是因为它们受猫白血病病毒(FeLV)的困扰，这是一种逆转录病毒，能像传染病一样反应，造成白血病。我以为，猫的免疫反应基因与FeLV的相互作用将是一块肥沃的研究领域。我的预感是正确的，对FeLV的研究显示出病毒如何将它们微小的基因组整合到猫的白细胞染色体的随机位点上。当它们停在我们现在称之为"癌基因"(因为这可能导致癌症)的一组基因附近时，强大的FeLV调控序列就开启癌基因的表达，导致细胞本身不受控制地分裂——这就是白血病的标志。现在已经通过猫的FeLV发现了超过100种不同的癌基因，老鼠、鸡和人类中也发现了它们的同源基因。今天，人类癌基因是癌症诊断的焦点，同时也是精妙设计的药物治疗的合适目标。准确识别不同癌症中没起作用的癌基因，能扭转对癌症的绝望，因为它们已经将研究者指向癌症到底是怎么起作用的特定细节。

当我们的研究组坚持建立一个猫科动物的基因图谱时，在比对猫的基因时我们发现了其他好处。一个强大的优势在于对它们的医学严查。在美国有27所兽医学校，每一所学校都能培养出有见识的临床医生，他们治疗我们的宠物——1亿多只猫和狗。兽医评估并解释动物疫病，然后在大量和不断增长的兽医文献中公布其调查结果，大量借鉴了同源人类疾病的比较相似性。

今天，约200种人类遗传性疾病在猫中有对应的疾病。多亏人类研究的进步，这些猫科动物疾病的诊断和治疗已经有了相当的进展。同样，猫科动物的遗传性 168 疾病的研究对揭示同源人类疾病的生理基础也提供了许多有用的信息。此外，即使不是大多数，也有许多猫的遗传性疾病模型在更广泛研究的小鼠和大鼠中根本就不存在。

家猫身上的病毒和其他病原微生物在生物医学上也有着有趣的对应物。猫科动物免疫缺陷病毒(FIV)、猫科动物瘟热病毒、猫科动物杯状病毒、猫传染性腹膜炎病毒(曾折磨过猎豹)都是毁灭性的微生物，表现出了可怕的传染病的发病和进展的细节。70年代中期，康奈尔大学的病毒学家科林·帕里什(Colin Parish)发现，

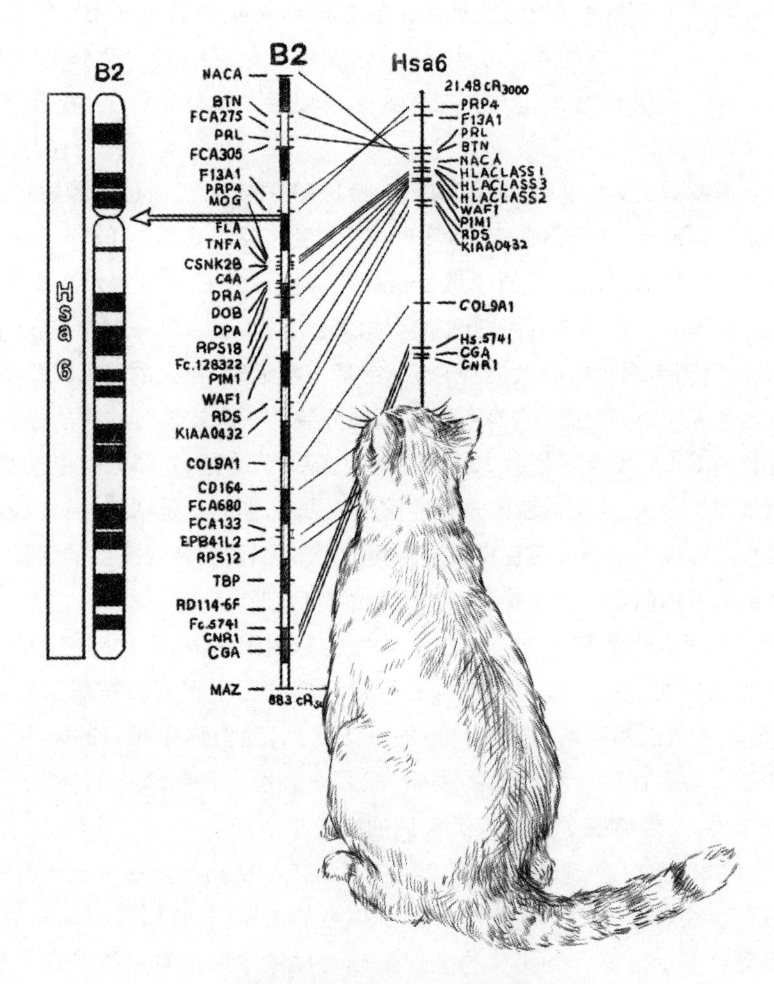

小猫在检视“她的”基因组图谱

一个猫疫苗工厂培养的猫科动物泛白细胞减少症病毒(瘟热病毒)突然从猫身上跳转,成为狗世界里的超级剧毒品系。该病毒的转移造成了神经性犬瘟热病的全球性流行,持续杀死了数百万只小狗之后,才有犬疫苗开发出来。同样恐怖的意外病毒爆发会以流感、艾滋病、埃博拉出血热、西尼罗热和疯牛病等在人类中重演,这些疾病每一种都源于动物物种。

猫是构建基因图谱的理想物种,另外还有两个原因。首先,家猫是野生猫科动物家族猫科的一个成员,猫科许多奇妙的物种都很容易在动物园接触到。虽然这听起来可能微不足道,但如果你尝试收集来自和小鼠或大鼠最密切相关的 20 个物种的血样,你捕捉它们的精力会比我花在大型猫科动物上的精力大得多。其次,因为宠物猫是家养的,现今存在约 40 个公认品种,它们是人工繁殖的,以展示不同的颜色、纹理、体型和性格。我们是要尽自己所能在猫中找到尽量多的指定遗传性变异——无论医学上的还是其他方面的——的基因变异体。

一开始,我们把猫的基因、酶、癌基因和蛋白质匹配到生化功能上。使用类似于绘制人类基因图谱的工具,我们逐步组装了一个猫科动物基因图谱,有数百个基因。它们以不同的方式放置在染色体的特定位置上。有一种方法叫荧光原位杂交,是指分子生物学家用有颜色的染料标记从人或小鼠基因分离的分子克隆,然后将它们添加到猫染色体的一个细胞阵列上,在显微镜玻璃载片上摊开。色彩鲜艳的基因片断会找出其猫对应物所在的染色体上的位置,并像尼龙拉链一样快速匹配形成互补的 DNA 双螺旋。以这种方式,我们可以识别基因在染色体上的精确位置。另一个基因比对的方法涉及在猫之间的交配家系中同时跟踪几个基因变异体。染色体上紧密在一起的基因被“链接”起来,在这些家系中多半时候将一起被传递给小猫。

169

最终,我们定位了足够多的家猫基因来比较猫的基因排列和人类基因图谱。最后我们做好准备,去看看人类和猫基因组之间的差异和相似之处,我们知道这些物种最后共享的一个共同祖先是在大约 9000 万年前。

要明白这个比较,我应该先解释人类和灵长类动物基因组之间的关系。在更强大的分子生物学和人类基因组学工具发明之前,细胞遗传学家用姬姆萨染色体染料来定义人类染色体和其他哺乳动物物种染色体有特色的带型特征。他们发现的是,人类染色体核型(细胞的染色体的总观)总共有 23 对染色体,每一对都有一个独特的带型,这是每一个染色体都有的一种线性“条形码”模式。与人类的染色体相比较,人类最近的近亲黑猩猩、大猩猩和猩猩的染色体带型惊人地相似,只有少数猿类染色体显示出重排的迹象,也就是说,染色体断裂并在其他地方重新连接起来。关系更远的灵长类物种,如狒狒、南非小猿、曼加贝和其他旧世界猴等,它们和人/猿的共同祖先可以回溯到2000万年前,它们的染色体与人类的差异比黑猩猩或大猩猩的更大些,但也不多。南美新世界猴(猫头鹰猴、蜘蛛猴、狨猴)的染色体在外观上与人类的也颇为相似,尽管新世界猴和猿的共同祖先生存在地球上170的时代已经过去了大约4000万年。

几种灵长类物种的早期基因图谱显示,在人类中连在一起的基因几乎总是以相同的顺序在其他灵长类物种中串联在一起,极少有例外。一个叫"染色体涂染"的新方法,通过直接观察来说明染色体序列的同源性,很好地证实了灵长类动物基因组的平行结构。用这个方法,人的每条染色体首先被纯化,并用昂贵的叫做荧光激活细胞分选仪(fluorescent activated cell sortor)(FACS机器,与我们熟悉的传真机发音相同,但是在传真机之前发明的)的机器发出的激光束产生的差异性折射进行分离。然后,单个的染色体DNA被剪切成小块,并用荧光染料做化学标记。这种被标记的人染色体DNA,叫做"探针",它被添加到铺开在显微镜载玻片上另一个物种(如狒狒)的染色体上。标记的人类DNA会在狒狒的染色体之间寻找其同源DNA,再次像尼龙拉链一样与之杂交,用鲜艳的染料将染色体片段染色。这让我们看到大段大段的狒狒染色体与我们已经标记的人类染色体在进化上的精确匹配。通过用人类的24个染色体一个个重复这个实验,我们能够制作出狒狒与人类基因组相比时的一条一条染色体上的线性基因排列简影。

到目前为止,已有25个不同的灵长类物种都被用人类染色体探针进行了涂染。正如我们从基因图谱相似之处预测的,这些涂染揭示了基因组的极高度保守性。大多数灵长类物种显示有18～20条染色体与人类版相同。确实发生的少量变化涉及3条或4条或5条染色体上的单一断裂。对这些物种的姬姆萨带型和涂染结果进行比较,推导出今天的280个灵长类物种长期被遗忘的共同祖先的基因组结构,即使该生物6500多万年前已不复存在。所有灵长类动物的祖先都拥有一171个主要的基因组结构,几乎完全不变地一直保留在其所有的后代中。在我们所成为灵长类的哺乳纲灵长目动物的进化史中,不同的染色体之间发生的交换不到8次。

猫是37个猫科物种中的一种,猫科本身则是哺乳纲食肉目的7个科之一。食肉目(350个种)中猫、猫鼬、灵猫和鬣狗作为一个亚目支系,熊、狗、臭鼬、黄鼠狼和海豹作为另一个亚目。与灵长类动物一样,家猫基因组也高度保存在其他野生猫科动物中。猫的19对染色体中有16对毫无改变(即通过染色体交换)地出现在其他猫科物种中。此外，这16对不变的猫科动物染色体每一对在其他食肉类物种中也没有改变。所以，自与它们最早的共同祖先分离之后，食肉类动物基因组的进化也很慢，几乎不变。与灵长类动物一样，曾经存在过一个主要的祖先基因组，现代食肉类基因组就从那里遗传下来。到现在，我们对于食肉目第一个祖先的基因组看起来像什么样子，已经有了不错的想法。它看起来很像我们的宠物斑猫的基因组。

猫基因组和人类基因组分别都显示出与其哺乳纲的原始祖先的基因组排列有强烈的相似性，那么，当我们将猫基因组与人类基因组相比较时，发生了什么？你猜对了。人类和猫科动物基因组显示出非凡的相似性。长串的基因，有时延伸至整个人类染色体，以同样的（同源）基因排列在猫身上精确重现。猫有19对染色体，人有23对。但在一个又一个染色体上，猫的相同基因连接在一起，和人的一样。只有极少数染色体之间有交换，大约10个左右，造成了猫和人类基因组之间的差异。如果我们忽视猫和人类基因组结构中染色体内的翻转，只需要用剪刀剪10次，就可以将所有猫科动物的染色体重新排列到人类基因组结构中。

172

基因组保守性也遍及其他哺乳纲各目动物间，可以追溯到8000万～9000万年前恐龙消失之前发生的分化。比较基因作图和染色体涂染最近已经被用来说明，当我们检查多样的物种，包括兔、狐猴、牛、猪、鲸、马、蝙蝠、普通鼩鼱和树鼩时，保守的祖先基因组结构也很明显。在所有哺乳动物中找到基因组结构的主要原理和模式已经快要得到解决了。哺乳动物祖先的基因组看起来与人类和猫的非常相似，这两个物种都完好地保留了它们很老的共同祖先的主要基因组特征。

哺乳动物基因组这种非凡的保守性也有一些重要的例外。与人类-猫祖先的基因组排列相比，小鼠和大鼠的基因组明显经过改组。与同源的人类染色体片段对应，小鼠基因组被分成约200个短的染色体片段。大鼠也是如此，这约为我们比较人类与猫所见的染色体块的5倍。当我们比较啮齿动物和人类基因组时，通过拼凑组装可以显示，在啮齿类动物的进化史中，一定发生过一次全球性的基因组重新组装。

在灵长类物种辐射期间，至少也发生过两次类似的基因组重组：一次是在导向小猿或长臂猿的分支上；另一次是在某些新世界猴的祖先分离期间，尤其是猫头鹰猴和蜘蛛猴的祖先。在食肉动物中，犬科Canidae和熊科Ursidae同样伴有与原始祖先食肉动物基因组排列相关的全球性基因组打断重装。熊科的快速基因组重新整理提供了一个重要的基因组识别模式，帮助我们找出熊和大熊猫的祖先。

因此，哺乳动物的基因组进化似乎是以两种非常不同的速率进展的：一个是

非常缓慢或“默认”的节奏，允许我们重建祖先哺乳动物的基因组结构；另一个是更
173 快速的全球改组，这在啮齿动物、长臂猿、狗和熊的异常基因组中很明显。缓慢而稳定的基因组进化速度见于所有哺乳纲各目，但在某些罕见的情况下，也有被今天仍然存在于那些后代物种中的全基因组改组事件打断。

周期性重新组装的原因或驱动力对基因组科学家来说是一个谜。一些观察家好奇地揣测，我们基因组中的重复序列，特别是可移动元件，如内源性逆转录病毒成分，是否天生就有使染色体断裂的倾向。在几种昆虫中，重复的序列，即病毒感染残留体，使它们的宿主基因组易于碎裂并重排，肯定就是这种情况。在哺乳动物中，这一论点的证据不那么肯定，但这些元件的痕迹将很快帮助解决这个问题。

对于我们这些参与其中的人来说，满足后基因组时代的希望和恐惧可能似乎是一个缓慢的过程；但对我们的外星人电影摄影师来说，其迅速性却让人喘不过气来。对人类基因组的注释将识别3万个以上基因中很多基因的特点并弄清其生理功能，将其他的基因置于相关的基因家族中。1000多种人类遗传性疾病已经和单核苷酸变异体联系起来了。这个数字不久就应该会增加一倍或两倍。

开发宠物和家畜的基因图谱将成为热门，成为经济性状或疾病相关基因制图的工具，并将一直为人类提供比较遗传学的细节。从小鼠/大鼠模型到人类的信息流，将扩大到包括狗、猫和农场动物。兽医诊断和治疗会兴旺。基于500种与人类同源的猫狗遗传性疾病的研究，兽医学的进步将启发并开阔人的治疗方案。动物物种的基因组图谱将保证其作为医学研究模型的有用性和适用性。兽医学校将成
174 为医学遗传学更加活跃的中心，因为动物具有尚未开发的生物多样性。由于每年都有一个甚至也许更多的新哺乳动物基因组被测序，全基因组测序计划将达到一个高点。

动物模型的基因处理、基因调控和基因控制，将回答我们还没有识别出功能、名字和线索的海量基因的许多功能性问题。比较基因组学将发展为注释人类基因的一个极为强大的工具。对物种内和物种间的基因组中基因家族的系统进化分析，将帮助我们理解那些塑造和促成现代基因排列的历史事件的含义。

试图解释物种形成、生存和灭绝的力量的进化生物学家将有一个新工具——基因图谱，还有一个新的使命——去查明影响一个物种命运的基因中的适应性变化。遗传学家们历来习惯依赖选择性为中性的DNA变异体——等位酶、微卫星和非编码DNA序列——去跟踪物种的分离历史。导致物种的生理适应性的精确的基因改变基本上还是未知的，但时间不会很久。现在，使现生物种有能力

生存和适应的基因将有机会被分辨出来。

自从最早的古生物学家意识到化石沉积对揭示我们过去的重要性以来，人们还从没有预期过这么大的潜力。比较基因组结构是我们寻找自己最深的生物学之根和生存演变的一个新的乐事。随着我们把画面聚焦得更清晰，随着基因图谱变得更干净，我们就是在解密有史以来最复杂、最精美的加密爪印[①]：特定的哺乳动物进化辐射的线性基因组合。我们的动物表亲为人类提供了一些颇有说服力的解释上的便利，将在下面几章加以说明。

① 原文为 cryptographic pawprint。此处直译为“加密爪印”，其含义应为具有物种特异性的遗传结构。

第十一章 雪球的机会——基因组爪印

很难有比这更美丽宁静的环境了。起伏的草地和茂密的森林风景色彩斑斓，175 使加拿大远东这个小岛省成了度假者的梦想之地。爱德华王子岛(Prince Edward Island,PEI)[①]最为外人称道的是哥特式的浪漫故事《绿山墙的安妮》[②]的外景地。爱德华王子岛高度依赖旅游业，一旦秋季度假者离开，本地居民便会回到他们的家庭、他们的信念和他们维持生计的挣扎。

在 1994 年夏天之前，雪莉·安·杜高依(Shirley Ann Duguay)一直在爱德华王子岛的乡下备尝艰辛。她是一个有五个孩子的单身母亲，32 岁，漂亮而瘦小，正在争取幸福的生活。凭借她那大家庭的情感支持，雪莉为了一个更美好的未来对小小的丝丝希望都抱住不放。她已经决定终止与她三个孩子的父亲道格·比米什(Doug Beamish)12 年之久断断续续的同居关系，而当她闲暇时，她开始与另一个城镇一位年轻英俊的渔夫阿尔弗雷德·凯西(Alfred Casey)约会。

雪莉和道格暴风雨般的关系持续了数年。一般每四或五个月他们会分开，通常都是由于他的脾气导致了一次家庭暴力，只是之后不久又会和解——对绝望的家庭暴力案例来说，这种模式并不罕见。但黑暗的一章永远结束了，雪莉想。在 10 月的一个周六的晚上，她再次告诉道格她要断绝他俩关系的坚定决心，引起一场大吵大闹，被雪莉年轻的邻居琳达·雷尼尔(Linda Ranier)听到，因为那一夜她 176 的家人不在镇里，所以她与雪莉一起过夜。比米什离开家，爬进他的皮卡然后开车

① 爱德华王子岛，是加拿大东部海洋三省之一。此岛的命名源自于爱德华·奥古斯都王子，肯特与斯特拉森公爵(Prince Edward Augustus, Duke of Kent and Strathearn，英国维多利亚女王的父亲)，首府为夏洛特顿(Charlottetown)。

② 又译为《清秀佳人》(台湾)、《红发安妮》(香港)或《绿色屋顶之家的安妮》，是一部由加拿大作家露西·莫德·蒙哥马利(Lucy Maud Montgomery)所著的长篇小说。这个故事于 1908 年首度发表，其背景是在设定在作者蒙哥马利童年成长的地方——爱德华王子岛。

走了。1994 年 10 月 3 日(星期日),琳达还在睡觉时,雪莉·安·杜高依从她的家中消失了,再也没有回来。

警方得到了通知,但是他们好几天也没有什么进展。后来,他们承认,从一开始他们就怀疑这是谋杀,但不愿做进一步的评论。四天后,杜高依的 1982 年的别克被发现遗弃在泰恩谷外的树林中,离她家 10 英里(16.09 千米)。挡风玻璃和座椅上溅着很多血迹。警察从车上取了血拭子并送到位于哈利法克斯的加拿大皇家骑警(RCMP)法医实验室做鉴定。根据从她孩子的 DNA 为基础的基因型来估测,这些血液的确来自雪莉·安·杜高依。

来自里士满、萨默赛德以及整个地区的志愿者被动员起来,在全地区搜索雪莉失踪的线索。他们像篦头发一样查遍了她家周围和发现她的车的地方。一个星期之内有 60 名来自省警察学院的学员参加了搜索,决心找到雪莉遭遇的证据。严重的暴力犯罪在爱德华王子岛上是相当罕见的,对于到底发生了什么样的难以言表的事情,每个人都心有余悸。

雪莉失踪 3 个星期后,岛上的居民情绪动荡,充满恐惧、怀疑和阴谋论。加拿大军队派出一个有 150 名步兵的中队去搜索房子周围的林区、汽车和热线电话提示的场所。士兵们从早到晚肩并肩地仔细搜寻证据和雪莉·安·杜高依。每天更新的电视报道记录到乐观的情绪逐渐衰退为悲观和认命地接受可怕的结局。她失踪 6 个星期之后,已经失去了踪迹。没有犯罪嫌疑人,没有尸体,没有证据。又一起悬而未决的失踪案。

那年 12 月的一天晚上,在我的秘书们已经回家很久以后,我办公室的电话铃响了。我去接了电话,希望它不是一个科学期刊编辑催我交我可能数周或数月之前答应过的审稿。对方介绍自己是加拿大皇家骑警队的警员罗杰·萨瓦(Roger Savoie)。他问我是否愿意给他几分钟时间,让他来解释一下他正在调查的失踪案,可能是一个凶杀案。我让他讲讲。

177

萨瓦概述了雪莉·杜高依失踪的背景。他提到他的头号犯罪嫌疑人是道格拉斯·利奥·比米什(Douglas leo Beamish),这个前男友有蹲班房的前科,据传还对他的女朋友们(包括雪莉)动粗。萨瓦解释了还没有找到尸体,在雪莉被遗弃的汽车里有她的血迹,以及出动军队搜索等情况。士兵们找到的比公开披露的要多一点。在他们搜索的第三天,他们在树林中发现了一个加拿大轮胎塑料袋。里面是一个男士皮夹克和跑鞋。两者都溅满了血,通过 DNA 测试证明与雪莉·杜高依的匹配,但没有发现其他人的 DNA。在外套的衬里,他们还发现了一团白色长毛。但是,当哈利法克斯的法医实验室检查时,毛发鉴定方面日渐减少的法医专家之一达夫·埃弗斯(Duff Evers)的结论是,那团毛是猫的,而不是人的毛发。

萨瓦很失望,因为他希望这些毛可能是凶手的。然后,他的记忆里灵光一闪。当他第一次在比米什父母的家里问询比米什时,萨瓦注意到一只相当大而肥胖的白色公猫,比米什的父母向他介绍说这是"雪球"。比米什最近出狱后就一直住在他父母家里。

"奥布莱恩博士,"他继续说,"这几个星期我一直在寻找一个可以告诉我,或者最好能证明皮夹克上的毛是雪球的法医实验室。"人类法医实验室一次又一次拒绝了他。有的甚至认为他的要求很荒唐,是开玩笑。他们的理由是:所有法医遗传鉴定的进步都是基于人类基因、人类遗传特征、人类的DNA指纹图谱,从来不是基于遗传的"爪印"。没有人为猫这样做过。它在理论上是可能的,但启动和幕后准备要花很多的时间,成本很高,可能高得让人不敢问津。此外,猫科动物的DNA遗传匹配从未被引入一个谋杀案的审判。事实上,爱德华王子岛还没有在凶杀案或其他刑事案件中见过用人类DNA作证。

178

萨瓦解释说,他在互联网上发现了我的名字,然后向几个法医遗传学家查明了我的专业声誉。他恳求说,我是他最后的希望,他将尽加拿大皇家骑警和皇家检察官办公室的财力所能,筹措出鉴定所需要的资金。

我会愿意测定夹克上的毛的DNA并与雪球进行匹配吗?也许通过把来自雪莉·杜高依血迹的猫DNA与主要嫌疑人道格·比米什的家联系起来,会把证据链圆上?在他说着的时候,我心想,"现在这可是真有意思!"所以,我回答说,也许回答得太快了点,"我们当然可以试试!"

第二天,我召集我们小组的顶尖研究员玛里琳·梅诺蒂-雷蒙德(Marilyn Menotti-Raymond)和维克多·大卫(Victor David)到我的办公室。他俩正负责我们的猫科动物基因组项目。玛里琳是一个非常有才华的研究生,虽然和我差不多年纪,但却有着比她年轻得多的同事们那种朝气蓬勃的积极活力和研究热情。她的父亲是百时美施贵宝制药公司(Bristol Myers-Squibb pharmaceutical company)[①]的创始科学家。她很年轻就结婚了,养大了两个帅气的儿子之后,在她40多岁时又回来读分子生物学和遗传学的研究生课程。她既有初出茅庐的年轻学徒的

① 百时美施贵宝,简称BMS,是美国一家医药、营养及保健产品和化妆品公司。百时美施贵宝公司在1989年由美国两大制药厂百时美(Bristol-Myers)和施贵宝(Squibb)合并而成的。前者在1887年由威廉·麦拉仑·必治妥和约翰·里普雷·美尔斯在纽约州奥奈达县柯林顿村成立的。百时美施贵宝公司致力于新药的研究和开发,医药方面包括癌症治疗、心脏血管、传染病和新陈代谢类综合征等领域,具有一定领导地位。旗下的全资附属公司美赞臣(Mead Johnson)和康复德(ConvaTec),分别致力于营养和保健/康复产品的研究和开发。

那种对科学强烈的好奇心，又有年长的科学同事的那种细心和成熟。

玛里琳很了解猫科动物的微卫星标记，即核苷酸字母不连续的重复序列，它们在人类基因图谱中非常有用。她和维克多确实分离和鉴定了400多只猫科动物的微卫星标记位点，也就是猫科动物基因组染色体上微卫星所在的地方。这些也正是我们用来揭示了猎豹和佛罗里达山狮的自然史的基因组标记。由于人类微卫星可变性很大，它们已经迅速成为法医鉴定最喜爱的基因组通用法则。当警员萨瓦打电话来时，玛里琳和维克多一直忙于在猫遗传图谱上定位微卫星标记。

179

起初，玛里琳有点怀疑和不情愿，因为有太多的背景工作需要考虑。选择最好的微卫星标记；确保它们可用；把它们拿到猫中验证，然后在猫的毛中验证。如果它们真匹配了，又怎么样？在人类群体遗传学上最杰出的人才的帮助下，人类法医界已经花了15年的时间和DNA指纹的功效及解释博弈。我们只是一个小实验室，是由朝气蓬勃的理想主义和对猫的喜爱驱动的小小作坊。这与凶杀案审判的不确定性和责任是无法抗衡的，更不用说其中的邪恶了。

我知道这个案子会是一个挑战，但我也肯定我们可以把它拿下。我在群体遗传学理论和实践的背景，即取证辩论所要的那些，会有所帮助。作为美国国家科学院的一个咨询部门，国家研究理事会(NRC)正要拿出他们基于DNA的法医学应用的第二份报告。第一份报告是在1992年推出的。对于精确的法医基因分型来说，这些报告是关于"如何做"的手册。而我们自己只有猫科动物的微卫星工具，但几乎都还没有发表。那个无畏的骑警却来恳求，说我们是他最后的希望。如果有人可以解决这个问题，那就是我们。维克多同意了。

我们也有几个在法医遗传学方面更有经验的朋友可以咨询。我的朋友布鲁斯·威尔(Bruce Weir)曾在辛普森审判中分析过DNA证据，他是群体遗传学理论的大腕。我们知道我们可以找维克托·麦库西克(Victor McKusick)[①]和詹姆斯·克罗(James Crow)，他们是1992年和1996年国家研究理事会有关法医学方面DNA技术报告的主要作者。我们还有丽莎·福尔曼(Lisa Forman)，塞尔玛监测中心DNA技术的主要操作员，该中心是为重大司法案件提供DNA分型的最重要的公司。丽莎年轻时曾在我们实验室做过博士后，从事南美金狮绢毛猴的遗传学研究，我们一直是好朋友。她曾运用DNA分型的力量为多起谋杀案作证。

那天上午晚些时候，我打电话给丽莎·福尔曼，解释我们的困境，并征询她的

① 全名为维克托·阿尔蒙·麦库西克(1921年—　)，是美国著名的内科医师、医学遗传学家，目前在美国马里兰州巴尔的摩的约翰·霍普金斯大学医学院任医学遗传学教授。遗传性疾病与基因的数据库《人类孟德尔遗传学》及其在线版《在线人类孟德尔遗传》(OMIM)的原作者与主编。

意见。她最初的反应是怀疑，但当我解释了细节和我的乐观态度之后，她对这个想法热心起来。丽莎很强硬地要我们对我们的研究应该极其一丝不苟——记的笔记不能有错，保存样品的冰箱要上锁，每一次动样品都要有标签和双人证。任何案件最弱的一点就是她所谓的“证据链”，跟踪处理物证（如夹克上的毛）的每一步，包括从犯罪现场取证到实验室分析再到发回给执法官员。如果这个链断了，或根本无法证明链没有断，都会导致败诉。每一步都要非常挑剔，都要确定结果扎实得足以面对庭审交叉询问时严厉、恶劣、不理性的攻击。随着丽莎详细介绍作证的要求，我能感觉到我自己的决心在动摇，但我绝没有表现出来。我对玛里琳-维克多团队成为标准的严谨细致一贯很有信心。

那天下午，我与警员萨瓦再次通话。是的，我们会尽力帮忙，但我们不能保证。我让他先找一个称职的兽医，然后从法官那里要来采集“雪球”血样的传票。去比米什家，送达传票，让兽医抽血。不告诉任何人，连兽医也不告诉，抽血是干什么用。让他们以为你是去钓鱼，或者也许只是抽风好了。

我告诉萨瓦将血液放置在一个罐里，用取证胶带包裹，并把它放在冰箱里。丽莎的证据链讲解说服了我不去考虑哪怕联邦快递之类的快邮，所以我告诉那位警员将夹克上的白毛放在另一个罐里，然后就去订下一个从爱德华王子岛到华盛顿杜勒斯机场的航班。

1995年1月4日，玛里琳开车去机场接警员萨瓦和他亲手提着的两个证物罐。玛里琳这个无可救药的浪漫主义者，一直想象这位骑警会是一个高大、黝黑、帅气的穿着制服的纳尔逊·艾迪（Nelson Eddy）[①]的形象。萨瓦没有那么高，有点胖乎乎的，身着针织套衫、牛仔裤、运动鞋下了飞机，看起来有点不修边幅。当他随玛里琳乘车前往我们国家癌症研究中心弗雷德里克实验室时，他一直紧握着那作证的毛和血样。他告诉她，波士顿的海关官员是如何问起这些罐子的。当他解释说这些是猫毛时，官员要求把罐子打开。萨瓦说，他会很乐意服从，但之后她得准备接到爱德华王子岛一宗谋杀案审判的传票。她挥手让他过关了。

玛里琳和维克多对收到来自罗杰的证据做了登记，并将这些材料分别锁在冰箱里，一个装毛，一个装雪球的血样。罗杰·萨瓦待了不到一天的时间，但他的决心、信念和对细节的关注使我确信，爱德华王子岛的公民享受到了很好的服务。我其实有点为自己能和他一起共事而感到自豪，并祈祷我们能成功地从来自夹克的毛上提取DNA。

---

① 纳尔逊·艾迪（Nelson Ackerman Eddy，1901—1967），美国著名歌手和演员。

维克多和玛里琳已经针对DNA法医学的实践和隐藏的困难开发出了他们自己的个人实验室教程。首先,他们设计了预备试验搜寻对微量的猫DNA最敏感的微卫星标记。然后,他们利用强大的聚合酶链式反应(PCR)来将一只猫的DNA的几个分子扩增,使它可以做微卫星等位基因分型,这是斯科特·贝克在东京的酒店从日本寿司中复制鲸鱼DNA的方法。一旦微卫星的方法达到理想程度,维克多和玛里琳就用猫毛、滤纸上的污渍、T恤和不同物种混杂中的痕量DNA样本检测它们的敏感性。自始至终,爱德华王子岛的萨瓦和骑警们都在耐心地等待结果。

在物证到达NCI并被分别放置在锁好的冰箱6个星期后,我们准备就绪,要对夹克上的猫毛下手了。使用原本被指定用来处理非常危险的病毒(如埃博拉病毒,拉萨热)的特殊的细胞培养实验室,维克多拿出了4根毛,每一根在根部都有一小片肉质组织。玛里琳将每根毛切成根和毛干,对这两个部分都要做DNA提取。他们试图用对痕量DNA进行PCR来扩增一个微卫星。8份样品中,有一个毛根成功了。其他7份都失败了,可能是由于完整的猫DNA完全腐坏了。然后,用这仅有的一个成功的毛根提取的DNA对他们在预备试验中测试过的250个微卫星标记中选出的最为敏感、最为结实和最毫不含糊的10个猫科动物的微卫星标记进行基因分型。 182

这些方法很有效,10个不同的猫微卫星标记成功地确定了夹克毛根的基因型组合模式。这根毛上有7个微卫星位点是杂合子(也就是说,它们有两个大小不同的等位基因,分别来自父方和母方),3个是纯合子(即它们只有相同大小的等位基因,因为它们从父方和母方继承的等位基因是一样的)。现在,他们已经做好准备,来比较夹克猫毛的基因型和雪球的血样。

玛里琳有意地首先提取了这根毛的DNA,因为这样它就不会有被雪球的DNA污染的危险,至少样品在弗雷德里克期间不会。做了夹克毛基因分型3个星期后,他们从锁着的冰箱中取出雪球的血样,提取了它的DNA 。然后,他们用同样的10个微卫星位点对雪球进行分型。此外,夹克毛样本同我们NCI流浪猫的DNA一起进行了重复实验。

结果再明确不过了。雪球的所有10个位点与夹克毛的基因型近乎完美地匹配:7个杂合子位点都是相同的;3个纯合子位点,也是相同的;共有17个等位基因匹配。

为什么不是“完美”而是“近乎完美”地匹配?还有一个重要原因。微卫星等位基因的分类是根据电泳凝胶上的迁移距离(被放置在电场中的果冻状的介质,把不同大小的微卫星等位基因的DNA片段分开)。人类法医界在DNA指纹的早年曾陷入麻烦，因为对犯罪现场的样本与证据样本是否匹配，他们过于依赖DNA技术人员(或他们的老板)的主观意见。到我们做分析的时候，两方面的发展已经改善了这种情况。首先，运用基因分型仪，凝胶试验已自动化了，可以极其精确地衡量等位基因的流动性(或大小)。其次，法医界现在就判断匹配的客观标准有了一致的意见。为什么这第二步是必要的呢?

即使是非常精确的基因分型仪，在处理相同的等位基因时，也会因不同的凝胶产生略有不同的测量结果。例如，一个实际大小为150个单位(这是由不连续的重复核苷酸加上微卫星侧翼的非重复核苷酸的总和决定的)的等位基因在五个单独的凝胶泳道中可能被测量为150.02、150.13、149.91、149.85、150.18。实际测量值的范围被称为“匹配窗口”。对基于微卫星的法医学，法医界需要对匹配窗口设一个明确的定义和一致的标准，所以我们专门为猫建立了一个。幸运的是，当比对猫科动物基因组时，玛里琳和维克多已经为用来对雪球进行基因分型的10个微卫星位点，分型了70只实验室的猫的谱系。他们精确测量了他们在跨这10个法医学微卫星位点的谱系中找到的全部87个等位基因的大小和范围。因此，等位基因大小范围和“匹配窗口”已经由实验确定了。在我们的法医案件中，可信的等位基因匹配都要求10个位点的每一个单独的微卫星等位基因都落在匹配窗口中。

183

根据这个标准，夹克上的毛与雪球是一个完美的匹配。这是否意味着毛肯定来自雪球，将夹克上的血渍与比米什联系起来? 不完全是。

这样谨慎的原因在于遗传学家如何确定一个匹配，也就是我们已经有的那种，能确实证明身份。大家都认可的方法是问这么一个问题：“有多大的可能性或统计概率，能证明这根毛的基因型实际上来自雪球，而不是从爱德华王子岛上另一只碰巧有相同DNA基因型的猫身上来的?”这个问题的答案取决于雪球身上10个位点的微卫星基因型碰巧出现在爱德华王子岛本地猫群中的概率会有多大。

当我们第一次发现这个DNA匹配时，我们一点也不知道任何家猫群体的微卫星等位基因的分布频率，更不用说在爱德华王子岛上的猫了。国家研究理事会有关法医学的DNA技术报告说，任何案件中要得到微卫星等位基因频率的准确估算，最好的办法是对案发现场附近抽样个体的所有基因型建一个群体数据库。我们没有这样的数据库，我们需要赶快建立一个。

我打电话给警员萨瓦，告诉他这个好消息——我们能够可靠地对夹克毛和雪球进行基因分型。我告诉他，我们可能有一个匹配，但在我们确定之前我们还有最后一个细节问题需要解决。我解释说，宣布确认身份还需要了解一些当地猫的基因多样性水平和模式。假定这个种群是高度近交，像吉尔森林狮或佛罗里达山狮。

184

如果是这样，雪球的基因型可能非常普遍以至于毫无意义。我告诉罗杰，我想让他帮我们抓一些爱德华王子岛犯罪现场附近的猫。

萨瓦同意了，几个星期内我们就有了19只猫的血样，这次是通过联邦快递寄来的。玛里琳和维克多用相同的微卫星标记跑了19只猫的DNA分型，建了一个小的DNA数据库。让我们欣慰的是，这个猫群体的样本有很多遗传变异。每个微卫星位点显示有5～10个不同的等位基因，足以排除任何近亲繁殖的历史。在夹克毛和雪球身上观察到的几乎所有的等位基因在群体中都有存在。这意味着我们可以使用测得的群体等位基因频率来估计(使用的基本统计资料)雪球的基因型在爱德华王子岛上出现的频率。该频率与夹克里的毛的匹配并非来自雪球的概率是一样的，这也正是我们在追查的。

雪球的基因型频率是一个微乎其微的数字，2.2×10^{-8}，或约1/4500万的机会。由于当时全省只有几千只，也许最多1万只猫，这意味着夹克上的毛确实是雪球的。如果雪球有一个同卵双生兄弟姐妹或克隆，它们也会匹配，但猫不产生同卵双胞胎，而且还要数年以后，德州农工大学才产生第一只克隆小猫"CC"。

萨瓦欣喜若狂。我们肯定毛是来自雪球，现在我们有了统计和数据库，无论多么小，但足以证明这一点。

然而，另一个潜在的雷区出现在人类法医界对群体"亚结构"的关注中。如果分开的群体在微卫星等位基因频率上各不相同，那么在计算估计的基因型频率，也就是偶然匹配的可能性时，会有很强的偏差。这一点在人类种族群体之间尤为重要，因为它表现出非常明显的微卫星等位基因频率。我们担心，我们根据我们小小的爱德华王子岛猫群体数据库来计算雪球的预期群体频率，也许会有一个可能的问题。这个样本能代表加拿大或凶手的猫可能的原产地美国的其他猫群体吗？我们对马里兰州的一小群猫做了相同的微卫星采样。这一群体的遗传结构与爱德华王子岛的猫非常相似，有几乎相同的等位基因频率分布。它们与1000英里(1609千米)之外的猫的群体样本没有明显的群体亚结构的差异。我们对群体亚结构的担心消失了，我们无法检测出任何群体亚结构，因此计算是有效的。

185

在爱德华王子岛的骑警仍由于缺乏尸体而处于困境。雪莉·杜高依已经失踪了6个多月。此时，杜高依的家人和警方确信她已经遭到谋杀。

1995年5月3日，星期六，罗伯特·内森，当地一个捕鳟鱼的渔夫在北埃尔摩附近茂密的森林里发现了一个浅坟，它离雪莉被遗弃的车有10英里。一组法医专家找出来一具年轻女子的遗体，她很符合对杜高依的描述。

第二天早上，骑警们仍然在等待对尸体的确认，但是已经知道血迹斑斑的皮夹克上雪球的毛DNA匹配的情况,所以逮捕了道格拉斯·利奥·比米什,并指控他犯有一级谋杀罪。10天后,牙科记录确认了北埃尔摩的尸体的确是雪莉·杜高依的。罗杰·萨瓦通知玛里琳,我们将会出庭,而且我们的遗传学团队搞出来的证据绝对至关重要。

当事情已经明了,雪球案件将走向审理时,我向我的老板,美国国家癌症研究所分部主任乔治·范德·伍德(George Vande Woude)博士做了简要汇报。我在强调雪球案件是我们直接关系到健康和癌症的日常科研工作以外的副业的同时,解释说,这起非同寻常的案例可以为动物的DNA分析建立一个重要的司法先例。186 爱德华王子岛检察官办公室已支付了这次行动所需的费用和实验室试剂。然而,我们预期玛里琳、维克多和我将被传讯出庭作证。我征求他的建议,希望他同意我们的合作。

范德·伍德的反应是,他认为我疯了,不过他以前就知道我是那样的。他同意这似乎像是一次光荣的冒险行动,他也理解为什么我会参与。然而,在他批准我们参加审判之前,他需要先与国家癌症研究所所长理查德·克劳斯纳(Richard Klausner)博士商量一下。

两位主管将我的请求转交给NCI伦理办公室处理。数周后,该办公室负责人莫琳·威尔逊(Maureen Wilson)博士告诉我,我的请求是如何不合常规,她不愿意批准或建议克劳斯纳博士批准我的请求。她解释说,联邦雇员免除所有出庭作证的传讯,除非美国政府同意给他们面子,所以我应该直接忽略这次传讯。

我对威尔逊博士解释说,我愿意接受传讯出庭。毕竟纳税人资助了猫微卫星的研究;研究结果尚未公布,而这里却有一个老百姓能立即从我们的研究获益的途径。她回答说,这还不够。我逼迫说,克劳斯纳博士和范德·伍德博士似乎倾向于批准,只要没有任何负面的法律影响。但是谈话就此打住。在接下来的几个月里,我们又有几次类似的电话交流。同时,比米什已被羁押了4个月,加拿大最高法院将预审定在一个月后的8月。

在预审前一个星期左右,我们再次讨论了这个僵局,威尔逊博士告诉我,获得批准的唯一办法,就是寻求卫生与公众服务部部长唐纳·沙拉拉(Donna Shalala)的许可。我说,很好,咱们问问她。威尔逊不倾向于这样做,觉得这太不寻常,暗示此事不够重要。

我是走投无路了,所以我改变了策略。我的工作对我很重要,我们显然不能未经NCI许可就去作证。于是我就问威尔逊博士一个问题:当爱德华王子岛和加拿大媒体与我联系，问是谁决定让我拒绝合作，而这个拒绝将导致在爱德华王子岛要把一个被指控的凶手释放时，那么我应该回答是威尔逊博士，还是范德·伍德博士，克劳斯纳博士，亦或是沙拉拉部长？谁说了算？ 187

当NCI伦理办公室通知我的秘书作证的许可终于批了下来的时候，维克多、玛里琳和我正在去爱德华王子岛参加预审的途中。预审意味着在法官面前审查证据，以确定它的可采用性。预审很重要，因为DNA分析从来没有被成功引入爱德华王子岛法庭，即使是人体材料也没有，更不用说猫了。

在预审之前约6个星期，我们已经了解到，加拿大法庭只会考虑来自被"认证"为具有足够科研专长的实验室的法医证据。我的实验室从来没有为任何这样的事情做过认证，我问骑警这样的认证有什么要求。他们说，我们的实验室必须通过一项加拿大皇家骑警盲测的认证测试。

皇家骑警中央法医实验室的首席遗传学家罗恩·福尼(Ron Fourney)博士同意对我们实验室做一个能力测试。福尼寄来了一张滤纸，上面有8点猫的血迹，让我们来做遗传学分析。维克多和玛里琳提取了DNA，跑了10个猫的微卫星标记。我们的分析揭示，三个样品具有一种独特的猫微卫星基因型，有两对具有相同基因型。最后一个样品给出非常奇怪的模式。经过一点更带侦探性的工作之后，那个血迹证明是人血。我们将我们的发现送交给福尼，他肯定了我们得到的结果都是正确的。在我们为参加比米什谋杀案预审抵达爱德华王子岛的萨默赛德的当天晚上，来自渥太华的官方认证的传真也到了。

预审是一个小型审判，只是没有陪审团，而且在诉讼过程中严格将媒体拒之门外。玛里琳、维克多和我带来了几个厚厚的活页夹，全是各种结果，能力测试、对照、实验、统计分析、对证据链的说明，以及对我们这些发现的书面报告。在证人席上，我向法官解释了用微卫星的DNA分析、我们的匹配结果和我们的解释。我向法庭保证，我们是猫遗传学方面的专家，我们实验室刚刚获得加拿大皇家骑警的认证来进行这样的测试。玛里琳准备了丰富多彩的纸板图表来说明微卫星分析的方法、爱德华王子岛数据库中猫的等位基因频率和对雪球的基因型频率的计算。提问和交叉询问并不像我们所担心的那样尖锐和咄咄逼人。我们的作证很成功，审判定在1996年5月21日。现在我们有9个月的时间来准备我们的证词。 188

从雪莉失踪到预审期间，从电视对轰动一时的O.J.辛普森谋杀案的全面报道中，整个世界都就DNA分析和法庭戏上了一课。辛普森被控在洛杉矶城外其前妻

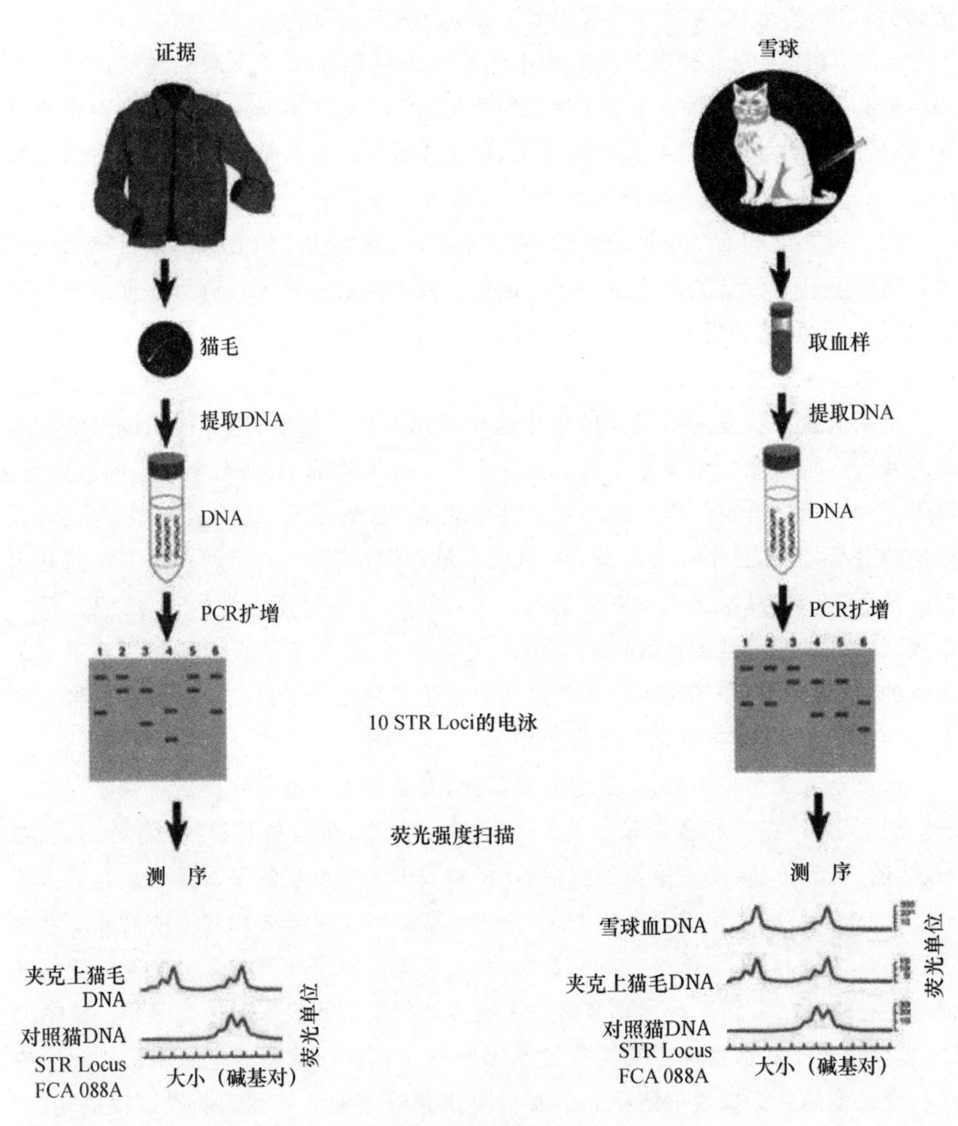

用来解释夹克上的猫毛就是来自雪球的法医 DNA 分析图

尼可·布朗的家里残忍地谋杀了她和她的朋友罗纳德·戈德曼。从五个不同的场合采集了人类DNA并对它们进行了分析：① 尼可在布伦特伍德公寓的犯罪现场；② 辛普森的福特野马车；③ 辛普森家；④ 在辛普森的卧室中发现的袜子；⑤ 辛普森家外面的一只手套。45份血样的DNA图谱非常明确地有了匹配，要么是犯罪现场和辛普森匹配，要么在辛普森家和他的福特野马越野车里和布朗及戈德曼匹配。这些基因型和任何场所其他莫名其妙的人的基因型都不相容。法律辩护团队对遗传学证据完全无视，却巧妙地攻击"证据链"、洛杉矶警察局警察的动机和操守，还有可疑而混乱的科学上的不确定性的可靠性。很有说服力的DNA证据，陪审团却认为不可信，判定辛普森无罪。他于1995年10月3日被无罪释放，恰好是雪莉·安·杜高依从她在爱德华王子岛的家失踪整整一年之后。

基因分型一败涂地，或者我应该说在一起关注度很高的案例中，基因分型超出了陪审团的理解力，辛普森案不是第一次，也可能不是最后一次。在一个"世纪审判"的二战时代的版本中，红细胞的基因分型排除了被告喜剧演员查理·卓别林(Charlie Chaplin)是原告琼·巴里(Joan Barry)的女儿的父亲的可能性。巴里女士是A型血，她的女儿是AB型血，而卓别林是O型血。遗传学上，一对A型血和O型血的夫妇不可能产生一个AB型的孩子；孩子的B型等位基因必定来自另一个父亲。

189

琼·巴里那招摇的律师无视神秘的科学，干脆将新生婴儿抱到陪审团面前，恳求他们说，"难道这个可爱的小女孩看起来不是很像查理吗？"卓别林被勒令支付孩子的抚养费。这个判决毁了他的职业生涯和他的生活。

我内心里很害怕，但决心避免以前曾有过的遗传与司法对峙的危险。我们的数据干净利落，我的工作就是让这个证据能够为12个爱德华王子岛的公民组成的陪审团所理解。

审判持续了8周，涉及160件证物和超过100名证人的证词。遵照英国的传统，律师和法官都身穿黑袍，只是没戴假发。首席法官和审判长大卫·詹金斯(David Jenkins)是一个聪明而严厉的仲裁员，对司法争执或拖延没有一点耐心。这是一个好兆头，我想。皇家检察官戴维·奥布莱恩(David O'Brien)在加拿大相当于美国的公诉人，是一个明察秋毫、容易紧张并经常不修边幅的完美主义者。他温文尔雅的学究派头一度促使詹金斯法官请求他不要喃喃自语，把他的意思解释得更清楚一点。奥布莱恩对细节的关注不知疲倦，对没有目击证人的一级谋杀案的不确定性和作为他起诉基础的相当复杂的科学证据做了十分充分准备。

检查过雪莉尸体的法医作证说，她的下巴有三处被打断，她的鼻子也是，而她的喉结被打得粉碎。当她的尸体在北埃尔摩附近树林的地面以下几英寸的地方被发现时，她的双手被晾衣绳绑在背后。她是被殴打致死的，非常残忍。

皇家检察官奥布莱恩出示了一封信，显然是用血写的，是雪莉·杜高依被谋杀几周前道格·比米什写给她的，信中他威胁了她。他写道，如果她再不跟他和好，他就没有活路了。他还不如把她、孩子和他自己都杀了。

190

奥布莱恩然后展示了一张比米什身穿棕色皮夹克的照片，这在我眼里与泰恩谷附近的树林中发现的溅满雪莉血迹的棕色皮夹克是一模一样的。道格·比米什的一位朋友作证说，这是在谋杀几天前他为穿着这件夹克的比米什拍的照片。皮夹克挂在法官背后，让所有人在整个审判过程中从头看到尾。

另一位目击者提到了一次谈话，谈话中比米什对雪莉的新男友很生气，气急败坏地说，"该把那个女人崩了……用尿喷！"

当玛里琳、维克多和我到达爱德华王子岛萨默赛德法院时，审判已经进行了三个星期。皇家检察官奥布莱恩在我们要出庭作证的前一天晚上与我们见面，并仔细审阅了我们的战略，直到将近午夜。

第二天，法庭有一半是空的。稀稀拉拉坐着几个镇上的人，但占压倒优势的是杜高依的家人——姐妹、父母、表亲——在一边，另一边是被告和比米什家族。两个家庭的划地而分造成了一种可以感知的紧张。在我的想象中，比米什团队显得愤怒，甚至是带有威胁性。在诉讼过程中玛里琳变得激动不安。她从比米什家人这边挪开，回避他们怪异的目光。有一刻她还让维克多检查我们租赁的汽车引擎盖下是否有爆炸装置。越来越大的焦虑使维克多整个一周都没了胃口。

要成为合格的专家证人，玛里琳、维克多和我不得不提出我们的凭据，并经陪审团批准接受交叉询问。检察官奥布莱恩介绍了我的简历，对我的科研称赞了大约 30 分钟。辩护律师约翰·麦克杜格尔(John MacDougal)年轻，帅气，口齿伶俐，有一种尖刻的幽默感。当他走近我时，我猜想陪审团会喜欢他。

191

麦克杜格尔咄咄逼人地挑战我作为专家证人的凭据。他质疑我的 8 个大学兼职教授的任命和发表的几百篇文章。这些大学岗位是不是徒有其名而毫无意义？怎么会有人写了这么多论文？他计算了我发表的科学论文的标题，宣称只有 10％是关于猫的。

我反驳说，大学给我的研究生都授了学位，许多有关猫的论文并没有将猫列在标题里。麦克杜格尔集中在一篇题为《塞伦盖蒂狮子的犬瘟热病毒爆发》的论文。"难道'犬'的意思不是关于狗的研究……而是猫吗？"他质询道。我说，他很正确，犬是指狗，但标题是关于一个狗病毒跳传到了狮子当中，而狮子是猫科动物。经过45分钟这样的申斥，他放弃了，法官认为我合格。有趣的是，交叉询问不到5分钟就让玛里琳合格通过了，而维克多只用了一分钟。

罗杰·萨瓦先前就已为采集毛、血样和群体样本作了证。他描述说他亲自将夹克上的毛和雪球的血送到弗雷德里克以保留证据链。玛里琳和维克多详述了他们细心地提取DNA、确定基因型、避免污染、做对照实验的过程。陪审团听得很认真。

我的挑战是向陪审团解释夹克毛的微卫星如何代表了一种独特的遗传特征，就像任何个体的姓名、等级和序列号。然后用玛里琳的海报，我向他们展示了夹克毛和雪球血样的微卫星基因分型结果。为了讲得透彻，我还解释了匹配窗口的标准，来说明我们知道一些历史上对人类DNA分析的批评，以及我们是如何避免的。最后，我陈述说，夹克上的毛和雪球的血液明显匹配，总共10个微卫星位点，17个等位基因。

那天结束的时候，检察官奥布莱恩留给陪审团几个不需要答案的反问。法律上匹配意味着什么？那些毛确实来自雪球的概率有多大？换句话说，不是雪球的另一只在爱德华王子岛的猫有多大的机会具有相同的遗传类型？我们能断定雪球的毛是自己跑到挂在法官坐席后面那件夹克的衬里上的吗？

192

休庭时，我和我的合作伙伴很担心。我们如何向普通老百姓——建筑工人、家庭主妇、电视电缆修理工——解释概率计算和统计概率的意义？我们以加拿大全国性的消遣冰球做了形象的类比。北美冰球联盟(NHL)斯坦利杯季后赛正在进行，全镇都在谈论它。萨默赛德土生土长的唐·马克林(Don MacLean)在他作主教练的第一年就带领佛罗里达山狮队(来自坦帕的冰球队，而不是那个美洲狮亚种)获得冠军。

虽然我十几岁时玩过几年冰球，但我们都不是狂热的冰球球迷，所以我想确定一件事。第二天早上在我们吃早餐的汉堡王(Burger King)，我问烤箱背后正翻炒摊鸡蛋的家伙，一个冰球队的首发阵容要多少球员。他还没来得及回答，给我们端来鸡蛋羊角面包的年轻女子脱口而出，“你为什么不问我这个问题?”我坐不住了，为我的性别偏见颇为尴尬，然后温顺地问她这同一个问题。

“我不知道，”她回嘴说。然后，厨师回答了，“……六名球员，包括守门员!”我在一张餐巾纸上快速计算了一下，然后我们就去了法院。

站在证人席上，我请求陪审团接受这样的事实：估算夹克毛属于雪球以外的猫的统计概率与雪球(和猫的毛)的复合微卫星基因型在爱德华王子岛出现的频率是相同的。

在统计中,你必须记住的一条规则是,如果你知道某个事件 A 的概率,和另一个无关或独立的事件 B 的概率,那么 A 和 B 同时发生的机会是简单地将 A 的概率乘以 B 的概率。例如,如果我掷两个骰子,那么掷出两点,即两个一点的概率是 $1/6 \times 1/6 = 1/36$ 。

因此,对于 10 个位点的复合微卫星基因型在一个群体中出现的频率,是由第一个微卫星位点的基因型频率乘以第二个位点的频率再乘以第三个一直到第十个微卫星位点的频率所决定的。DNA 法医遗传学家称这种倍增方案为"乘积法则"。对我们来说幸运的是,比米什案开审半年前,美国国家研究理事会关于法医学中的 DNA 技术的报告已经对这类案件中的"乘积法则"给了有力的支持。

对我们临时的爱德华王子岛 19 只猫的数据库,我们已经测出单个微卫星位点基因型的频率,所以我们可以将其数值相乘,估算出雪球的基因型频率。那个结果计算得出一个非常小的数字,大约在 1/4500 万。这意味着我们将夹克毛的微卫星基因型与雪球的血匹配是有说服力的证据,证明它们来自同一只猫,即我们的主人公雪球。

我提醒说,计算是理论上的,但法医学界认为它相当可靠。为了帮助澄清计算是如何操作的,我请陪审团想象在当地的威廉王子酒店有一个集会,涉及来自全国冰球联赛的 10 个队。假设每个队都要在单独的房间里把他们的首发阵容,即 6 个穿队服的球员,集结在一起。在第一个房间里是来自蒙特利尔加拿大人队的 6 名球员,下一个房间是埃德蒙顿油人队的首发阵容,第三个房间是温哥华加人队首发的 6 个人,10 个队的房间以此类推。

现在,假设我打开第一个房间的门,盲投了一个冰球,猜猜谁会率先抓住它。它击中蒙特利尔守门员的概率会是 1/6。现在假设我扔冰球到第二个房间,击中守门员的概率也将是 1/6。但是,在头两个房间两个守门员都被击中的概率为 $1/6 \times 1/6$ 或 1/36 。现在,如果我向所有 10 个房间扔冰球,那它击中每一个队房间里的守门员的概率是 $1/6 \times 1/6 \times 1/6$ ……乘 10 次,或 1/60 466 176 。这匪夷所思的低值反映了碰巧击中 10 个房间里 10 个守门员的可能性是多么微乎其微。

雪球基因型 4500 万分之一的估算也有类似的含义。广义的 DNA 基因型匹配说,夹克毛属于雪球。这些毛不是来自雪球的概率极小,我们可以想象为这几乎没有可能。迄今为止对所有这些统计分析最简单的解释,是提供给我们的证据罐里的毛和雪球的血样都来自同一只猫。

辩护律师麦克杜格尔很不高兴。他用一个问题开始了交叉询问。

“奥布莱恩博士，你熟悉辛普森审判吗？”

“有点吧，但也许不如您或这个法庭的其他人熟悉。”我回应。

“你记得一句名言吗？‘如果手套不适合，你就无罪！’？”

“记得。”

“骑警有没有碰巧跟你说过，‘没有这只猫，这案子就彻底完了’？”他问。

“没有，我认为他们没说过。”

我能想象这段话成为第二天报纸头条的样子。麦克杜格尔继续批评并试图搅浑证据链，即基因型的确定性，以及我们贸然把一只家猫的DNA分析带进一桩谋杀案审判的做法。

麦克杜格尔一度走近我，做戏般地扯掉一根掉在我运动夹克衫上我自己的头发。“现在，奥布莱恩博士，”他若有所思地说，“这里我似乎在错误的地方找到了一根白头发。是否有可能，类似的事儿想必已经在你那个装夹克毛小瓶以外的地方发生了？”

我吃了一惊，强忍怒气，窘迫地回答，“不。我不这么认为，原因有两个。首先，对样品处理都是由维克多·大卫先生和玛里琳·雷蒙德博士在具有防生物危害装置的细胞培养罩中完成的，我偶尔会在一个安全距离以外观察一下。其次，当这个分析还在进行的时候，我正在对抗自己步入中年的影响。当时我的头发染成了深褐色！”维克多垂下眼睛。玛里琳笑着点头肯定这个明显逗乐了陪审员的故事。我想，律师们坚持认为，一个人永远不应该问自己不知道答案的问题，原因就在于此吧。

在他的交叉询问即将结束时，麦克杜格尔气急败坏地说，“我给你提个醒，奥布莱恩博士，这个1/4500万就是个理论上的胡扯！”法官斥责了他的情绪失控。

195

他的不屑和可怜的无知吓了我一跳，我回敬给麦克杜格尔一记临别痛击。“律师，”我回应道，“恕在下不能苟同，我还想补充一点，我很遗憾你似乎并没有理解它。但我确信陪审团是理解了。”

我们作证后，审判又进行了几个星期。最终，辩方没有传唤证人，他们向法院辩称，控方未能证明这个案件。

陪审团审议了两天，一致判处二级（过失）谋杀罪。两个月后，比米什被判处18年监禁，没有假释的可能。在量刑时，法官大卫·詹金斯（David Jenkins）告诉比米什，他表现出了“对人的生命的无情漠视。谋杀是残酷的；这种情况很可怕。”

那年夏天，在爱德华王子岛的首府城市夏洛特敦，出现了一系列的烛光游行，静静地抗议对家庭暴力的无动于衷。娶了雪莉·杜高依的妹妹的道格拉斯的兄弟纳尔逊·比米什对这个定罪评论说,“雪莉只好以死来证明我的哥哥是危险的……是个不错的解脱。”两年后,纳尔逊·比米什不堪失去兄弟和嫂子的不安的折磨,自杀了。

那年7月,道格拉斯·比米什的判罪并不是加拿大东部以外地区的大新闻。照相机被禁止进入法庭,只有少数警觉的加拿大记者报道了全过程。然而,这个审判还是设置了一个重要的国际司法先例,在重要杀人案中引入宠物毛的自动微卫星基因分型——DNA分析。1997年,玛里琳、维克多和我在《自然》(*Nature*)上发表了对这个案子的一个简要总结,被全国性媒体转发。

一旦法律界和法医界了解到这个案例,撰写头条标题的人便有了一个大显身手的机会。“皮毛——法医证据”在《科学美国人》(*Scientific American*)上打响了。HBO的电视连续剧《尸检》(*Autopsy*)称雪球为“猫叫——美证人”,而《国民问讯报》(*National Enquirer*)则报道了“犯罪分子的猫——灾”。美联社预言了一个DNA“爪印”时代的来临。

196

随着故事的广泛传播,我开始接到各种刑事调查员的电话。动物毛出现在谋杀案、强奸案、爆炸案和其他严重罪案中。我们很快就淹没在侦探们的请求中,他们请求我们去帮忙锁定他们的犯罪嫌疑人。

我不得不拒绝这诸多请求,不过此时私人法医实验室正在对这样的证据更严肃了一点,准备做猫和狗的DNA分型了。据估计,有65万只宠物猫生活在美国。这个数字意味着每三到四个家庭就有一只猫,包括罪犯和受害者的家庭。

罪犯几乎无一例外地在犯罪现场留下生物材料,在武器上、衣服上、车上、电话上、避孕套上、餐具上,甚至在门把手和电灯开关上。如果美国每年2万起谋杀案仅有1/4是养猫的人所为,很大一部分会在犯罪现场留下他们宠物的DNA。

1999年,美国司法部奖给我们实验室一笔专款,为40个公认的宠物猫品种开发一个基于微卫星的群体遗传数据库。当数据库可以使用时,为案发现场附近的家猫攒一个临时的群体数据库就没有必要了。这个新的猫科动物数据库将为现有的刑事法庭调查资源提供一个重要的补充。

现在已经很清楚,新的基因组技术对人类的一个直接益处是在刑事司法方面。虽然DNA分析会把有罪的犯罪嫌疑人指出来,但它将更频繁地为那些被诬告的人免罪。美国联邦调查局早期有一个估计指出,当时有30%的死刑案件,DNA分析指导的调查不再是开始的犯罪嫌疑人。1992年美国国家研究理事会DNA-法医学报告的一位作者菲利普·赖利(Philip Reilly)推测,被定为强奸犯的至少有5%

是冤狱。以纽约市为大本营，由律师及DNA图谱取证先锋彼得·纽费尔德(Peter Neufeld)和巴里·谢克(Barry Scheck)领导的清白计划，已经为50多名被定罪的重罪犯洗清罪名并获得释放，包括好几位等待执行死刑的人。人的DNA分析已经成为法医证据的黄金标准。只要采集得妥当，攻击这些证据是非常困难的。

197

在美国已经建立了不断累积的罪犯DNA数据库，来支持赖利所说的"冷击"，即将犯罪现场的DNA和一位前囚犯的基因型匹配。确实有成千上万个"强奸证据包"，即储存在警察的储物柜里的以往罪案的生物标本。这些材料能否作为微卫星基因分型补充到一个世界范围的与犯罪现场有关联的人的基因型数据库里呢？虽然重刑犯的高重新犯罪率(估计在40%～60%)增强了对以DNA为基础的分析方法的需求，但需要更仔细检查的是对违反第四修正案权利在伦理和宪法层面的担心，及保护免受不合理的搜查和羁押的权利。到目前为止，在法庭上攻击冷击犯罪DNA数据库的挑战还没有成功过，但更广泛的DNA图谱数据库的扩张令一些公民自由派不寒而栗。

当我写这些话时，道格拉斯·利奥·比米什还在服刑，并已经上诉过。雪球仍与它的家人住在一起，虽然比米什的母亲在一次电视采访中透露，这只猫与骑警看到的那只不一样。玛里琳和维克多在1999年发表了第一个猫的微卫星遗传图谱。我们正在努力说服美国国立卫生研究院资助完成猫基因组的全DNA测序。1997年，罗杰·萨瓦由于他的毅力和奉献精神，获得了很高的荣誉，被命名为"年度骑警"。

第十二章 基因卫士

198 我以前当然来过这里——很多次，但它似乎从来没有如此安静过。我在马里兰州贝塞斯达长大，曾多次前往首都华盛顿市中心的国会山广场，因为经常去，以至于都感觉对它们熟视无睹了。一个例外是在1960年1月的一个暴风雪的早晨，我和高中的好朋友前往国会山去听年轻的总统约翰·肯尼迪那永恒的就职演讲："不要问你的国家能为你做些什么，而要问你可以为国家做些什么。"

1996年10月12日哥伦布日那天，漫步走过广场时，我平时挺唠叨的妻子黛安，和我两个同样爱交际的女儿却一反常态地阴沉。我们周围是4万条色彩鲜艳的刺绣织品组成的艾滋病被子。每一条都是精心缝制的，纪念一位死难者；一溜溜无穷无尽的绣品为这现代祸害的严重性作着持久的证言。被子摊开之阔，大让我们无法呼吸；一条条在十几个史密森博物馆[①]之间的广场向下延伸，直到覆盖了华盛顿纪念碑与国会山大厦阶梯中间的那片绿地。这可能是整个艾滋病被的最后一次公开展示。有这么多的死难者，这被子长得太大了。

艾滋病死难者的家人们静静地、虔诚地徘徊在绚丽装饰起来的纹饰之间，非常动情，饱含热泪。1994年，我曾眼睁睁地看着我唯一的弟弟丹尼死于这个疾病，成了死于"同性恋瘟疫"的一个熟人，20世纪80年代初在旧金山，艾滋病曾被短暂

199 地称为"同性恋瘟疫"。这儿的被子上没有为丹尼做的绣块。黛安曾请求我们孩子乡村教堂的一位庄重的裁缝为纪念他做一块；但裁缝对这种罪恶的疾病不加掩饰的厌恶促使她拒绝了。

当时已死于艾滋病的35万年轻的美国人中，还有90%在被子上也都没有一个绣块。那天在广场上只有巨大的象征意义和悲痛的幸存者。我们一起哀悼那触动

① 史密森博物馆是美国史密森学会旗下的一系列博物馆和研究机构。共有19座博物馆、9座研究中心、美术馆和国家动物园以及1.365亿件艺术品和标本。

了我们每一个人的惊恐。

我的两个女儿当时一个16岁,一个18岁,她们没有一刻不是在艾滋病的恐惧中。她们眼睁睁地看着自己最喜欢的叔叔在一种审视和怜悯两相交替的文化中消耗殆尽,成为一种不屑任何国界、国籍、种族、年龄、智力和社会地位的瘟疫的受害者。

行走在凄美的色彩斑斓的图像之中,我想起了很多有名的死难者,洛克·哈德森(Rock Hudson)①、瑞安·怀特(Ryan White)②、阿瑟·阿什(Arthur Ashe)③、伊丽莎白·格拉泽(Elizabeth Glaser)④、鲁道夫·纽瑞耶夫(Rudolf Nureyev)⑤、李伯拉斯(Liberace)⑥。我们几乎没有注意到伊丽莎白·泰勒(Elizabeth Taylor)⑦登上设立在广场一端的讲台。这位电影明星转型的社会倡导者讲到同情,讲到希望在于预防教育和艾滋病的基础研究。我很感激她的支持。

仅仅几个星期前,我们实验室团队宣布发现了 *CCR5-Δ32* ,这是第一个赋予艾滋病毒携带者对病毒感染有完全抗性的人类基因变异体。这种基因提供了一种对抗致命祸患的新免疫力的希望,对这种祸患到目前为止还没有真正的治愈方法或任何有效的疫苗。发现 *CCR5-Δ32* 和其他难以捉摸的艾滋病抗性基因(我们也称它们为限制性基因)的过程靠的是决心、耐心、耐力、准备和机缘。我们的搜索开始于80年代初,当时获得性免疫缺陷综合征——艾滋病——最初的迹象刚刚在西方世界露头。

1981年6月5日,洛杉矶免疫学家迈克尔·戈特利布(Michael Gottlieb)博士

---

① 洛克·哈德森(1925—1985),美国演员,曾以《巨人》提名奥斯卡最佳男主角奖。1985年,他死于艾滋病。

② 全名为瑞安·韦恩·怀特(1971—1990),美国抗击艾滋病的标志人物。血友病患者,在一次接受输血治疗过程中输入受污染血液而感染艾滋病。在怀特去世之后,美国国会通过了一项美国最大的针对艾滋病患者及病毒携带者的免费治疗法案《瑞安·怀特健保法案》(Ryan White Care Act)。

③ 全名为小亚瑟·罗伯特·阿什(1943—1993),美国著名网球手,第一位夺得大满贯男单冠军的黑人网球运动员。曾因误输染有HIV病毒的血液而患上艾滋病。

④ 著名影星Paul Michael Glaser(电视剧《警界双雄》的主演之一)的妻子。在1981的一次输血中,感染了HIV病毒,并累及两个女儿。1988年,女儿Ariel离去,对Glaser打击巨大。她毅然联合两位挚友Susan DeLaurentis和Susie Zeegan,成立基金会,专门救助艾滋儿童。

⑤ 全名为鲁道夫·哈米耶托维奇·纽瑞耶夫(1938—1993),苏联时代的著名芭蕾舞蹈家。1993年,纽瑞耶夫因艾滋病逝于巴黎。

⑥ 美国著名的艺人和钢琴家,1987年死于艾滋病。

⑦ 伊丽莎白·泰勒(1932—2011),美国著名电影演员,拥有德国、苏格兰、爱尔兰血统。被看做是美国电影史上最具有好莱坞色彩的人物,纵横好莱坞60年,惯有好莱坞传奇影星、常青树、世界头号美人等美誉。

在疾病预防控制中心的医学杂志周刊上发表了一份简短的报告，描述了年轻活跃
200 的同性恋男子因患有卡氏肺囊虫肺炎而日渐衰弱的5起病例。那个病原是一个无所不在的微生物——原生动物，除了在重症监护下的新生儿或正在接受免疫抑制药物的免疫反应受损的人，如癌症患者，在其他人中很少会引发疾病。戈特利布的患者也有着非同寻常的白色念珠菌（*Candida albicans*）引起的口疮。他有三个病人的免疫系统莫名其妙地崩溃。其后不久，截至那时为止仍非常罕见的紫斑皮肤癌——卡波西氏肉瘤，开始在纽约、旧金山和洛杉矶的年轻男同性恋者中出现，也伴随着极端的免疫抑制症状。

这个被短暂地称为"同性恋相关免疫缺陷疾病"（GRID）的病症，发病率逐月增长，并很快波及曾接受过输血的外科手术病患。然后血友病患者，也就是其遗传性症状要靠定期自愿接受输血治疗的人，开始表现出免疫抑制和对肺囊虫肺炎、巨细胞病毒介导的失明和各种继发性感染超级过敏。男同性恋者、受血者和血友病患者簇群性发生的免疫疾病，肯定是一种传染性病原的迹象，一种污染了血库的病原。

到1984年，艾滋病的原因显示为一种"慢病毒"（一种生长缓慢的逆转录病毒，与羊瘙痒病有关，可导致神经系统疾病，最初发现于羊和马中），叫做"人类免疫缺陷病毒"（HIV）。这一发现被官方一并归功于巴黎巴斯德研究所的吕克·蒙塔尼那（Luc Montagnier）[①]和美国国立卫生研究院的罗伯特·加洛（Robert Gallo）[②]，后来得到了旧金山大学的杰伊·利维（Jay Levy）的确认。（在现实中，这一发现纠缠在激烈的竞争和对科学掠夺、欺骗、沙文主义和欺诈的指控中，让科学殿堂和国会都很恼火）。一旦病毒首先由蒙塔尼那所识别，后由加洛和利维确认，一种血检便迅速开发出来，以便在患者的血液中检测抗HIV的抗体。加洛对HIV的血检于1984年得到许可，这一事件迅速导致对西方血液供应的清洗，使之远离这致命的病毒。

艾滋病毒/艾滋病此后在全球扩散，引起了自黑死病以来最大的喧闹。几乎每一个对艾滋病毒蔓延过程的流行病学预测，都兑现或超过了。这些统计数字让人
201 麻木。仅在北美就有约44.8万年轻男女死于艾滋病。超过100万的美国人已经

---

① 法国病毒学家，2008年诺贝尔生理学或医学奖获得者。世界艾滋研究及预防基金会联合创始人，其研究工作主要致力于寻找艾滋病疫苗和疗法。2010年11月，受聘于上海交通大学，创建Montagnier研究所，专攻艾滋病研究。

② 美国著名病毒学家。早期研究白血病，后转向肿瘤病毒的研究。其最出名的贡献是发现第一个人类逆转录病毒——嗜人T细胞1型病毒，以及嗜人T细胞病毒2型病毒。1983年，他几乎同时与吕克·蒙塔尼耶等人发现人体免疫缺陷病毒。1982年获拉斯克基础医学研究奖，1987年获盖尔德纳国际奖。

感染了艾滋病毒。但美国的死亡数字只代表全球的冰山一角。

我执笔写这本书时，全世界已有2200万人死于艾滋病；约3600万人已经被艾滋病毒感染，超过澳大利亚总人口。在2002年，有300万人死于艾滋病，550万人成为新的感染者。受灾最严重的是非洲大陆，占新发感染的70%。好几个非洲国家的艾滋病毒感染率超过30%。在非洲的博茨瓦纳[①]，艾滋病毒感染率达到吓人的40%，人口的平均预期寿命已从61岁降至39岁。撒哈拉以南的非洲地区在未来10年将会有4000万艾滋孤儿。

如果不进行治疗，会有一半的HIV感染者在感染后的10年之内死亡。除了少数例外，其余的将在下一个10年内死亡。虽然强大的抗HIV三联药物疗法可以将艾滋病症状推迟几年，但目前尚无有效的疫苗，也没有治愈的方法。HIV感染比打到头上的一颗子弹更致命，只是它致人死命需要更长的时间。此外，受感染者的发病率每隔几年就会翻一番。1998年联合国的一个预测估计世界人口增长会在2050年从94亿降到89亿，减少的5亿人基本上是由于预期的艾滋病死亡率的增加。第一批艾滋病病例被发现20周年时，《新闻周刊》(*Newsweek*)写道，"艾滋病年仅20岁。现代历史上最严重的瘟疫还远未结束。"

我在20世纪80年代初第一次知道艾滋病时，正在寻找一个严重的人类疫病做研究。卡西塔斯湖鼠和猫病毒的例子已经使我相信，内在的遗传变异体在群体应对致命传染性疾病时发挥了巨大的作用。是在人类中寻找这种"限制"基因的时候了。一旦发现了它们，将有助于填补我们关于基因介导的免疫防御知识的空白。或许有关自然遗传防御的一些线索，甚至可以转换成新的治疗方法，也可能有一天成为一种治愈的方法。 202

对于医学家可以推测对致命疾病的所有可能的治疗方法，我从来没抱有非常大的信心。我更乐观地认为，无数代的试验、错误和自然选择，已经给出了对历史上致命疾病的创新遗传学解决方案。所以我开始寻找会影响暴露于或感染了艾滋病毒后果的人类基因。这是一种预感，没有坚实的基础，没有成功的保证，但有潜在的巨大回报。

这个求索不会很轻松。首先，寻找人类抗病基因，并没有经过尝试或证明的秘方；我们不得不从试验性的试探和我们自己的失误中学习。其次，人类遗传学还处于起步阶段。在80年代初被定位乃至描述的基因不到1000个(我们的基因组可

---

① 正式全名为博茨瓦纳共和国，是位于非洲南部的内陆国，南邻南非，西邻纳米比亚，东北与津巴布韦接壤。

有3.5万个基因)。第三,即使随着艾滋病发展成一个成熟的疫情,也没有证据表明人类基因在这个疾病中起了作用。确实,我所希望的和非常昂贵的计划常常遭遇严厉的质疑,比我想记住的更频繁。有些人批评我们的项目是一种科学上的"钓鱼考察"。

在开始的时候,我自己也有点不确定,便向我的朋友们咨询。几个人类遗传学家支持寻找艾滋病限制基因的理念,但他们自己没有什么兴趣亲自参与。事实上,他们担心他们自己的工作人员和学生会暴露给任何如HIV一般致命的病毒。这是一个非常可怕的病毒。我联系的知识渊博的病毒学家们也认为,这个项目是一个大胆而富有刺激性的想法,但由于他们自己不是遗传学家,他们不知道如何利用人类分子遗传学迅速发展的工具去寻找这种基因。我自己的背景是猫科动物的逆转录病毒学、群体遗传学和人类基因图谱,这似乎是个很好的搭配,只要我能得到所需要的资金去进行。我决定开足马力前进。

首先,我说服了我的老板,国家癌症研究所分部主任理查德·亚当森(Richard Adamson)博士,给这个项目提供资金。他补充给我的预算将近100万美元。然后我上路了,征求艾滋病流行病学家加入一个充满希望的合作。流行病学家研究人们如何死于或抵抗流行病方面的差异。他们在大学公共卫生机构和地方政府工作,以繁琐的细节跟踪大量的患者群,将能够在受波及人群中造成不同的结果的社会、文化和环境等变量分类记录下来。

203

与其他任何疫情一样,艾滋病毒暴露的影响因患者的不同而不同。例如,从1978年到1984年间,在开始血液筛查艾滋病毒之前,接受过被病毒污染了的血液制品的1.2万名美国血友病患者中,约85%受到感染,但15%没有。好几位被感染了的人,其兄弟并没有被感染,即使两兄弟由同一位医生注入了相同的受污染的血液。难道是幸运的兄弟的遗传互补起到了抗感染的作用?

艾滋病疫情中另一个不可预知的方面涉及任何HIV感染者需要多久进而成为艾滋病患者或死于免疫崩溃。从被病毒感染到发展成艾滋病关联性疾病,平均时间是10年左右。然而,有些人不到12个月就会死亡;而另一些人,这是一个很小的比例,会在20年或更长的时间里免于所有的艾滋病症状。这是遗传影响吗?

同样令人费解的是会发展为艾滋病关联性疾病的类型。有些艾滋病患者会患肺囊虫肺炎,另一些人会得卡波西氏肉瘤;无数其他艾滋病关联性疾病包括结核、淋巴瘤、神经系统疾病、痴呆症、由巨细胞病毒感染而造成的失明、念珠菌感染和肝功能衰竭。难道不同的人类基因变异体可以使人易患或抵制这些不同的临床结果?谁也不知道。

在接下来的几年中,我联系了许多流行病学家,参与开发纵向艾滋病“群组”,也就是有艾滋病毒感染风险的不同群体的患者,如男同性恋者、血友病患者、静脉吸毒者、HIV 阳性的母亲和她们的婴儿。我请他们给我提供他们见到的每个病人一份单独的血样。我将血样转交给我们实验室的谢丽尔·温克勒,她已经从猎豹皮肤移植走向艾滋病研究,她用一种叫 EB 病毒(EBV)的非凡病毒制作出了永生的 B 淋巴细胞系。众所周知,这种病毒是造成青少年单核细胞增多症的原因,在极少数情况下,会造成鼻咽癌和伯克特淋巴瘤。较少为人所知的是,在实验室中 EB 病毒能将人类白细胞“转化”为永生细胞系,从而为我们提供了一个可再生并且无限供应的患者 DNA 。

204

在最初的那些年,我征集到 20 个艾滋病群组的帮助,采集了 1 万多份病人血液标本。每个样品都经过小心的转化,培养了细胞,提取了 DNA 。随着每一年过去,每个志愿者艾滋病病程广泛的临床细节扩展了我的流行病学合作者的计算机数据库。不久我们就有了足够的信息,开始将临床数据和每个病人的基因联系起来。这意味着将一个正在发展的学科,艾滋病流行病学,与另一个学科,人类分子遗传学将整合到一起。

在人类基因组项目完成其全序列草图之前很多年,广泛的人类 DNA 研究已经发现,人与人之间有相当多的遗传变异。在我们的基因组中,每 1200 个核苷酸字母就会有相对常见的遗传 DNA 变异体出现,共有 500 万～1000 万个遗传变异体,其中任何一个都可能影响受害者对艾滋病毒的反应。我相信,通过一套全面的以群体为基础的遗传筛查,我们可以将某些人类基因变异体链接到艾滋病的抵抗力上。我们采取的方法虽然简单,却完全是根据一系列群体遗传理论和实践来预言的。

首先,我的流行病学家同事们和我将每个艾滋病群组分为不同的疾病类别,即在感染了 HIV 的患者群体中,按照相似的健康或临床结果来分类。例如,为寻找一个会阻断 HIV 感染的基因,我们集结了一组感染了 HIV 的个体 (血检确定为 HIV 抗体阳性)和另一组即使已经暴露于艾滋病毒也从来没有被感染的个体。暴露的评估是基于男同性恋者所承认的高风险性行为历史、记录在案的接受过已知受污染的凝血因子的血友病患者,或城市贫民窟里与 HIV 感染高发的静脉吸毒者共用针具的人。

205

我们还比较了那些感染病毒后迅速患上艾滋病关联性疾病的患者和很长一段时间没有患艾滋病的患者; 到 1990 年,我们已有数百例病情发展缓慢或“长期幸存”者,他们可以在感染病毒后 10 年或更长时间里保持健康。

最后,我们将艾滋病患者按他们特定的艾滋病关联性疾病分类为:卡氏肺囊虫肺炎,卡波西氏肉瘤,淋巴瘤,神经系统疾病和其他疾病。

20 世纪 80 年代中期,我雇了一个杰出的年轻分子生物学家,迈克尔·迪恩(Michael Dean)博士,为这个项目开发人类遗传学技术。迈克的工作是发现并评估所有的人类基因中艾滋病研究人员可以联系到 HIV 感染和艾滋病上的变异体。

艾滋病的恐怖激发了一阵基础科研调查,集中在艾滋病毒进入人体、杀死细胞、破坏免疫系统的机制上。那番搜索已识别出几种人体细胞蛋白质,它们被篡夺了正常功能,反而与入侵的病毒“合作”来一起摧毁人的免疫系统。这些合作细胞蛋白的编码基因立刻被作为有资格特化艾滋病抗性的候选基因。现在,我们需要发现它们自然发生的基因变异体,希望其中有些基因会影响遭遇 HIV 后的结果。

因此,麦克·迪恩开始梳理艾滋病研究文献,寻找候选基因,然后用基因测序来寻找共同的基因变异体。多年来,他组合了几百个基因变异体,在我们的艾滋病群组中检测。对于迈克发现的每一个新基因变异体,他都测量了不同类别的艾滋病关联性疾病中的等位基因频率。然后,我们还比较了各类别中的基因型频率。(基因型是两个等位基因的总和,分别来自父方和母方,每个人在每个基因位点都有。)

在所比较的两个疾病类别组之间,如果我们发现等位基因或基因型频率(或两者)有一个明显差异,我们就有点摸到门道了。这可能意味着,那一组中额外的基因变异体正在使个体易于落入该类群而不是另一个疾病类群中。例如,如果一个候选基因有两个等位基因变异体,A 和 B ,如果 A 在 HIV 感染的个体中过于偏高而在已经暴露却未感染 HIV 的个体中偏低,那么我们会怀疑,A 基因的携带者对艾滋病毒的感染更敏感,而 B 的携带者对艾滋病毒的感染有抵抗力。然而,如果 A 和 B 的等位基因频率在两个疾病类别组中是相同的,我们会得出这样的结论,即这些变异体并没有影响 HIV 的感染或传播。

206

多年来,临床医生和护士、我们的流行病学合作者、谢丽尔·温克勒、麦克·迪恩和我继续增加着更多的患者、更多的基因、更多的遗传变异体和更复杂的计算机程序,来搜求异常的等位基因或基因型分布。到 90 年代中期,我们已经对成千上万的患者进行了筛选,找出 100 多个候选基因变异体和另外 250 个分布在人类染色体上编码基因附近的 DNA 变异体。

每隔一段时间,我们就会以为我们发现了群体之间的一个遗传差异,但它们经过更加仔细的检查后都被排除了。同时,我们会检测许多艾滋病文献中报告的新的研究进展,寻找新的基因来测试。最终,在我们开始这个繁琐而又非常昂贵、迄今为止仍令人失望的搜索12年之后，出现了一线希望。这一年是1996年。

“艾滋病的终结?”那年12月《新闻周刊》(*Newsweek*)的标题明确宣布。《时代》(*Time*)杂志紧接着将艾滋病研究专家何大一[①]命名为他们的“年度风云人物”，并预言1996年将作为艾滋病疫情的转折点被人们铭记。那一年，艾滋病研究见证了两个重要而有苗头的进展，这个进展正小心翼翼地走向揭底艾滋病进程，或许有一天可以抵御它。

第一个进步是全新、强大的抗艾滋病毒药物的耀眼成功。这是1996年1月在温哥华举行的国际艾滋病大会上公布的。一种三重组合的有效新药阻断了两个HIV特异性酶——蛋白酶和逆转录酶，并可以将艾滋病患者血清中的HIV减少到不可检测的水平，几近为零。接下来的几年中，这个组合药物治疗的广泛使用会延缓艾滋病进程，并大幅削减了西方国家的艾滋病死亡率。这个治疗使美国艾滋病的死亡率急剧下降了60%，从1995年的50 610例降至1999年的16 273例 。

207

不幸的是，这些强大的药物无法从感染艾滋病毒的患者身上完全消灭病毒——即使多年验血结果为阴性，暂停药物治疗仍然没有例外地导致艾滋病毒的反弹。在数年的治疗过程中，艾滋病毒似乎始终隐藏在尚未识别的组织宿主中，蓄势在其毒性消失的时候突然跳回来。此外，这种药物并不是对每一个人都有效，那些开始了这个复杂而往往令人虚弱不堪的治疗方案的人，有40%无效。抗HIV药物常常有毒性，让人恶心，还有一些讨厌的副作用，很难说是一个完美的终身治疗药物。同样相关的是，这些疗法非常昂贵，每年需1万～2万美元，在最需要它们的发展中国家病患根本用不起。

1996年的第二个突破大大提高了我们对HIV如何如此有效地逃避并破坏免疫系统防御的了解。这个新的见解是由许多专家们累积增长的实验研究进展得来的，这些专家包括病毒学家、分子生物学家、X射线晶体学家、免疫学家——都在探索着去揭底艾滋病毒是如何推进的。我不会去解释这些发现是如何产生的复杂细节，它们专业性比较强，在本书结尾部分本章参考的科学论文中对它们也做了很好的描述。相反，我将简要地总结一下现在我们所相信的HIV完成其致命伤害的方式。

HIV的成功的感染通常涉及被HIV感染的细胞直接进入受体的血液或通过性接触。游离病毒，如唾液甚至精液中的，没有高感染力。除非包裹在活的血细胞

---

① 何大一(David Ho,1952—　)，生于台湾台中市，著名华裔美国科学家，艾滋病鸡尾酒疗法的发明人。目前任美国纽约洛克菲勒大学艾伦·戴蒙德艾滋病研究中心主任。2001年，获美国总统公民奖章。

中,该病毒只在以巨大的剂量传送时才会感染。这并不经常发生,但不幸确实发生在一些做 HIV 研究的实验室,几个熟练的技术人员处理浓缩的实验室艾滋病毒菌株时,HIV 通过他们皮肤上裂开的伤口进入体内而意外地被感染。

208

一旦艾滋病毒在受害者体内获得一个立足点,它就会寻求各种组织细胞的间隙,在那里病毒可以复制。这些地方可以是淋巴结、神经组织、肠上皮细胞或阴道、脾脏、睾丸、肾脏和其他器官。HIV 的主要复制工厂是三种类型的淋巴细胞(白细胞)组合:巨噬细胞、单核细胞和 T-淋巴细胞,所有这些细胞都携带了一种被称为 CD4 的细胞表面蛋白。CD4 + T 淋巴细胞是特异的免疫细胞,专门寻找如 HIV 这样的外源病毒,并摧毁它们。HIV 以一种险恶的方式感染并摧毁恰恰是要迅速了结入侵病毒的那些细胞。

HIV 利用细胞表面的两个受体蛋白进入各种细胞。CD4 分子作为一个基座,它会挂住艾滋病毒表面的包膜蛋白,从而将病毒挂在细胞上头。然后,一个叫做 CCR5 的巨大的细胞表面受体,它浮在流体状细胞膜表面周围,迂回曲折地去接触已经钩住了 HIV 的 CD4 。CCR5-HIV 的相互作用刺激着细胞膜溶解,直至足以将病毒吞入细胞。

CCR5 通常作为 20 个细胞表面趋化因子受体中的一个。趋化因子是 100～125 个氨基酸长的短蛋白,由擦伤、撞伤甚至感染而受损的组织释放出来。趋化因子附着在正在血液中巡逻的淋巴细胞的细胞表面如 CCR5 这样的受体上,从而引起淋巴细胞的警觉以改变它的行程转向损伤或感染的组织。

艾滋病毒既利用 CD4 也利用 CCR5 进入细胞,这个发现非常重要,这个发现的高潮发生在 1996 年 6 月下旬的一周之内,5 个不同的研究小组分别在《科学》(*Science*)、《自然》(*Nature*)和《细胞》(*Cell*)发表的历史性论文。这些研究小组由宾夕法尼亚大学的鲍勃·多姆斯(Bob Doms)博士、波士顿达纳·法伯(Dana Farber)癌症研究所的乔·索德罗夫斯基(Joe Sodrowski)博士、美国国立卫生研究院艾德·伯格(Ed Berger)博士领导,另外两组来自纽约何大一的艾伦·戴蒙德研究中心,一组由理查德·考普(Richard Koup)和约翰·摩尔(John Moore)带领,另一组由内德·兰德(Ned Landou)和丹·利特曼(Dan Littman)带领。

约翰·摩尔构想出一个有用的图像来展示艾滋病病毒感染的过程。将 HIV 设想成一艘载满了人的空中飞船,在去往纽约市地铁隧道的途中。帝国大厦代表从细胞(即曼哈顿)竖起的 CD4 分子。飞船钩到大厦的尖顶上并在微风中飘扬。最后,一个大型电缆车升降梯,CCR5 分子,连接到飞船上,把这些人货卸下,下送到下面的地铁站。曼哈顿岛——承载着 CD4/CCR5 的 T 细胞——就这样感染上了艾滋病毒。

209

约翰·摩尔构想的一个展示艾滋病病毒感染过程的图像

艾滋病毒在巨噬细胞、单核细胞和T细胞中安家时，它还是以某种方式被隔离或保护着，不会遭受免疫清除。没有人确定这是怎么做到的，但精明的病毒接管了细胞机器，并把它转换成装配生产线，每天能生产多达100亿个新的病毒颗粒。因为每个复制一般产生一对新突变，由此产生的HIV病毒成为一个突变的变异体群。HIV的巨大多样性是免疫系统所受的挑战的症结所在。

有了足够的时间，病毒最终占了上风，而不幸的受害者的免疫系统则溃不成军。最后，CD4-T淋巴细胞的数量下降到每立方毫米的血液低于200个CD4细胞。CD4-T细胞下降是艾滋病介导的免疫枯竭的标志。通常在CD4细胞崩溃的数月之内，患者就会死于癌症或一个或多个毁灭性微生物感染。健康的人体内很容易清除的微生物，对艾滋病患者来说却是致命的。

在大多数，但不是所有的HIV感染者当中，CD4-T细胞群体崩溃之前，不断变异的病毒会经历一系列特定突变，改变其细胞受体偏好。HIV的*env*基因，它指定糖衣病毒表面的糖蛋白，会变得使病毒能够更有效地傍上一个不同的趋化因子受体，CXRC4，而不是CCR5。患者体内的HIV群体中，利用CXRC4的HIV变异体成为主宰，这些变异体随着它们表面的CD4和CXCR4受体进入细胞，但不会使用CCR5。CXCR4病毒比它们的前身即利用CCR5的病毒更致命。CXCR4-HIV杀死它们感染的T细胞，并引发新感染的细胞产生毒素，从而杀死其他尚未被感染的T细胞。CCR5到CXCR4的转换是一个不祥的征兆，预示着免疫破坏的最后一幕中CD4-T淋巴细胞的快速损耗。

210

一个有助于揭示CCR5和CXCR4的关键作用的重要实验表明，通常绑定到CCR5和CXCR4受体的特定自然趋化因子，可以物理性地阻断艾滋病毒对易感细胞的感染。因此，加入带有CCR5和CD4的细胞首先被一个或多个通常绑定CCR5的趋化因子(命名为RANTES、MIPIα和MIPIβ)饱和，这些细胞将不再允许CCR5-HIV感染。它们的受体被物理性地阻断了，CXCR4-HIV隔离也是一样。当CXCR4专一性的趋化因子配体(被命名为基质衍生因子SDF)首先涌向这些细胞时，它们无法感染承载着CXCR4/CD4的细胞。这些实验证明，趋化因子受体是HIV感染的主要准入门户。但它们也让我纳闷，艾滋病毒感染的过程到底能否被制造了CCR5或CXCR4或其对应的趋化因子分子的人类基因中的变异体所改变?

对赋权给艾滋病毒的细胞罪魁祸首的急速揭示，激励了我的研究团队。第二天，就设计出了寻找*CCR5*、*CXCR4*及其所有互补的趋化因子基因的人类遗传变异体的DNA检测。(基因通常用斜体表示，而它们编码的蛋白则不用，所以，与

CCR5 基因对应的是 CCR5 蛋白）在好几个趋化因子基因中的 *CXCR4* 基因和其他几个基因之内，我们发现了两种常见的 DNA 变异体。但很可惜，它们的等位基因和基因型频率在临床疾病类别中没有什么不同；这些突变的变异体与艾滋病无关。

然后，在 1996 年 7 月 4 日独立日，也是同名电影首映的那一天，我们的艾滋病项目两个有才华的新入职员工迈克·马拉什卡（Mike Malasky）和玛丽·卡林顿（Mary Carrington），筛选了 40 例患者的 *CCR5* 基因。他们发现有几人携带了一种明显的遗传差异——*CCR5* 基因中间有一个大开口的洞，是一段 32 个核苷酸字母的删除。这个变异体颇不寻常，因为它不像人类染色体中常见的“单核苷酸多态 211 性”（SNPs）那样的单个核苷酸字母的变化。相反，*CCR5* 基因的编码脚本有 32 个字母完全丢失，被一些很久以前的突变剪掉了。这个变异体作为一个杂合子（即病人携带了一个正常的 *CCR5* 等位基因和一个叫做 *CCR5-Δ32* 的突变的突变等位基因），在我们 1/5 的患者人群中都有发现。这个变异体相当高的出现率是一个意外发现，因为 *CCR5-Δ32* 的基因产物是缩短了的，根本没有功能。事实上，我们现在知道，*CCR5-Δ32* 变异体产生一种受损蛋白质，受损的程度使细胞的垃圾清运器会简单地将其吞噬并在其能够达到细胞表面之前就把它摧毁。美国白人中，1.0%左右有两个 *CCR5-Δ32 /Δ32* 拷贝，他们的细胞表面上根本没有 CCR5 趋化因子受体。

卡林顿和迪安夜以继日地工作，去筛查我们大量采集的患者 DNA。在几天之内，他们就有了 1955 名有艾滋病毒感染风险的艾滋病群组参与者的 *CCR5* 基因型。

结果非常惊人。高度暴露于艾滋病毒却能避免感染的人包括我们预期的三种 *CCR5* 基因型：有些人有两个正常的等位基因，*CCR5-+ /+*；有些有两个 *CCR5* 突变的 *CCR5-Δ32 /Δ32* 等位基因；有些有一个正常的和一个突变的等位基因，*CCR5-+ /Δ32*。当我们检查感染组数据时，我们震惊了，他们只有两个 *CCR5* 型——*CCR5-+ /+* 和 *CCR5-Δ32 / +*。在 1343 名感染艾滋病毒的患者中从来没有发现第三种基因型——有两个缺陷基因 *CCR5-Δ32 /Δ32* 的拷贝。这意思就是：继承了 *CCR5-Δ32* 缺失的两个拷贝（分别来自父母）的人，能够完全抵抗艾滋病毒的感染。他们从来没有被感染，即使他们一次又一次地高度暴露。这个突变搬走了 HIV 唯一登堂入室的路径，赋予其幸运的携带者对艾滋病毒的遗传抗性。

在我们的群组中，*CCR5-Δ32* 等位基因的频率为 11%，其中主要是美国男同性恋和欧洲裔血友病患者。在非洲裔美国人中，*CCR5-Δ32* 携带者的频率要低得多，约 1.7%；而非洲本土居民中这种等位基因是完全缺失的。这一点我稍后再回过 212 头来谈。在未感染的人中，有纯合子基因型（*CCR5-Δ32 /Δ32*）的白人发生率约为

1%～2%。然而，在被艾滋病毒感染的患者中，这一比例为零。自我们最初的研究开始以来，我们的实验室和其他几个实验室已完成了超过2万人的基因分型，结果一直是这样。被感染的患者中几乎从来没有 *CCR5-Δ32 /Δ32* 的基因型，原因很简单：*CCR5-Δ32 /Δ32* 纯合子不会在它们的细胞表面产生 CCR5，没有所需要的 HIV 受体。升降梯下到地铁站时，入口被关闭了。

我们的有关 *CCR5-Δ32* 介导 HIV 抗性的清晰报告于1996年9月在《科学》(*Science*)杂志发表了。但我们并不是唯一发现这个突变的人。在纽约与理查德·考普和内德·兰德一起工作的威廉·帕克斯顿(William Paxton)从两个男同性恋者身上发现了相同的突变，尽管他俩承认曾多次与感染了艾滋病毒的伙伴发生过有风险的性行为，但他俩却神秘地避免了感染。帕克斯顿无法在他的实验室用艾滋病毒感染他俩的血细胞，促使他独立地发现了 *CCR5-Δ32*。我从我的汽车收音机上的一篇新闻报道中第一次了解到他们的发现，那时我们的论文已在8月被《科学》杂志接受了。他们是通过推理认为 *CCR5-Δ32* 对这两个人有遗传屏蔽作用；我们的报告立足于近2000名艾滋病患者，则证明了这一点是毫无疑问的。

终于，发现了我们的第一个艾滋病限制基因，一个带有炫目效果的基因：它保护纯合子携带者免受艾滋病毒感染——完全，绝对。好吧，其实并不那么绝对！*CCR5-Δ3* 的发现鼓励了其他艾滋病研究者去通过他们患者的采集样本搜索，之后的几年内，又发现了少数携带有纯合 *CCR5-Δ32 /Δ32* 的患者感染了艾滋病毒。然而，当检查这些不幸的人体内的病毒时，发现他们是晚期感染，感染了利用CXCR4的 HIV 病毒株。该毒株很少建立初级感染，因为几乎每个健康人的免疫系统都可以有效地迅速了结它，不像利用 CCR5 的 HIV 能偷偷逃过大多数人的免疫防御。213 然而，CXCR4 病毒大量聚集可以在非常罕见的情况下站稳脚跟，就像这些例外者身上发生的一样。

尽管有这些非常罕见的例外，而且科学中总充斥着这些例外，但我们仍为发现了一个可以阻断艾滋病毒感染的强大的自然限制性基因而感到欣慰。下一步就是要问，*CCR5-Δ32* 变异体对有一个正常的 *CCR5* 和一个突变的 *CCR5-Δ32* 等位基因的个体究竟有没有影响。这些"杂合子"患者的确会被感染，因为有相当一部分艾滋病毒感染者有这样的基因型。然而，当我们查看有不同 *CCR5* 基因型的感染者会有多快发展为成熟期的艾滋病时，我们发现，与有两个正常等位基因的人比起来，杂合子会将艾滋病发作的时间推迟2～4年。与非突变的人比起来，*CCR5* 杂合子的细胞上只有一半数量的 CCR5 受体。这样的减少显然足以延缓艾滋病毒在受感染个体中的复制和传播，从而有效地减缓艾滋病的进展。这并不是一个巨大的作用，但对被感染的受害者来说，艾滋病发病时间延缓 3 年就可能很有意义了。

当迈克·迪恩检查携带 *CCR5-Δ32* 的患者罹患的艾滋病关联性疾病时，他发现了艾滋病的一个结果，即 B 细胞淋巴瘤，这是艾滋病患者中常见的癌症，它在 *CCR5-+/Δ32* 杂合子中被削减了一半。CCR5 分子通常在 B 淋巴细胞的表面表达，这是一种参与抗体合成的白细胞，通常是淋巴瘤的来源地。我们相信，*CCR5-Δ32* 减少患淋巴瘤的频率，可能意味着艾滋病毒直接与 B 细胞上的 CCR5 受体相互作用，是诱导出这些致命癌症初期的一步。

整个艾滋病 20 年的历史中，一小部分个体，不超过 5%，尽管感染了艾滋病毒，也会避免任何艾滋病迹象。这些长期的幸存者如何躲过了艾滋病毒的子弹，现在仍然是一个谜。他们是否携带着一种经过了遗传衰减的 HIV 病毒株？哈佛的布鲁斯·沃克（Bruce Walker）和加州大学洛杉矶分校的贾尼斯·格奥尔基（Janis Georgi）认为，一些人的免疫系统就是比别人的更好或更有效。但是为什么呢？是因为过去的病毒暴露增强了他们的免疫系统？还是他们干脆继承了较好的免疫反应？面对问题，我们更有决心去寻找对艾滋病毒感染的替代临床结果遗传学上的解释。 214

艾滋病在非洲、西方国家、亚洲和全世界肆虐的恐怖刺激了研究人员开发出更大更广泛的艾滋病研究群组。我们自己的研究小组测试了越来越多的候选基因，像 *CCR5* 一样，它们可能会对携带者有影响。*CCR5-Δ32* 是耐人寻味的，但肯定它只是答案的一部分。在面临明确暴露却不明所以地避免了艾滋病毒感染的人中，有 80%～90% 没有保护性的 *CCR5-Δ32/Δ32* 基因型。他们是如何避免了感染的？在感染了艾滋病毒但是仍旧健康生活了几十年的长期幸存者中，仅有不到 10% 是 *CCR5-Δ32* 携带者。我们推测一定有其他艾滋病限制基因，我们猜对了。

任何人的基因组中都有近 60 个趋化因子基因，连同十几个大趋化因子受体的基因一起，如 CCR5 一样，横跨淋巴细胞细胞膜。发现 *CCR5-Δ32* 后不久，麦克·迪恩在另一个趋化因子受体 CCR2（即几个罕见的艾滋病毒菌株用来进入细胞的一种蛋白质）中发现了一个单核苷酸字母变异体。这个变异特化了一种算是无害的 DNA 替代，将编码的氨基酸从缬氨酸变为异亮氨酸，对蛋白质来说是相对无关紧要的化学变化。变异体氨基酸的物理位置是在 CCR2 蛋白的跨膜部分之内，我们实在并不期望它对艾滋病毒有任何效用。对艾滋病病毒感染的理解我们是正确的，但我们惊讶地看到，与正常的 *CCR2* 基因型携带者相比，携带一个或两个变异体（称为 *CCR2-64I*，在第 64 位氨基酸由异亮氨酸取代）的个体其艾滋病症状出现的时间会延迟 2～4 年。*CCR2-64I* 在艾滋病防护影响方面的效果等同于杂合子

CCR5+/Δ32 基因型。

受 *CCR2-64I* 保护的个体在我们的研究群组中的频率为18%，而受 *CCR5-Δ32* 保护的携带者约占研究参与者的20%。所以，35%～40%的艾滋病毒感染者有其中一个基因的遗传保护，我们认为这是一个相当大的数字。虽然这两个艾滋病限制基因相当普遍，但它们在防止艾滋病进展上的保护力量还是很弱，只是将不可避免的免疫系统崩溃推迟2～3年。尽管如此，艾滋病群组的研究方式是可行的，揭示了患者群体中小小的累积遗传影响。

215

不幸的是，在土生土长的非洲人和东亚人中，完全没有 *CCR5-Δ32* 变异体。这是因为原始突变只发生了一次，是在第一批欧洲人的祖先从非洲迁移到北半球之后的一段时间发生的。不同族群中 *CCR2-64I* 变异体也有一个有趣的频率分布。在非洲本土人中，*CCR2* 基因保护的频率是欧洲人(10%)的两倍多。在非洲，*CCR2-64I* 等位基因频率是23%，转换为 *CCR2-64I* 杂合子携带者的频率为35%。(在一个种群中，杂合子携带者的频率遵循的统计分布等于两个等位基因频率的2倍，即 $2\times0.23\times0.77=0.35$，即35%。)

当我们在内罗毕已感染了艾滋病毒的非洲妓女群组中筛选 *CCR2* 基因型时，我们发现 *CCR2-64I* 携带者在避免了艾滋病的长期幸存者中占近50%，相比之下，在那些迅速死于艾滋病的人中只有18%携带这个基因型。*CCR2-64I* 等位基因似乎延缓了这些非洲妇女艾滋病的发病时间，延缓的时间是美国群组的2倍。难道 *CCR2* 保护基因变异体等位基因高得多的频率，以及其更强大得多的保护作用，反映了非洲人群在 *CCR5-Δ32* 保护缺位的情况下逐步适应了艾滋病毒？我们对这一点不能确定，但数字却肯定地指向了这样一个解释。

CCR2-64I 介导的保护机制原本是一个谜，因为绝大多数 HIV 病毒株是利用 CCR5，仅有不到10%的 HIV 使用 CCR2 作为入门门户。如今，实验证据似乎指向一个 *CCR2-64I* 行动的间接机制。看来 CCR2-64I 蛋白能更强地傍上细胞里面的 CCR5 分子，在这个过程中将自己绑定在细胞表面。因此，在它们的趋化因子受体平复淤伤的功能方面，*CCR2-64I* 变异基因的产物能完美地发挥功能，但作为一个意外所得，它们也减缓了趋向 CCR5 分子细胞表面的旅程。*CCR2-64I* 介导的对 CCR5 为 HIV 提供进入门径的削减迟滞了病毒在 *CCR2-64I* 携带者中的传播，从而延缓了艾滋病的进程。

216

几乎与我们可以识别它们一样迅速，减缓或加快艾滋病进程的新基因开始出现在我们研究群组的基因筛查中。在写这一章时，我们已经证实了不下11种不同的艾滋病限制基因，都是在 HIV 感染、艾滋病进程或定义艾滋病病情方面起一定作用的常见变异体。其中两个是特定趋化因子的突变基因，即绑定 CCR5 的 RANTES 趋化因子和绑定 CXCR4 的 SDF1 趋化因子。这两个基因变异体明显通过过量生产绑定现有受体的趋化因子，从物理上阻断艾滋病毒进入细胞到体内蔓延，来减缓艾滋病的发展。另一种艾滋病的限制性基因变异体是在为一个强大的细胞因子编码的基因中发现的，这个细胞因子名为白细胞介素 10 ，或 IL10。大量的 IL10 抑制巨噬细胞、单核细胞和 HIV 的生长。*IL10* 基因的启动子，即变阻器开关区域中不同的核苷酸字母变异体，将通过改变这些细胞的分子的浓度，延缓或者加速艾滋病的进展。

三个艾滋病限制性基因变异体涉及人类主要组织相容性复合体（MHC）*HLA*，即 6 号染色体上的 126 种不同人类基因的浓密基因簇，其中有许多能促进对传染因子如 HIV 的免疫反应。*HLA-A*，*-B* ，*-C* 基因制造一种细胞表面蛋白质，它能抓住由外源病毒产生的小肽。然后 HLA-肽复合物提醒免疫系统清除病毒。在群体中，这些 *HLA* 基因因拥有巨大的等位基因多样性而非常有名；仅这 3 个位点 *HLA-A*，*-B* ，*-C* 就存在 400 个以上的人类等位基因。广泛的变异是进化策略的一部分，提供了一个高度多样化的库来识别外源病原。MHC 变异低的人和物种更容易死于病毒。第二章中所描述的猎豹对猫腹膜炎病毒的超易感性，是 MHC 介导的对致命病毒不堪一击的一个有说服力的例子。

原来像猎豹一样，MHC 变异有限的人在面对艾滋病毒时处于严重劣势。在快速发展到艾滋病的因素中，*HLA-A*，*-B* 和*-C* 的纯合子（即一个或多个 *HLA* 基因中有两个相同的等位基因拷贝的个体）占很大成分，使这些人成为感染两三年内就罹患艾滋病的不幸受害者。究其原因，在于迅速突变的 HIV 只是在 *HLA* 变异较少的患者中更快地发展了其自身对 *HLA* 防御的抗性。

217

我们辛辛苦苦地监控成千上万艾滋病患者 20 年，现在开始初见成效了。那些在向艾滋病进军过程中，精心安排使患者的基因不知不觉与自己合作的基因，在规避发现这么久之后，它们抬起了头。

随着艾滋病限制基因的卷入清晰起来，我们关注的是一个很实际的问题。这些基因变异体到底有多重要？在这幅全球性瘟疫的大图中，它们果真关系重大吗？有些作用是非常小的，只有上了规模和诊断精确的艾滋病群组群体才显露出来。有办法把握其真正的影响力吗？一个人的基因型对艾滋病流行病学中差异的影响，能够有多大呢？

回答这些问题可能很复杂，因为基因的生理作用是相互的，所以我们不能简单地将每个基因的影响叠加在一起。然而，通过考虑艾滋病限制的三个方面，流行病学家可以量化遗传危险因素的影响。首先是基因究竟在一份(显性)就能发挥其作用,还是需要两份(隐性)。例如,*CCR5-Δ32* 对艾滋病进展发挥的是显性限制(一个剂量),而对艾滋病毒感染的作用是隐性的(两个剂量)。其次,我们要考虑限制性基因的作用有多强;有保护性基因型的人比没有它们的人,情况要好多少? 这个方面被称为“相对风险”,由发展成(或抵制了)艾滋病的人的保护性基因型与易感基因型之间的比例来衡量。第三个要考虑的是,广大人群中保护性基因型的频率。常见的保护基因型对流行病比罕见病更重要。

流行病学理论允许我们分别评估 11 个已知的限制基因中每一个基因的影响,然后作为一个组合来研究,对每一个基因都检查了相同的患者。11 个基因每一个在艾滋病进展速率上都有一些可测量出的影响。估计任何一个限制性基因单独的估算影响都很小;例如,约 5%～10%的长期幸存者能将其延迟发病归因于 *CCR5-Δ32*。然而,当把所有的艾滋病限制基因型作为一个单一的因素来考量时,艾滋病进展速率方面有近 1/3 的流行病学上的变化要归因于患者的基因型。换句话说,在这些疾病类别中,大约有 15%的长期幸存者和 15%的艾滋病迅速发病者是由于他们携带的艾滋病限制性基因的形式所造成了这样的结果。这意味着,15%非常幸运的艾滋病长期幸存者,也就是避免艾滋病达 20 年的人。若不是被 11 个已知的限制基因的一个或多个的保护,可能会死得更早。对快速发展成艾滋病的人也是一样:如果他们接受了更好的遗传物质,15%的人可能存活更久。

这种高程度的累积遗传归因性突出了基因在控制不同的人死于艾滋病的速度上可以发挥的关键作用。对于在初始艾滋病毒感染过程中的遗传影响,我们知之较少,因为 11 个基因中只有 3 个基因,即 *CCR5*、*RANTES* 和 *IL10*,显示出对艾滋病毒传导有作用。我猜想还有许多其他未被发现的限制基因,有弱有强,它们将被证明调节或限制了艾滋病毒感染或艾滋病病程。今天,我们正在艾滋病研究群组中寻找新的限制基因,那些能调节对 HIV 的免疫反应的基因和对强大的抗 HIV 药物很敏感的基因。

艾滋病限制性基因并不能提供一个直接的治愈方法、疫苗或某些诊断预后,但它们把我们的基因组合起来,并让艾滋病研究者朝着不同的思路走下去。

由于新发现就满怀信心地预言会有一个有形的医学获益是危险的。有些东西根本不起作用。然而,如果可以预测我们投资艾滋病限制性基因的回报,那就是将基因机制转化为成创新和有效的治疗,它会模仿对艾滋病毒和艾滋病的自然延迟。CCR5 在 HIV 感染中的作用被曝光后,制药公司几乎立即开始探索如何利用艾滋病毒通过 CCR5 进入细胞内的迫切需要。如果大多数人健康的免疫系统可以迅速了结利用 CXCR4 的 HIV，那么停止较为成功的 CCR5 介导的艾滋病毒进入细胞的药物有可能有效地阻断艾滋病毒感染。

能够绑定 CCR5 但不刺激细胞内基因信号（趋化因子受体的正常功能）的小合成肽，正在动物研究和人体临床试验中显示出非凡的前景。治疗肽能够物理性地阻断病毒进入 CCR5，防止易感细胞对艾滋病毒的摄取，并中断艾滋病的进展。其他化合物，如包裹 CCR5 的单克隆抗体或作用在细胞内阻碍 CCR5 运输到细胞表面的化合物（如 *CCR2-64I* ），正在因可能的抗艾滋病治疗受到评估。希望在于用"智能药"打乱艾滋病毒造成损害所需要的细胞机器。

攻击艾滋病毒宿主的便利性讲得通，还有一个原因。15 种已获得许可的抗艾滋病药物都是攻击艾滋病毒基因、干扰病毒组合的。艾滋病毒的高突变率——每天 10 亿个新突变——将使得它产生抗药性。艾滋病毒是一个移动的靶标，而细胞基因不是。攻击细胞门户的治疗不会因迅速进化的耐药病毒而受到影响。

这真是难以想象的幸运，有纯合子 *CCR5-Δ32 /Δ32* 的人都非常健康。CCR5 是可有可无的，因为其重要的趋化因子受体功能在基因组上是"冗余的"。从治疗发展的角度来看，发现一个对致命传染病的进程来说绝对必要的基因，那运气不是一般的好，同时也是值得的。这样的功能是一种理想的药物靶标。

CCR5 也恰好是制药公司非常熟悉的一个被称为"7 次跨膜受体"的大蛋白家族的成员。以 7 次跨膜受体为目标的药物已被开发出来，治疗常见的炎症性疾病，如哮喘、溃疡、关节炎和牛皮癣。如果没有数千，也有数百种抗 7 次跨膜受体的药物已经在测试其对人类的毒性和有效性。现在，这些都正在被重新拾起并在做抗艾滋病毒的尝试。 220

至少有两个有望阻断 HIV-CCR5 相互作用的药物正在进入人类临床试验的最后阶段，是取得 FDA 许可为公众使用之前的最后一步。从基础研究转化为临床的递增工作正在自行走到极致。这些大胆的新治疗方法的证明必须等待它们应用于这个流行病。缓慢耐心的研究、试验和错误将会继续，直到治愈和有效疫苗出现。

艾滋病这个流行病的面孔有很多表情。通过我唯一的弟弟的眼睛，随着他那个世界里每一个受波及的生命都被转向了"快进"，我亲眼目睹了这种疾病的恐怖。在 20 世纪 80 年代旧金山的同性恋社区，让人头脑发麻的 80% 的艾滋病毒感染率让无数风华正茂的年轻人过早地走入坟墓。渐渐地，我被他们这个圈子所接受，成为他们联系到有 NIH 医学界背景的艾滋病研究的一个渠道。我解释过最新的发现、最近的进展和任何一线希望。在这期间，我也知道，我会埋葬我的新朋友和他们的伙伴中的又一位艾滋病死难者，只是时间的早晚而已。如此近距离地看着艾滋病的稳步推进，更增加了我加快我们的研究找到答案，扭转这个致命祸害的决心。今天，我们继续我们的搜寻，来寻找未被发现的艾滋病限制基因，通过涉及成千上万基因变异体的密集的全基因组"扫描"，希望揭示出所有限制艾滋病的基因。

艾滋病的故事远未结束。大多数熟悉艾滋病研究步伐的观察家在预测它将如何发展方面都很谨慎。我所认识的科学家或艾滋病相关倡导者中，没有一个轻易停步或指望着一个快速的解决方案。事实上，许多人认为，如果我们放松警惕，非科学界的公众将不会原谅我们。在 20 年中，艾滋病杀害的人数几乎与黑死病相当，超过了 1921 年的大流感，也超过了科尔特斯的军队带给美洲原住民的天花①。

221 由于疫情大增，我们几乎没有时间来庆祝所获得的微小进步。人们只能希望着，工作着，祈祷着，在这个传染性疾病猖獗到几乎把所有的人种都暴露之前，开发出疫苗、治愈方法或干预手段。如果那个不可思议的前景成为现实，那么科学家们将不再把艾滋病看做一种传染性疾病，而是一种遗传性疾病，那些无法战胜不可避免地暴露于无处不在的 HIV 的人才会患上。那时病毒就赢了。

---

① 埃尔南·科尔特斯(Hernán Cortés;1485—1547)，西班牙殖民者，以摧毁阿兹特克古文明并在墨西哥建立西班牙殖民地而闻名。1519 年 4 月，他率兵包围阿兹特克帝国首都时，故意送给城内的印第安人不少沾有天花病毒的毛毯，造成瘟疫在城里流行，导致当地人口大量死亡。

第十三章　起　　源

222

她在颤抖，发烧，害怕。天将亮未亮，她已经断断续续地折腾了一夜，时而打瞌睡，时而祈祷，但大部分时间是在哭。她使劲地祈祷，以至于发展成了搏动性头痛，并慢慢走向绝望。在过去几周里，玛格丽特·布莱克韦尔（Margaret Blackwell）无奈地看着她的儿子、她的两个女儿、她的叔叔以及她的堂兄妹们因那可怕的瘟疫而走向衰弱和死亡。她住在英国德比郡一个叫伊姆的小村庄。这一年是 1666 年，玛格丽特 36 岁。

面对日益肆虐的瘟疫，伊姆教区 28 岁的牧师威廉·蒙佩森（William Mompesson），一个虔诚而霸气的英格兰教会的高级教士，宣布设立“防疫封锁线”，将教区 80 户人家严格隔离在他们在伊姆的家里，以限制疫情的传播。德文郡伯爵提供的食品被送到村子最南边一个遥远的交叉路口，换来村民们用在醋里泡过的一点点可怜的硬币。蒙佩森宣布要关闭教堂，礼拜等仪式都在户外举行。墓葬和葬礼都停止了，迫使村民将自己的亲人埋葬在自家的田地和园子里。遵照他们的牧师的规定，吓坏了的村民们同意为了其他人的利益而将自己隔离。

这位牧师不会明白，但他的法令徒劳无益。蛰伏在村猫和黑鼠皮毛上的跳蚤轻而易举地把鼠疫传播开来。害虫把疾病送到一家又一家，自由得像太阳透过窗户照进来一样。就在历史一眨眼的工夫，每一个留在伊姆的（少数已因恐惧而逃离）虔诚公民都暴露给了一种鼠疫杆菌——鼠疫耶尔森氏菌 *Yersinia pestis*，就是三个世纪前曾肆虐欧洲引起黑死病的那个致命细菌。

223

玛格丽特·布莱克韦尔从床铺上爬起来，蹒跚地走下阁楼楼梯，挪到缓慢燃烧的壁炉附近，以温暖她颤抖的身体。她尽量轻手轻脚，以免打扰她的母亲和哥哥，幸好他们还在睡觉。玛格丽特不敢质疑造物主的智慧，他在用这样一种可怕而痛苦的方式带走这么多生命。她听说过多少年以前的黑死病，也听说过恳求者们曾在法国和意大利的公共广场上鞭笞自己，以平息上帝的愤怒。她那么认真地祈祷，以至于她的膝盖都擦伤发炎了。或者组织炎症也是她的病的一部分？她看到壁炉架上那瓮省下来做菜的熏肉油脂，它还温热，还是流体。神志昏迷中，她认为那做菜的油脂肯定会杀死那个占据了她衰弱和垂死的身体的恶魔。也许它会结束她体内的邪恶，或至少缩短她的痛苦。她把那一整罐都喝了下去。

甚至她还没有来得及仔细考量一下她的鲁莽，她已经弯下腰开始呕吐，尖叫，哀号和呜咽。精疲力竭后她晕过去了，笃定这是她最后一口气。

但其实不然。几天后她的体力慢慢恢复了，她的高烧消退了，她起身来照顾她病得起不来的家人和邻居了。

这个小小村庄的死亡人数令人震惊。80 户中，有 70 户至少有一名受害者，大多数人家不止一个。到 1666 年年底，墓葬人数会达到 280 个，超过伊姆民众的 50%。去年我访问伊姆教堂的墓地时，看到了那些可怕岁月的一个阴郁的情景，一排排的墓碑承载着 1665—1666 年间的死亡，那是瘟疫的石碑。

往南 100 英里，在伦敦，成千上万的人死于 17 世纪那场大规模瘟疫。1666 年春，伦敦大火可能在结束这样的死亡方面发挥了作用。然而，并不是每个染病的人都丧生了。是什么救了他们？玛格丽特·布莱克韦尔真是被她咽下去的大量熏肉油脂治愈的吗？布莱克韦尔的第六代侄孙女琼·普兰特(Joan Plant)，如今是伊姆教区教堂的行政主管。琼·普兰特给我讲了这个故事，并认为那激进的汤剂想必救了玛格丽特。当我们见面的时候，我却有了另外的想法。

224

很难想象 14 世纪黑死病横扫欧洲时，欧洲人经历的那种恐怖。历史学家相信，它是 14 世纪初在东南亚某个地方开始的——也许在蒙古大草原上，或者在喜马拉雅山谷，甚至在缅甸贫民区。鼠疫耶尔森氏菌一个特殊的毒株，从啮齿类动物中流行的一个不那么致命的形式出现。这个微生物在十几种啮齿类动物的血液中蓬勃发展，并适应了由跳蚤来传播。

亚洲最早的死亡记录是在中亚戈壁滩上，那里的旱獭(与土拨鼠有关的大型啮齿动物)携带着鼠疫杆菌。捕兽者采集了死亡旱獭的皮毛，那上面带有饥饿的跳蚤，并把它们卖给经销商，从丝绸之路往西运到卡法城，黑海北岸的一个繁华海港。卡法城密集的人口，恶劣的卫生条件和猖獗的黑鼠出没，为这些活跃的鼠疫杆菌提供了理想的传播条件。大鼠们自由地登上中世纪的船只，并于 1347 年 10 月到达拥挤的地中海港口城市，西西里岛的墨西拿。当水手们开始卸下尸体后，他们和他们的船迅速地离开海港，但阻止大鼠跑上岸去已为时过晚。西方文明的过程将永远地被改变了。

被瘟疫折磨的受害者先是在腹股沟和腋下淋巴结出现大如鸡蛋的肿胀。这些是腹股沟淋巴结炎，淋巴腺鼠疫病由此得名。腹股沟淋巴结炎显现出来几天之内，可怜的受害者就发起高烧，神志不清，身上有出血性黑色斑点，这些瘟疫的标志或神的"符号"会遍布全身。然后内出血导致神经中毒，内脏器官衰竭，皮肤、肠子和鼻腔出血，最后直至可怕痛苦的死亡。

这个传染性微生物，鼠疫耶尔森氏菌，首先是由亚历山大·耶尔森（Alexandre Yersin）和北里柴三郎（Shibasaburo Kitasato）于 1894 年指认为黑死病的罪魁病原。这种细菌已经进化出有威慑力的杀人机械，它以一个额外的细菌染色体（称为"质粒"）形式，编码被称为 Yops（耶尔森氏菌外在蛋白）的毒性蛋白。Yops 会毒害细胞机器，尤其是外周血淋巴细胞介导的免疫防御的细胞机器。一旦进入其宿主的血液中，细菌就会在巨噬细胞，即一种早期细菌防御细胞上安家，在巨噬细胞发送化学求救信号到免疫系统的其他武器之前，在其表面穿孔并注入 6 个 Yop 蛋白来破坏巨噬细胞。受害者的防御系统被干净利落地摧毁，垂死的宿主会成为制造耶尔森氏菌的高效工厂。今天，全世界每年发生的 1000 多例鼠疫，我们都可以用强大的抗生素治疗，但在 14 世纪，这种化合物还未合成出来。

225

黑死病毁灭了欧洲社区，一座又一座城市留下难以言说的死亡数字。当它袭来的时候，欧洲人口大约是 1 亿；五年之内，就死了 3000 万～4000 万人。意大利和英格兰的人口死了一半；威尼斯死了 3/4 的人口，10 万人。热那亚失去了 80%的人口。来自伦敦的报告显示，死亡率记录高达 90%。塞浦路斯和冰岛诸岛据说被瘟疫彻底地变成了无人区。

到 1352 年，瘟疫已经开始北上，从意大利穿过法国、德国、英格兰和西班牙，北到斯堪的纳维亚半岛，然后向东蔓延到俄罗斯，再返回到离其始发地卡法城方圆几百英里之内。3000 万欧洲人已经丧生。然后死亡突然停止，像它的开始一样突然。

更不精确的是欧洲瘟疫之前对亚洲死亡数字的估计。然而，许多历史学家的评估认为，亚洲丧生的人数甚至更超过欧洲。以《鲁滨逊漂流记》（*Robinson Crusoe*）最为知名的丹尼尔·笛福（Daniel Defoe）在 1722 年写了《瘟疫年纪事》（*A Journal of the Playue Years*）一书，他在书中描述了 14 世纪的印度、中国和小亚细亚简直就是被死尸所覆盖。文化上正在向前推进的中国人口因瘟疫和随后的饥荒减少了一半，从 1200 年的 1.23 亿降至 1350 年的 6000 万左右。

226

黑死病不是重创欧洲人的最后一次瘟疫大流行。在 1348 年风波 10 年后，这种可怕的疾病再度出现，强度几乎与前一次相当。在接下来的 300 年中，每一代都会有一次周期性区域爆发，频率和强度令人恐慌。黑死病之后的几个世纪中，欧洲人口减少了60%～75%。1665年席卷不列颠群岛的大瘟疫夺走了7万人的生命，包括伊姆教区那些吓坏了的公民。1772年，最后一次大瘟疫在马赛爆发，全市人口有一半死于这可怕的疾病。

大学图书馆的历史分部关于黑死病及其社会后果的书籍比比皆是。只消说那之后一切都变了就足够了。人们变得更加阴郁，更加内省，强调个人而不是社区。他们信奉某种宿命论，而不是充满希望的奉献。支撑着宗教习俗的那些支柱受到挑战。一个仁慈的造物主怎么会造成这样的伤害呢？最常见的结论是，上帝的愤怒在为他子民的罪而惩罚他们，严厉地惩罚。

但是也出现了其他解释。大多数人意识到这种疾病是从人到人传播的，但没有人肯定是如何传的。有些基督徒怪罪犹太人，他们那时已被降为二等公民，甚至被教会奴役。教皇英诺森三世(Pope Innocent Ⅲ)给他们扣了“基督杀手”的帽子，托马斯·阿奎那(Thomas Aquinas)[1]认为，“因为犹太人是教会的奴隶，他可以处理他们的财产。”谣言四起，有些人说犹太人似乎并不容易感染瘟疫，有些人认为他们策划了一个阴险的阴谋，投毒到水井使其干枯。谣言导致恐怖。

1349年8月24日，在美因茨[2]，欧洲最大的犹太人据点，一伙民团暴徒制服了惊恐的犹太人，烧死了6000人。同年3月，在沃姆斯，400名犹太公民在家中自焚，以避免被基督徒杀害。此后不久，另外3000名犹太人在埃尔福特被杀害。总而言之，在那些年月里，作为黑死病的一个种族主义的解决方案，估计有1.6万犹太人惨遭杀害。

227

14世纪的黑死病并不是第一波诅咒欧洲人的瘟疫。公元6世纪拜占庭皇帝查士丁尼(Byzantine Emperor Justinian)统治期间，就记载了第一次大瘟疫的出现。这个凶猛的疫情非常可怕，它在鼎盛时期每天造成君士坦丁堡1万人死亡。查士丁尼瘟疫向北传遍了欧洲和英伦三岛，严重削弱了罗马帝国。随后，一波又一波瘟疫以惊人的规律性在欧洲周而复始地出现，直到8世纪末，死亡才终于停歇。现代的估计认为查士丁尼时代的瘟疫(541—750年)造成的死亡人数大约为1亿人，在使用罗马数字计数的当时，这个数字肯定不堪重负。

---

① 托马斯·阿奎纳(约1225—1274)，是中世纪经院哲学的哲学家和神学家，他把理性引进神学，用“自然法则”来论证“君权神圣”说。是自然神学最早的提倡者之一，也是托马斯哲学学派的创立者。他所撰写的最知名著作是《神学大全》(*Summa Theologica*)。天主教教会认为他是历史上最伟大的神学家，将其评为33位教会圣师之一。

② 美因茨，德国莱茵兰-普法尔茨州的首府和最大城市，位于莱茵河左岸，正对美因河注入莱茵河的入口处。

查士丁尼瘟疫、黑死病和随后而来的腺鼠疫并没有因当时的治疗、隔离或医疗巫术而减轻。接触上就会受传染，几乎都会发病，其中 60%～80%会死亡。这样的恐怖被牧师、神学家、小说家、艺术家和历史学家记载下来，但他们的观点局限于对痛苦的描述。在当时，医学是神学；微生物学还不存在，分子遗传学甚至想都想不到。

关于这次瘟疫，还有许多问题仍在人们心头萦绕。它因为什么开始？因为什么结束？为什么有些人死了而另一些人却活了下来？对其原因，一直存在着严重的分歧。有些专著显然是将其归因于炭疽、麻疹、斑疹伤寒，甚至结核病。英国研究人员苏珊·斯科特(Susan Scott)和克里斯托弗·邓肯(Christopher Duncan)在其 2001 年出版的《瘟疫生物学》(*Biology of Plagues*)中认为，黑死病是由一种类似致命的埃博拉病毒或马尔堡病毒的出血热病毒引起的。大多数专家仍相信，耶尔森氏菌是罪魁病原。确实，DNA 技术最近从埋在法国坟地中的 14 世纪瘟疫受害者的牙髓中发现了耶尔森氏菌 DNA。然而，科学的疑问和不确定性是发人深省和重要的，特别是如果我们希望在未来避免类似灾难的话。

228 现在让我们快进到最强大的现代瘟疫，那个被我们称为艾滋病的祸害。对于这种威胁，我们的确有活着的患者、医疗监察、组织标本和敏感的分子工具来引导科学家找到病毒的原因——艾滋病毒 HIV。每年的艾滋病研究支出超过 10 亿美元，使科学家得以对 HIV 的行动模式进行详细分析，并在整个地球追踪艾滋病毒的蔓延。不幸的是，虽然我们的生物技术已经很先进，但我们还是没有设计出预防性疫苗或能治愈的治疗方法。

自首次确认 HIV 以来的 20 年中，6000 多万人被传染，逾 2200 万人死亡，艾滋病毒的死亡数字正在令人不安地日益逼近黑死病造成的死亡数字。如果继续以每年新增 600 万感染的速度发展，艾滋病将在今后几年里超过 14 世纪瘟疫 3000 万的死亡人数。

尽管这些统计令人沮丧，但科学对艾滋病毒和艾滋病的起源还是有了很多的了解。通过比较艾滋病毒跨越时间、跨越大洲、跨越携带相关慢病毒的动物时所发生的遗传变化，关于艾滋病毒何时以及如何首次进入人类的明确看法已经日渐清晰。只是最近通过医学和遗传数据相结合的方法才得到肯定和具体化的那个故事，情况大致是这样的。

艾滋病毒 HIV 有两个不同的遗传特点鲜明的基因型，HIV-1 和 HIV-2。这两个毒株彼此是远亲，原来它们有不同的起源。HIV-1 是强有力而无处不在的病毒，是全球艾滋病疫情的病因。HIV-2 是一个较小侵略性的株系，基本都是在非洲中西部生活的人身上发现的。HIV-2 会导致免疫缺陷和萎缩病，但远比 HIV-1 慢，效率也低。

对非洲非人类的灵长类物种的血液筛查显示，超过 20 种不同的野生猴类携有猴免疫缺陷病毒(SIV)，遗传学上是艾滋病毒的第一代堂兄弟姐妹。这些被 SIV 感染的野生猴子散布在整个非洲，它们容忍了 SIV 感染却没有罹患艾滋病，这是一个有趣的情况，我会稍后再讲。

229

对这些猴病毒详细的进化基因组学分析表明，HIV-2 起源于在非洲黑白眉猴(*Cercocebus atys*)中流传的本土 SIV。横跨全球的 HIV-1 毒株传播更广，毒性更高，它们是现今在非洲西部和中部的野生黑猩猩(*Pan troglodytes*)中流传的一种病毒的后裔。最早的艾滋病毒感染者的血液标本是 1959 年从一名英国水手身上获得的，他在非洲同一地区生活了一段时间。

流行病学研究表明，第一批艾滋病疑似病例是在刚果和邻近的中非国家靠近黑猩猩居住的地区出现的。通过比较几百个 *HIV* 和 *SIV* 基因组序列，发现了一个病毒相关性模式，猴 SIV 曾不下七次独立地转移进入人类受害者，对这个模式做出了最好的解释。三种不同的 HIV-1 病毒株曾在不同的时间从黑猩猩跳传到人类。其中两种病毒转移源于西非的黑猩猩亚种 *P. t. troglodytes*，第三种来自中非黑猩猩亚种(与西部刚果、坦桑尼亚和乌干达重叠)*P. t. schweinfurthii*。第一个病毒随后扩散到非洲之外；而另外两个株系留下来，渗入中非社群。

黑白眉猴的 SIV 病毒也分别发生过四次到人类的转移；至少我们是这样解释病毒基因组序列的种系进化簇模式。黑白眉猴病毒被称作 HIV-2 型，一旦进入人体，就在西非几种文化中蔓延开来，主要是通过异性性接触，尤其是有多个性伙伴的人中。

就像所能确定的那样，似乎感染了特定 SIV 菌株的黑猩猩、黑白眉猴和其他猴类物种本身都没有发展成类似艾滋病的疾病，即使它们已携带病毒多年。显然，这些感染了 SIV 的猴类已经经过了一个历史上的适应插曲。

230

科学家们很笃定，非洲野生猴有遗传抗性，而不是简单地感染上了一种失去了效力的病毒，这有两个原因。当兴旺的非洲猴身上的 SIV 病毒转移到亚洲猕猴物种时，这些猴子很快就发展为艾滋病。亚洲是没有 SIV 的，所以野生猕猴从来没有接触过。我们得到这个教训很偶然：在一个由美国国家卫生研究院管理的灵长类动物研究中心，当猕猴与感染了 SIV 的健康非洲猴一起饲养时，它们感染了来自非洲的健康猴子身上的病毒，得了艾滋病。如果它们没有生病并死于类似艾滋病的免疫缺陷病，我们可能仍然在奇怪艾滋病毒来自何处。

黑猩猩 SIV 病毒依然是致命的，这也由人类艾滋病疫情的肆虐得到证明。作为黑猩猩 SIV 病毒的后裔，HIV-1 造成的死亡率超过 90%，这使得它比任何记录在案的传染病都更致命。

SIV 病毒是多久之前进入人类群体的？换句话说，这种致命疾病的人类版本有多大年纪了？HIV-1 的年龄与现今在世界各地蔓延的艾滋病毒隔离菌株之间遗传多样性的量是成比例相关的。随着时间而累积的病毒序列多样性，可用于估算病毒最早进入人类的时间。最稳健的计算表明，大约需要 70 年的时间来积累目前在世界范围的 HIV-1 毒株的变异。这意味着，第一个病毒形式从黑猩猩跳转到非洲受害者身上是在 20 世纪 30 年代的某个时候。我们没有任何 50 年代末之前的含 HIV 抗体的血样来证明这一推断。然而，20 世纪 30 年代这个推算出来的年代似乎相当符合我们所拥有的数据。

但实际上 HIV-1 是怎么从黑猩猩转移到人的呢？大大小小的猴子当时(现在依然)在一种普遍而往往是非法的"丛林肉"交易中被猎杀，提供给伐木业以及一些高档餐厅。在黑猩猩、大猩猩和其他较小的感染了 SIV 的猴的种群所居住的区域，非洲丛林猎人每月射杀几百只猴子。

非洲丛林猎人既不是分类学家，也不是环保主义者，所以他们很少区分常见的小猴子和珍稀濒危猿类，我们的近亲。的的确确，在刚果、喀麦隆和加蓬，丛林狩猎往往得到选举产生的官员们的容忍，尽管国际法已明文规定要保护濒危物种。我们在把我们自己的家庭成员当晚饭吃掉。由野生动物摄影师转型成为保育工作者的卡尔·阿曼在他震撼人心的《吃猿》(*Eating Ape*)一书中，形象地记载了广泛的丛林肉贸易及其对剩余的黑猩猩和大猩猩种群的影响，他的这本书将于今年[①]问世。 231

黑猩猩 SIV 病毒几乎肯定是通过血腥屠杀的过程进入丛林猎人体内的。通过手上的开放性伤口、晚餐客人的口腔牙周病变或任何其他的血液接触，该病毒会相对容易地传播。最初的感染可能在早期的接受者中引起了严重的疾病，但不是在他们把这个慢慢发作的病毒传染给自己的性伙伴之前。疾病在中部非洲的村庄里低频传播了几十年，直到那里及非洲以外的社会条件导致了近期的全球扩散。

非洲最早确认的艾滋病临床病例是 20 世纪 80 年代初，在靠近维多利亚湖西岸的乌干达和坦桑尼亚的拉凯区的布科巴。在此之前，推翻乌干达独裁者伊迪·

① 本处指的是 2003 年。

阿明(Idi Amin)的内战催化的社会条件,可能已经刺激了这种致命疾病的蔓延。穿过战场的主要卡车路线、大量与战争有关的性侵犯受害者,再加上大批从战区逃到城市妓院的妓女,促进了艾滋病毒的快速扩散。

对这种疾病还没来得及达到广泛的理解,大型喷气式客机就将受传染的人从非洲运送到了欧洲、美洲和亚洲。除了最近几个成功的健康教育计划的例外——特别是在乌干达和泰国——病毒继续加速其在今天发展中国家的进程,毫无阻挡。

这一切都不应该发生。1967 年,美国卫生总监威廉·斯图尔德(William Steward)就已经宣布了传染病时代的结束。受到抗生素和疫苗成功地抵抗了天花、麻疹、脊髓灰质炎和其他疾病的鼓舞,他预言,生物医学的重点将很快由传染病 232 转到“慢性”疾病上。艾滋病造成的毁灭、乙肝病毒(4 亿人感染并有肝癌风险)造成的毁灭、乳头瘤病毒(宫颈癌的主要原因)造成的毁灭,都使公共卫生专业人员改变了现代医学已经征服了传染病这个看法。差得还远呢!

艾滋病的突发性灾难使近期爆发的其他疾病的死亡人数相形见绌,它应该刺激了对我们周围的致命微生物的全球性警觉。20 世纪 90 年代中期,在欧洲爆发了类似癔病的牛海绵状脑脊髓炎(BSE),也叫做疯牛病。疯牛病是一种神经退行性病变,由一种传染性的“朊病毒”病原渗入英国牛而引起,致使少数人,也许是 100 人,患了神经衰弱综合征。2001 年,欧洲爆发了严重的口蹄疫——非洲水牛和牛羚的一种本土病毒感染,实际上并不杀人,只是会减少家养牛的存栏量。这些病原只夺走了极少数人的生命,但是它们的前景已经明显改变了千百万欧洲人乃至一些美国人的饮食偏好和牛肉消耗量。

现在来思考一下非洲中西部的丛林肉产业。在加蓬、喀麦隆和中非共和国,每天都有大量黑猩猩和大猩猩被屠宰,那情形很可怕,造成血液接触的暴露,使 SIV 病毒得以传播。屠杀大型猿类是非法的,违反了好几个保护濒危物种的国际条约。然而,政府官员却将目光移开,含蓄地批准了不守法。撇开保护问题不说,这种做法已经导致了一种致命病毒 HIV 的转移,至少 7 次。这些转移迄今已经夺走了 2200 万人的生命,每天还会有 1.5 万新增 HIV 感染者出现。联合国艾滋病规划署估计,到 2005 年,要有效地制止艾滋病在全球的蔓延,每年将耗资 92 亿美元。

卡尔·阿曼向我解释说,丛林肉在国宴以及在西部非洲各国首都的餐厅并不少见。据他所知,还没有偷猎者因为杀死黑猩猩或大猩猩而被起诉。大型猿类的丛林肉有时甚至是通过外交邮袋送到伦敦、华盛顿和其他外国首都,成为那里大使 233 馆国宴的一道菜肴。虽然我们的边境巡逻队对疯牛病和口蹄疫是超警觉的,甚至是疯狂的,但对大型猿类丛林肉贸易却非常冷漠。我们的漫不经心有潜在的致命后果。

科学家搜索追踪突发的新流行病的起源，以便我们可以预防将来类似的灾难。我们知道艾滋病是如何走到了这里，现在也已经有了防止事件重演的法律。但是在恰好有新的传播而且传播可能正在继续的那些非洲国家，实施这些法律的决心既不明显，也不紧迫。这已不再是一个科学的好奇心，也不是地方性保护的不法行为。这是一种致命的做法，威胁到我们所有的人。

自文明的曙光以来，从查士丁尼瘟疫到21世纪的艾滋病，已经有太多的瘟疫让人类饱受折磨。所有这些祸害有一个共同点——不同的人有不同的反应。玛格丽特·布莱克韦尔从瘟疫中幸存下来。艾滋病活动家史蒂夫·克罗恩(Steve Crohn)和成千上万其他人一直没有受到艾滋病毒感染，因为他们携带了*CCR5-Δ32*的两个拷贝，*CCR5-Δ32*是保护其携带者免于艾滋病的11个基因卫士之一。

我很早就领会到，一旦找到了对一个科学之谜的答案，往往会蹦出更多让人着迷的问题来进一步困扰我们。我们对艾滋病限制性基因，尤其是*CCR5-Δ32*的发现，让我想知道这个人类基因突变的变异最初是如何来到这里的；或者为什么它能保持如此高的频率。为什么一个破坏了看似重要的免疫功能(趋化因子受体)的变异会在欧洲人和欧裔美国人中如此普遍？我们对艾滋病毒的起源已经相当了解，但是*CCR5-Δ32*的起源呢？

*CCR5-Δ32*突变偏差有好几个方面非同寻常，通过将这个谜团不同的碎片拼在一起，我们能够推出一系列显著的形成性事件。*CCR5-Δ32*基因变异编码了一个缺少32个核苷酸字母的CCR5趋化因子受体。损坏的CCR5蛋白从细胞的安全细节来看是无意义的，它发送一个信号到酶清除队将其去除。其结果是，有两个*CCR5-Δ32*等位基因拷贝的人在其细胞表面没有任何CCR5趋化因子受体。 234

这个精确地在每个携带者相同的DNA位点发生的32个核苷酸缺失的相当不寻常的性质，再加上对染色体上靠近*CCR5-Δ32*的相邻DNA序列变异的复杂分析，表明这个突变只发生过一次，然后被传递给随后很多很多代的后裔。这种单一的突变事件将立即变得更加相关。

由于HIV-1通常通过CCR5进入细胞，有*CCR5-Δ32*纯合子的人完全避免了艾滋病，因为他们身上HIV受体的接口是缺失的。然而，有这种基因型的人并没有显示出因为他们丧失了CCR5的功能而引起的遗传或免疫缺陷。他们好运的原因在于，CCR5将淋巴细胞运输到发炎组织的工作，受到了也在人类染色体中发现的其他20个趋化因子受体基因的支持。由于某种未知的原因，这肯定也是值得研究的，*CCR5* 基因的功能是有用的，但不是必需的。小鼠中的 *CCR5* 基因也同样如此。通过基因工程实验“敲除”了 *CCR5* 基因的小鼠能完全不受干扰而相当健康地活着。

现在要提一下世界人口中 *CCR5-Δ32* 变异体的频率分布。该变异体在欧洲白人及其后裔美国白人中很常见，等位基因频率从5%～15%不等。然而，在非洲本土和东亚本土族群中，*CCR5-Δ32* 完全缺位。非裔美国人有2%～5%的出现频率；他们的少数几个 *CCR5-Δ32* 变异体的拷贝无不得自非洲奴隶运送到美国以来白人到非洲奴隶的基因流，以及他们的后代。

研究人类起源的人类学家和分子遗传学家已经确定，今天的主要种族群体最早的祖先大约在15万～20万年前走出非洲迁居到全球，并取代了生活在那里的235 其他早期原始人类(如尼安德特人)。大约5万年后，欧洲人和亚洲人由于大陆的障碍而彼此分开，发展成现代族群。

由于 *CCR5-Δ32* 只在欧洲人中有发现，这种不寻常的突变必定是在他们从他们的非洲和亚洲祖先分离出来后的一段时间发生的，大概是在过去的10万年之内。从那以后，在欧亚大陆上的人类群体已经很大，很少低于2万人，通常是数百万人。如果 *CCR5-Δ32* 第一次在一个假定10万人的群体中出现在一个新生婴儿身上，那么在其出生那天的 *CCR5-Δ32* 频率是20万分之一。每个人，包括有新的 *CCR5-Δ32* 突变的婴儿，都有 *CCR5* 基因的两个拷贝，因此就有20万个 *CCR5* 基因、1个 *CCR5-Δ32* 和199 999个正常的CCR5等位基因。那个婴儿有CCR5基因序列的一个正常版本，还有一个受到破坏的 *CCR5-Δ32* 拷贝。

从群体遗传理论中我们知道，99.9%的新突变变异体，尤其是那些破坏了良好基因的功能的变异体，不到50代就从群体中消失。但 *CCR5-Δ32* 并没有消失；它还发展了。今天，5个欧洲人中就有一个携带了至少一个拷贝的 *CCR5-Δ32*。那么，*CCR5-Δ32* 频率是如何从1/20万上升到1/5的呢？

与这些数据相吻合的解释只有一个，即 *CCR5-Δ32* 自身适应了人。该变异赋予其携带者某种优势——生殖、生存或其他。一个还没有发现的环境条件——进化生物学家称之为“选择性压力”——让携带 *CCR5-Δ32* 的婴儿及其未来的后代更加适应他们所处的时间、地点和环境，更容易生存和生育。

关于 *CCR5-Δ32*，我还没有提到的另外两个特点也指向变异体的选择优势。首先，欧洲各地 *CCR5-Δ32* 的频率分布从北欧到南欧是以一种不寻常的连续基因频率梯度出现的。最高的 *CCR5-Δ32* 频率是在斯堪的纳维亚、芬兰和俄罗斯北部发236 现的，那里的 *CCR5-Δ32* 等位基因频率高达16%。法国、英格兰和德国徘徊在

10%左右;意大利、土耳其和保加利亚5%;沙特阿拉伯和撒哈拉以南的非洲则为0。像这样渐降的基因频率梯度表明,在等位基因频率最高的地方,北部,近期有激烈的选择压力,接着,在这个神秘的选择事件平息之后,选定的等位基因随着时间推移向南蔓延。

第二个现象表明*CCR5*基因本身作为强大的自然选择对象,它涉及同样在*CCR5*编码区发现的*CCR5-Δ32*以外的突变变异体的模式。迈克·迪恩和玛丽·卡林顿扫描了所有族群好几千人的*CCR5*突变,发现了另外20个相当罕见的变异体。几乎所有*CCR5*的变异体都改变了氨基酸,或造成了缺失,像*CCR5-Δ32*一样。只有少数对序列改变是无害的,或"沉默"的。(改变了一个有3个字母的密码子"词",但仍编码出相同的氨基酸的DNA变异体被称为"沉默"突变,因为它对携带者几乎没有产生任何影响。"沉默"的密码子变异体就像英语中的同义词,虽然拼写不同,但含义相同,例如,血液"溅出"和血液"喷溅"。)

对大多数其他人类基因做类似检测发现,突变的变异体模式非常不同。对于几乎所有的基因,70%~80%的新变异体都是沉默的。沉默的变异体更不大可能损坏基因功能——它们是同义的,并没有什么区别。相比之下,改变氨基酸的新突变通常是坏的或者是不适应的。在它们被自然选择的过程所淘汰之前,改变密码子的变异体很少能够坚持很长时间。唯一的例外发生在抵御入侵微生物的基因中,这些基因参与免疫识别(如主要组织相容性复合体)。这些基因偏爱氨基酸的改变,因为多个变异体提高了它们识别和处理致病微生物的能力。*CCR5*适合这一模式。相对于*CCR5*基因内的沉默变异基因,超量的氨基酸改变是一个信号,即由历史上传染病爆发介导的自然选择强烈偏向于像*CCR5-Δ32*一样改变着CCR5受体的变异体。 237

*CCR5-Δ32*是一个相对年轻的突变变异体,不知何故从不到1/20万急剧升高到今天的发生率:在欧洲为10%。一个神秘而令人叹为观止的致命传染病爆发,像艾滋病一样,造成了巨多的死亡,而在其中*CCR5-Δ32*的携带者均有抗性是唯一合理的解释。然而,它可能不会是艾滋病病毒,因为艾滋病病毒似乎只出现在一代以前,对引起欧洲人中*CCR5-Δ32*等位基因频率的疾速增长来说,这离得太近了。

让我们更加接近于了解*CCR5-Δ32*频率上升原因的一个关键性进展,来自对*CCR5*基因所在的染色体区域其他变异体的研究。*CCR5*位于人类3号染色体的短臂,其两侧由数百个DNA变异体所包围。任何新的突变都会是从第一个人的父母的精子或卵子继承的单一染色体所"生"的。当这个"零突变"婴儿携带者长大结婚,他(或她)的孩子继承了这个基因变异体。重复传递很多代后,变异体也被传播到后代中。

然而，每一代过去，*CCR5-Δ32* 和其相邻的 DNA 变异体都会由精子和卵子细胞形成过程中经常发生的配对染色体交换而改组。日积月累，像 *CCR5-Δ32* 这样的新变异对群体中相邻的 DNA 变异体来说就成为随机化的了。然而，这个改组过程需要很多很多代的时间才能使变异体接近新的基因变异体，*CCR5-Δ32*。遗传学家可以测量 *CCR5-Δ32* 周围相邻变异体的非随机片段有多大，然后用这个长度估算从这个等位基因变异体产生经过的时间跨度有多长，或者更贴切地说，从它由于最近一次自然选择（疫情病因）而上升的时间跨度有多长。*CCR5-Δ32* 片段的年代计算为 680 年前——恰巧是在 14 世纪中期。

238

CCR5-Δ32 突变是黑死病时期在欧洲成长起来的。会不会是防住了艾滋病毒的相同突变也可能保护了中世纪暴露于瘟疫的欧洲人？时间对，数字对——从 6 世纪到 18 世纪数百年无情的选择压力就足以解释今天 *CCR5-Δ32* 的高频率。瘟疫立即跃居我们流行病名单的首位，它可能催化了 *CCR5-Δ32* 的显著上升。

这个假说很诱人，在生物学上也讲得通。这个想法也提出了几个可以检验的预测。鼠疫杆菌，即鼠疫耶尔森氏菌，实际上通过将毒素注入表达 CCR5 的巨噬细胞和淋巴细胞而导致死亡。巨噬细胞恰恰是 HIV 通过 CCR5 进入的那些细胞，是 HIV-1 入住的与免疫防御武器隔离的细胞。它们也是作为艾滋病可以躲避强大的抗 HIV 药物的毒库细胞类型之一。艾滋病毒也传染血液和淋巴结中的 CD4＋T 淋巴细胞和 CCR5＋T 淋巴细胞，这又是感染了鼠疫杆菌时引发腹股沟淋巴结炎的那些同样的细胞。

有关 CCR5-鼠疫关联的一个奇妙的预测，是正常的 CCR5 受体本身在淋巴腺鼠疫疾病中发挥生理作用，就像它在艾滋病中一样。难道有两个 *CCR5-Δ32* 拷贝的个体对瘟疫有抗性，就像他们对艾滋病毒有抗性一样？回答这个问题很困难，因为将人暴露于鼠疫耶尔森氏菌就是有悖伦理。每年全世界有不下 1000 人在不经意间暴露于耶尔森氏菌，主要是在亚洲，在印度，但这些地方都没有 *CCR5-Δ32*。我们还没有这个问题的答案。

我到伊姆的行程其实是由詹妮弗·比米什（Jennifer Beamish，与道格拉斯·利奥·比米什没有关系）促成的，她是伦敦 4 频道一个好问的电视制片人，她想知道，那个村庄在瘟疫年代是否有不寻常的情况发生，可能导致 *CCR5-Δ32* 在幸存者和他们的后代中上升。在詹妮弗的帮助下，我们说服伊姆瘟疫幸存者的后代自愿提供口腔拭子样本，做 *CCR5* 基因分型来检验那个预测。我们其实确实发现了伊姆地区 *CCR5-Δ32* 等位基因频率有适度增加，15%，略高于英格兰其他村庄所见的

10%。此外，在伊姆地区，有纯合子 *CCR5-Δ32* 的人是我们在别处找到的两倍。这个结果令人鼓舞，但不是结论性的。这些数字太低，不足以达到统计上的“显著”。 239

我们正在考虑的另一个思路，是通过实验室测试来寻找具有替代的 *CCR5* 基因型的人体内巨噬细胞对耶尔森氏菌毒素的敏感性的差异。我们也在测试对瘟疫敏感的小鼠品系，它们中有些有正常的 *CCR5* 基因，另一些的 *CCR5* 基因已通过基因工程灭活而“敲除”了。如果 *CCR5-Δ32* 在中世纪时期被鼠疫提升了，那么它应该直接影响到耶尔森氏菌杀死人类和小鼠细胞的能力。我们期待着得出一个明确答案的数据。

对 *CCR5-Δ32* 的选择也可能有其他的解释。史前的疾病爆发可能也发挥了作用。680 年前这个年代是一个非常粗略的估算，它可能差数百年，而重要的是，它只是代表最近期的选择插曲的时间。如果发生过更早的 *CCR5-Δ3* 的选择性上升，而我相信的确发生过，那么突变本身就可能有几千年之久了。瑞典研究人员克斯廷·利登(Kerstin Liden)和安德斯·哥瑟斯多姆(Anders Gotherstrom)最近在斯堪的纳维亚新石器时代墓地中 12 个人的遗骸中发现了三个 *CCR5-+/Δ32* 杂合子和一个 *CCR5-Δ32*/Δ32 纯合子；它们可以追溯到公元前 3028—前 2141 年。如果这个年代正确，那么 *CCR5-Δ32* 的实际年龄比我们将提升其频率所归咎的中世纪瘟疫要古老得多。也许，在欧洲北部有过一个史前疫病，比查士丁尼瘟疫还早。这种说法是有吸引力的，因为它可以解释 *CCR5-Δ32* 频率的梯度何以今天在斯堪的纳维亚半岛达到峰值。

各种其他的毁灭性人类疾病的爆发势必催化了 *CCR5-Δ32* 的迅速上升，可能的候选对象包括肺结核、霍乱、天花、炭疽和麻疹。在西方文明的历史上，这每一种疫情都造成了巨高的死亡率，其中的两个候选对象——天花和麻疹——还得到了功能性实验结果的支持。人类麻疹和天花病毒有一个近亲，即兔黏液瘤痘病毒，像 HIV-1 一样，它实际上是利用 CCR5 作为进入细胞的受体。如果人类天花病毒也与它传染的细胞上的 CCR5 相互作用，那么这个在历史上杀害了千百万人的病原也可能有助于解释 *CCR5-Δ32* 的上升。测试天花和 CCR5 的相互作用几乎是不可能的，因为剩余的天花存货已被严格守卫，以防止这种被认为几乎已经被消灭了的疾病再次传播。随着生物恐怖主义的关注，可能会发生变化。 240

正在把证据拼凑起来以重建我们的过去的历史学家和科学家们，以一种混乱的方式推测和解释，一直在修改完善，修修补补，提出批评和新的想法。到头来，还是某种天生的对瘟疫的抗性挽救了玛格丽特·布莱克韦尔和她的亲人。如果这是她的遗传禀赋，无论是 *CCR5-Δ32* 还是别的什么，其好处都传给了她的后代，以在下一次突发事件时再度起作用。可悲的是，总是有下一次突发事件。

在瘟疫的年月里，先前疫情爆发的幸存者总是好过那些未暴露过的人，这是疾病所施加的自然选择的突出后果。犹太农民似乎确实生存得更好，而他们付出过遭受迫害的沉重代价。今天在以色列，*CCR5-Δ32* 有非常高的发生率(约 16%)，比欧洲南部 5%的频率分布高出很多。难道这些地方性文化和当地的瘟疫史更偏爱社区中有 *CCR5-Δ32* 的人?

我们的人类基因脚本才刚刚开始揭示很久以前的选择性事件、疾病爆发和自适应插曲的足迹。现代的基因组承载着庞大自然实验中无数成功事件的主要记录。多么幸运，我们发现了这些巧妙的解决方案，那些让我们幸存下来的原因，它们可以与未来的技术起用来构架一个比 14 世纪的郊区牧师和高级教士好得多的装备充实起来的世界和社会，减轻人类痛苦。这是后基因组生物技术新时代的允诺。

第十四章　银　　弹

驱动杰西·基辛格(Jesse Gelsinger)的，是他天生的同情心。能有机会帮助成千上万正遭受着令人费解的遗传疾病的孩子，这个图森[①]的少年很兴奋。他太知道这种疾病了，鸟氨酸氨甲酰基转移酶 (ornithine transcarbamylase, OTC)缺乏症。这种罕见疾病的发生率大约是4万新生儿中有一例。它在尿素代谢上产生了一个缺陷，导致血氨升高，器官中毒，脑损伤和肝功能衰竭。新生儿患者会陷入昏迷，并在出生后几个月内死亡。 241

杰西运气不好，生来就有这种疾病，但幸好是病状相当温和，他体内的细胞只有一些是有缺陷的。他的痛苦由非常低蛋白的饮食以及每天32粒药丸控制着，以洁净有氨中毒威胁的身体系统。在他青少年时的治疗中有几次忽略了吃药，结果导致了强烈的胃痉挛和无法控制的呕吐。1998年12月，当他的父亲发现他处于中毒危险而在沙发上干呕后，他从此再未错过任何一次服药，而且完全规避着吃汉堡包和热狗的乐趣。

杰西的病情在他2岁的时候就已经确诊了。到他17岁时，他明白了这病没法治愈，只有冗长的对症治疗。他的儿科医生告诉他，在宾夕法尼亚大学著名的人类基因治疗研究所(IHGT)，有一个大胆的新临床试验正在进行，试验的治疗方案涉及将正常的OTC基因直接送到天生缺乏OTC的儿童的肝脏。该研究所以基因疗法的开拓者詹姆斯·威尔逊(James Wilson)为首，已得到美国食品和药物管理局(FDA)及美国国立卫生研究院重组DNA咨询委员会(RAC)的批准，可以招募相对健康的高危患者做“Ⅰ期”临床试验。新的治疗方法要获得FDA批准，其第一步首先意味着评估该化合物的安全性，倒不一定是去看它是否确实有效。确定新 242

① 图森(Tucson)，美国亚利桑那州南部城市。

杰西·基辛格是一位富有同情心的 OTC 缺乏症患者

药的效果是Ⅱ期临床试验的目标，通常有几百名志愿者参与。Ⅲ期是最后一个阶段，仅有不到 1/3 的新药进展到这一步，参与的有成千上万名患有目标疾病的患者。Ⅲ期临床试验的目的是探索药物的效果、副作用和相对于现有其他替代疗法的好处。

威尔逊和宾夕法尼亚大学生物伦理学主任，同时也是医疗试验方面广受尊敬的患者权利专家亚瑟·卡普兰(Arthur Caplan)①认为，受 *OTC* 影响的新生儿不适合参与Ⅰ期临床试验，因为他们几乎无法自己给出知情同意，而在他们的新生婴儿被一种致命的疾病困扰的情况下，他们悲痛欲绝的父母也不太可能有能力提供一个客观的知情同意。他们认为，至少在第一阶段的安全测试中，健康的志愿者更可取。威尔逊曾把 *OTC* 基因治疗试验的目标描述为寻找"最大的耐受剂量"，低到足以避免不良副作用的影响，但高到足以扭转病症。

杰西渴望成为这个试验的志愿者。"会怎么样？"他对他的哥们儿调侃说。"如果我死了，那是为了宝宝们。"但他仍然不得不等待，直到他成年。

1999 年 6 月 18 日他 18 岁生日那天，杰西、他的父亲、他的兄弟和两个姐妹飞往费城去观光度假，同时也为杰西在宾夕法尼亚大学协议上登记。全家人会见了史蒂夫·雷珀(Steve Raper)博士——他是外科医生，同时也是这个实验的首席研究员，他告诉杰西，他够格接受治疗。那年秋天，杰西自己回到人类基因治疗研究所。9 月 13 日，他被注射了 38 万亿粒基因改良过的腺病毒，那是经改良带有一个正常 *OTC* 基因的人类呼吸道病毒。修改过的基因治疗病毒通过导管注入他的腹股沟，通往肝动脉，直接分流到他的肝脏。杰西接受了这个试验中的最大剂量，他是 18 名志愿者中最年轻的一个。　243

治疗后几个小时之内，他的器官系统开始瓦解。他胃痛，发高烧到 104.5 华氏度②。肝脏胆红素(黄疸的原因)猛涨到正常量的 4 倍，他的血凝器官关闭了。接下来的几天里，杰西陷入昏迷，他的肾脏衰竭了，他的肺崩溃了，他的脑电波变平了。对腺病毒压倒性的炎症反应已造成了大规模的免疫休克及多个器官衰竭，在输液 4 天后杰西年轻的生命走到了尽头。这是这个苦苦挣扎的领域 10 年的历史中，接受基因治疗的患者中第一例死亡事件。杰西·基辛格的死亡在全国的报纸上成为头版头条新闻。灾难动摇了一个颇有前途的学科的根基。它会让一个蒸蒸日上的

---

① 亚瑟·卡普兰，美国著名医学家。纽约大学 Langone 医学中心的生物伦理学教授兼系主任、宾夕法尼亚大学生物伦理学中心主任。曾被《发现》杂志(*Discovery*)2008 年选为科学界前十大最有影响力的科学家。

② 约 40.3℃。

研究中心步履维艰，并摧毁了杰西的临床医生、他的照顾者和他的家人。

基因治疗的前景在于从一开始它就比较容易掌握，解释，甚至推销。首先，确认一个患者正遭受着因一种可以识别的基因缺陷所造成的1000多种遗传性疾病之一的困扰。然后，剪切一个正常基因，并导入传递媒介物或载体中。这载体通常是一个人类病毒，已经通过除去几个必要的病毒基因而解除了武装。确定缺少该基因产物的器官并用载有正常基因的载体传递到该器官的组织中。双手合十地祈祷吧，希望这个组织允许新的基因得到表达，从而扭转这个遗传性疾病。

如果可以这样做，那将会有巨大的回报。我们可以纠正镰刀型细胞贫血症或泰-萨二氏症，治疗囊性纤维化病。随着阻碍癌症的基因被发现，医生们也许能够发送一个基因治疗的智能炸弹来敲除肿瘤。有人可能会从身体系统中清除HIV-1或肝炎病毒，用强大的"反义"基因构建物将病毒基因的作用在其轨道上阻断。有一天，我们可以传递克隆的抗体基因到人体中，这样不论自身遗传的免疫禀赋怎样，每个人都可以享受所见过的最有效的免疫防御。基因疗法可能会传递良好的基因到病变组织，纠正错误，这可能是耀眼的生物技术革命中的"银弹"。

244

基因治疗的前景是诱人的。数千种毁灭性遗传疾病是无法治愈的，只能缓解症状。基因工程几乎是太容易言表了，以至于掩盖了这个领域会遇到的极大困难，一个又一个造成局面混乱的难题——技术的，政治的，伦理的和程序的——会在其短暂的鼎盛时期困扰这个领域。在这个学科多灾多难的历史中，有一些重要的事情值得简要一提。

基因疗法实际上是在公众关注的排斥中开始的。那是1980年，加州大学洛杉矶分校的血液学家马丁·克莱恩(Martin Cline)选择忽略美国国立卫生研究院评审委员会的约束，将克隆的血红蛋白基因注入患有致命血液病——地中海贫血症的以色列和意大利孩子们体内。他在美国儿童患者中测试的申请被其医学院的伦理审查委员会否定了，原因是太多，太早，太快，太危险。克莱恩因肆无忌惮地在海外继续试验而受到公开指责。他被迫辞去加州大学洛杉矶分校系主任的职位，并为他绕开医疗试验要经机构审查的伦理公约的傲慢而受到严厉的批评。

这个领域又闷闷地蓄势待发了十年，直到弗伦奇·安德森(W. French Anderson)，NIH一名有毅力、有决心的实验室主任，慢慢而不慌不忙地运动通过了海量的官僚、伦理和医学审核，获得了对基因疗法试验的第一个合法批准。他的实验对象是一名4岁的孩子——阿山帝·德席尔瓦(Ashanti DeSilva)，她患了一种罕见的遗传性免疫缺陷病，叫做严重联合免疫缺陷病(SCID)。SCID是由编码腺苷脱氨酶(ADA)的基因中一种罕见的突变引起的。这一缺陷造成免疫功能毁灭性的崩溃，使其受害者对常见细菌和真菌传染毫无抵抗力。这种情况几乎总是致命的，除非患者被安置在无菌密封的环境里保护起来，远离外面的微生物病原。最著名的 SCID 病例是一名休斯顿的年轻人，大卫·维特(David Vetter)，他一直住在无菌泡里，直到他的青春期。在他十几岁时，他选择接受了骨髓移植，希望能将他从自己的医疗禁闭中解放出来；但其后不久，他死于疱疹病毒[1]大规模致命的感染，这种病原会导致青少年单核细胞增多症，但它很少造成免疫系统完好无缺的人死亡。

245

到 1987 年，牛组织中纯化的腺苷脱氨酶(ADA)被证明能改善 SCID 的症状，但不是非常高效。这种疾病对生物医学的首次基因治疗尝试来说是一个理想的候选疾病。这是得到了相当理解的单基因缺陷，它影响淋巴细胞，因为淋巴细胞是在血液中循环的，所以治疗操作很容易触及。

安德森和他在 NIH 的同事迈克尔·罗森伯格(Michael Rosenberg)及肯尼斯·卡尔弗(Kenneth Culver)取出了这个小女孩的骨髓淋巴细胞，将它们与封装在逆转录病毒载体(一种小鼠病毒，具有广泛的物种感染性，包括人类淋巴细胞)中的正常的 *ADA* 基因一起注射回小女孩体内 。转移的 ADA 开始在改造后的细胞中发挥作用，并在 1990 年 9 月 13 日，在杰西·基辛格被注入基因整整 9 年前，阿山帝经遗传工程改造过的细胞被送回她的血液。

结果令人鼓舞，但离一个真正的治疗成功还很远。她的细胞产生了一些 ADA，但不是很多。阿山帝和其他十几名接受了基因治疗的 SCID 患者到今天还是健康的，但他们被改造的骨髓细胞不能制造出足够的 ADA 或者在血液循环中坚持足够长的时间来冒险终止牛 ADA 的辅助治疗。

在安德森的开创性工作之后，另外的基因治疗方案开始获得美国国立卫生研究院重组 DNA 咨询委员会(RAC)的批准，RAC 是负责审查和管理基因工程临床试验的监管机构。风险资本家投资了成千万美元给新创业的生物技术公司，决意要利用基因治疗革命的力量。300 多份方案和大约 4000 名患有 20 种不同疾病的患者——包括 SCID 、囊性纤维化病、高雪氏病、艾滋病和癌症——都是整个 20 世纪 90 年代临床转基因方案的目标。转基因表达(转基因是通过基因治疗工程而传送给细胞或人体的基因)不太强的迹象和短命的临床改善却受到迷恋开创新医学

246

---

① Epstein-Barr 病毒，人类疱疹病毒第四型，又称为 EB 病毒，是最常见的引起人类疾病的病毒之一。EBV 是在西元 1964 年由 Epstein、Achong 及 Barr 等人在伯奇氏淋巴瘤病人的细胞所发现。此后被认为和许多疾病有关，全世界有超过 90%的人口受到 EBV 的感染。EBV 的传染途径主要是经由唾液传染，常发生在不发达国家或发展中国家冗大家庭的幼儿身上，在欧美国家中，常发生于青少年，经由接吻而传染。

程序的贪得无厌的媒体大肆鼓吹。

但随着实施的基因治疗试验越来越多，人们才明白那个严峻的现实——并没有实现真正的治愈。转基因的表达几乎总是太低，或太短暂(注入后它就消失了)，或两者兼而有之。科学家和医生不断地担心潜在的副作用，尤其是毁灭性的免疫反应，过敏性休克或自身免疫性的破坏。

到20世纪90年代中期，美国国立卫生研究院主任哈罗德·瓦尔姆斯(Harold Varmus)①(他自己就是一个分子生物学家)委托了一个蓝丝带小组来评估这个新的领域和伴随它的所有天花乱坠的宣传。该评判小组以备受尊敬的人类遗传学家斯图尔特·奥肯(Stuart Orkin)和阿诺·莫图尔斯基(Arno Motulski)为首，他们1995年12月的报告以直言不讳的坦诚对这个领域薄弱的科学和过度的宣传做了批评。瓦尔姆斯欣然批准的这份报告指出，"虽然基因治疗的前景很大……但临床疗效尚未明确表明"它能治愈任何疾病。它指责拥护基因治疗的人"过度吹嘘临床研究的结果，导致一种错误的看法，以为它比实际的情况发展得更好，更成功……"，并指责他们没有如实讲出从免疫过度反应到癌症的潜在风险。该委员会提出，夸大其词地宣称成功或治愈……"威胁到对这个领域的操守的信心"。报告作者们呼吁对目标疾病的生理细节做更好的基础研究，寻找更好的载体，不仅能有效地将基因传送到特定的组织，而且能控制它们的表达。该小组还公开支持学术研究和商业生物技术产业之间的合作伙伴关系，以促进适合临床应用的资源开发。

瓦尔姆斯没有掩饰他对伪劣科学的基础的不屑，他觉得整个基因治疗学科就是建立在这样的基础上的。他认为这个领域被大众媒体有关成功的夸张报道玷污了，那都是精心策划出来刺激对商业生物技术产业进行投资的。他欢迎这个严厉刻薄的报告，并希望随后的基因治疗方案得到更严密、更严格的审查。

詹姆斯·威尔逊在宾夕法尼亚的人类基因治疗研究所(IHGT)因其在基因治疗开发上的卓越和实验设计谨慎的声誉，并没有由于这份措辞严厉的报告而受到严重破坏。威尔逊评论说，奥肯的报告"帮助了我们，因为它消除了很多隐患。"

247

基因治疗的经验随后有了改进。阿兰·费舍尔(Alain Fisher)领导的一个法国研究小组在2000年春天报告说，在用转基因治疗3名SCID-X1患者中，他们已经取得了第一次真正的成功。SCID-X1患者像SCID-ADA患者一样，免疫受到抑制，但这是由于一个不同基因的突变缺陷，这是一个编码γc因子受体(即介导免疫细胞信号传递的细胞表面分子)的基因。未经治疗的SCID-X1新生儿无可避免地

① 美国著名科学家，1989年诺贝尔生理学或医学奖获得者。曾任美国国立卫生研究院院长，纪念斯隆-凯特林肿瘤医院院长，现任美国国立癌症研究所所长(第14任)。

会在他们的周岁生日之前死于常见的微生物感染。

来自3名患儿(3个月、8个月、11个月)的血细胞被处理,纯化了一个白细胞型,叫做“造血干细胞”。“造血”的意思是制造血液,干细胞是指未成熟的前体细胞,尚未发展为免疫专家,如T淋巴细胞、B细胞或巨噬细胞。干细胞具有分化为这些专业化细胞的能力或潜力,并在响应淋巴结、脾和其他组织发出的细胞信号时会这样做。然而,在干细胞受到这样的刺激之前,它们永远在分裂,而不像它们的后代分化细胞,在体内干它们自己专门的活儿,然后按照程序死去。干细胞的寿命很长,甚至长生不老,使它们成为持续的转基因输送和表达的理想载体。

费舍尔的团队给婴儿们注入了含有一种病毒载体的造血干细胞,这些载体携带了孩子们缺乏的健康γc因子受体基因的高表达拷贝。在每个孩子血液中的淋巴细胞都开始表达这个基因。治疗使他们的免疫系统获得了力量,用作者的话来说,“疾病的表型得到充分矫正,因此,得到了临床获益”。孩子们康复得很好,并回到家里。大约两年之后,他们奇迹般地继续过着显然是正常的生活,由于他们转基因弥补的免疫系统而受到了充分的保护。两年后,11名SCID儿童也接受了这样的治疗,9个得到相似的治疗效果。

248

SCID-X1的结果似乎是第一个被证实的使实际患者获益的基因治疗。这些孩子将在随后几年里受到密切监测,但直到2002年年中,结果仍是令人鼓舞的。这种治疗方法成功而之前其他的治疗方法失败的原因似乎在于细节。临床试验依赖于在动物和人体免疫生物学10年的实验工作中所获得的一些技术上的改进。这个团队以健壮长寿的干细胞为基因传递的对象,增加了输血病人中转基因坚持下去的机会。费舍尔的方案还选择了一种在易感组织中表达的主要的单基因缺陷遗传病。他们选择了一种传递载体(小鼠逆转录病毒),可以在免疫系统的淋巴细胞中优化基因表达,而淋巴细胞正是他们希望瞄准的细胞。

主持1995年NIH那份批评基因治疗的报告的斯图尔特·奥肯,称赞SCID-X1的成功时说,“他们事先做了所有的科研并将它转化给患者,这是这个领域应该做的事。”

还有其他新的研究几乎也一样令人鼓舞。例如,缺乏叫做第九因子的凝血因子的B型血友病患者,和缺乏第八因子的A型血友病患者,经转基因治疗后能适度补充凝血因子,但几个月之内凝血因子就会消失。尽管如此,这些有前景的成果还是可以在未来打造出来的。

转基因已经表现出治疗癌症的真正潜力,特别是前列腺癌和皮肤癌。治疗癌症的一个特别创新的方法,涉及由加州大学旧金山分校癌症中心主任弗兰克·麦考密克(Frank McCormick)开发的基因工程病毒 Onyx-015。这个载体是能杀死细胞的腺病毒,但携带了一个被解除武装的病毒基因 *E1B* ,通常 *E1B* 会程序性破坏被它传染的细胞中很重要的 *p53* 基因。*p53* 基因是细胞的安保分队的领队。当细胞受到病毒攻击或有受损的 DNA 时, *p53* 基因会检测到伤害,阻止细胞分裂。所以, Onyx-015 不能在正常细胞生长,因为它们的 *p53* 会感知病毒并制止细胞复249 制。然而,癌细胞往往有一个 *p53* 基因被癌性事件损坏,所以 Onyx-015 病毒会传染这些细胞并摧毁它们。

麦考密克聪明地尝试设计了一种"智能炸弹"病毒,它会攻击并杀死肿瘤细胞,但不会伤害正常细胞。对Ⅱ期临床试验的 37 位患者,法尔多・哈里(Faldo Khari)和他在得克萨斯大学的合作者用 Onyx-015 和常规化疗相结合的方法治疗患者的脑癌和颈癌。用该方法治疗的 30 名患者中有 19 名(63%)患者的肿瘤缩小为原来的一半大小,有 8 名患者经 Onxy-015 治疗后肿瘤完全消失。相比之下,对照组每一位仅接受了化疗的患者,都显示其肿瘤的生长有增加。

弗伦奇・安德森,基因治疗研究的开拓者,称赞这项研究为肿瘤的基因治疗加了分。但 Onyx-015 的开发者弗兰克・麦考密克试图使他的发明远离这个饱受非议的领域,评论说这个疗法根本不是基因治疗。他的理由是,没有新的人类基因被引入,只是有 *E1B* 基因缺陷的病毒。

宾夕法尼亚大学的人类基因治疗研究所发生的悲惨事件在任何可能为自己的进步感到欣喜的研究人员头上蒙上了巨大的阴影。怎么会发生这样的灾难? 以前也有志愿者在试验中去世,但几乎总是死于他们的不治之症的并发症。这次却不然。杰西・基辛格并不是病重,他的病情得到了控制。从种种迹象来看,他的死亡是由基因治疗本身引起的。那么怎么会错得如此离谱呢?

杰西死后的那些天和那几个星期里,人类基因治疗研究所的研究人员、宾夕法尼亚大学的官员、NIH 和 FDA 的监管人员,都研读了 OTC 试验的细节: 患者招募,咨询,知情同意,协议,还有审查,在惹眼的媒体事无巨细的督察中都是一览无余。标题是毫不留情,充满指责。必须有人为此承担责任,算账在所难免。

250 1999 年 12 月,FDA 宣布了调查的初步结果,并直截了当地把责任归咎于设计、实施和认可了该方案的宾夕法尼亚团队。在一个简洁的 18 点批评中,FDA 指责说,基辛格不符合该研究方案的标准,因为他的肝脏不够好。在试验开始的输血之前,他的血液显示氨的浓度高得无法接受,升高了 30%～60%;他骨髓里的救生红细胞前体血细胞也耗尽了。

FDA 的报告还指责宾夕法尼亚大学的研究人员没有报告治疗之前的 4 名患者的过程中，与腺病毒载体相关的严重不良副作用。他们指责说，杰西签署的“知情同意书”有误导作用而且不充分，因为它没有提到患者的不良反应或在实验环境中用腺病毒为猴子做类似治疗时猴子的死亡。猴子接受了比宾夕法尼亚试验的志愿者更高的剂量，大约高出 20 倍，但其中一只猴子发展成与折磨杰西一样的罕见血液疾病。

用腺病毒载体所惹的麻烦的其他警示迹象也借助 20/20[1] 式的后见之明浮出水面。杰西的尸检暴露出病毒不仅传到了他的肝脏，而且同样有效地传到了他的其他大多数器官(脾、肺、胸腺、心脏、肾脏、睾丸、脑、胰腺、淋巴结、骨髓、膀胱、小肠和皮肤)。这是一个载体的讨厌的并发症，它理应通过肝动脉直接送到肝脏。团队成员马克·巴特修(Mark Batshow)早前曾暗示过，该病毒携带了一个“邮政编码”，可以传递和限制它到肝脏。在杰西的治疗中，这个“邮政编码”没起作用。

相关的腺病毒也是广为人知，能引起狗和鸟类致命的肝功能衰竭的，它能在马的多个组织中广为传播。让事情变得更麻烦的是，威尔逊和宾夕法尼亚大学与一家生物技术公司——杰华生物公司(Genova, Inc.)有业务纠葛，该公司很可能从他们的基因治疗方案中获利。威尔逊创建了该公司，在杰西死亡时，威尔逊的实验室有 20%的资金支持由该公司提供。杰西的家庭律师艾伦·米尔斯坦(Alan Milstein)指控说，由威尔逊、宾大、人类基因治疗研究所持有的专利和商业经营蒙蔽了他们进行临床试验时的判断力。

251

1 月，FDA 暂停了人类基因治疗研究所许可进行人类患者临床试验的权限，5 月，宾夕法尼亚大学无限期暂停了该研究所进行任何人体临床试验的能力。杰西的父亲保罗·基辛格(Paul Gelsinger)提起民事诉讼，宾夕法尼亚大学、人类基因治疗研究所的研究人员和临床医生，以及宾大医学院院长和杰华生物公司部分专利的持有人威廉·凯利(William Kelly)，均被列为被告。一开始列为共同被告(后来去掉了)的还有宾夕法尼亚大学的生物伦理学家阿瑟·卡普兰，由于他在决定招募健康志愿者中的合作，也由于他在准备那份“误导”的知情同意书中所起的作用。这是一位伦理顾问第一次在临床试验司法诉讼宣称的伦理过失中受到指控。

2000 年 11 月，宾大悄然解决了这起投诉。支付给保罗·基辛格的确切数额是保密的，但接近这个案子的观察家估计结算数字在 500 万～1000 万美元之间。

---

[1] 20/20 是一档美国电视新闻杂志节目，自 1978 年 6 月 6 日起在美国广播公司(ABC)播出。节目内容除政治及国际题材外，更为关注人们感兴趣的话题。节目名称源于测试视力的“20/20”。

2000 年 12 月，FDA 建议，詹姆斯·威尔逊由于“多次故意违反妥善进行临床研究的规定”，被正式“取消”作为临床研究者的资格。取消资格是一个严重的制裁，相当于临床研究员被吊销了他的行医执照。

在杰西·基辛格去世之后，一些重要的信息明朗而清晰起来。基因治疗方案根本还没有理想的工具来进行成功的治疗。基因传递载体并不是如广告所说的组织特异性的，就算它们真找到了正确的组织，它们也不能精确地调整适当传递基因产物的量。此外，大多数载体不能持久。有朝一日，基因治疗专家将能参考一个列出了实验测试基因的启动子、基因增强子和基因操纵子的明确性质的参考文本或网站。这些都是我们给我们的基因组中基因调控序列元件这个神秘的群组起的名字，它决定了基因在何种组织中以及在何种程度上的表达，以及载体或基因产物要坚持多久。但科学还没有到那一步。事实是，在我们可以真正预言并精确控制我们所传递的功能及基因之前，还需要更多的基础研究。

252

这个问题可以比做修理或“治疗”有刹车缺陷的汽车。如果制造商的维修手册没有具体到汽车的品牌、型号和年份，那么实际修理刹车的“治疗”就要凭借非比寻常的好运气。我们能往刹车有毛病的车上扔一套新的刹车片，却不管它们在哪里连接，不管制动液的正常水平，不管到脚踏板的连接，也不管制动的精度调整，就希望成功吗？这样的“治疗”能够使一辆汽车有可靠的刹车系统的概率有多大？你会开这样的车上高速公路吗？

1995 年，NIH 的报告警告说，该领域需要在临床情况下对疾病、对基因缺陷的细节以及对基因微调作用的复杂性取得更多的基础研究进展。也许是因为基因治疗的概念如此直接，如此容易解释，如此充满希望，所以该领域从业者对技术上的然而却是至关重要的细枝末节抱以错误的自信。对于基因治疗来说，现在比以往任何时候，细节都更决定成败。

如果我们考虑其他疗法的学习曲线，这应该不会令人惊讶。这个年轻领域的开拓者之一西奥多·弗里德曼(Theodore Friedman)在《科学》(*Science*)杂志上发表了一篇坦诚的社论，提醒他的同事们从疫苗和药物开发的考验和磨难中学习。这些东西的研究和开发阶段常常是乏味而昂贵的，并且在大多数情况下都走不通。基因治疗也是一样，他认为，只是它更年轻。弗里德曼写道：

“制药行业比基因治疗界更成熟更有经验，对潜在新药的生物分布、药理学特性、稳定性和代谢性质及对宿主生理、免疫病毒性作用的研究投入巨大的科研和财政资源。尽管有这样的用心，但由于人类生理学和疾病的巨大复杂性，也由于即使是最广泛的动物实验数据也并不总是能忠实地预测人类的反应，所以还是发生了并还将发生不良临床反应。有些临床应用(基因治疗的)已经干脆超过了对疾病模型或载体特性的科学理解,就像一个军队遥遥领先于其补给线。” 253

经验丰富的《纽约时报》(*New York Times*)记者尼古拉斯·韦德(Nicholas Wade)为这个观念添上了一个精辟的概括。“进化的编程花了35亿年来发展;学会修正它的错误不会在一夜之间发生。”

一个没说出口的顾虑是,临床试验的伦理审查自身的冗长的官僚主义势必已经钝化了宾大研究人员的警觉。弗伦奇·安德森为获得在阿山帝·德席尔瓦身上尝试基因治疗的许可,花了10年时间进行烦琐的准备和伦理审查。威尔逊的人类基因治疗研究所是该领域首屈一指的中心,但得到在18例患者身上尝试基因治疗的允许仍是一个漫长而牵扯复杂关系的官僚主义演习。假如伦理约束并没有将试验限制为18名受试者,而是允许一个更大的群体,比如500人。较高的患者人数将使Ⅰ期对不良反应的筛查得以增量步进。难道是极端的严密审查本身导致了本可在一个更大得多的试验中避免的粗心判断?

更令人不安的是,基因治疗领域本身令人苦恼的政治可能已削弱了对安全问题的监督。在奥肯的报告之后,NIH主任哈罗德·瓦尔姆斯将国立卫生研究院重组DNA咨询委员会(NIH-RAC)的成员由25名削减至15名,并剥夺了它的批准权限。他认为NIH-RAC的审批过程使公共关系在生物技术产业的推动下变得很夸张。然而,他的策略适得其反,因为削减NIH-RAC的权力和职责,就使美国FDA成为基因治疗方案的唯一仲裁者。根据法律规定,FDA对临床试验的所有审议都是秘密的,而NIH-RAC的讨论已经公开了,非常公开。2000年6月《自然》(*Nature*)杂志的一篇社论指责瓦尔姆斯和NIH领导削弱NIH-RAC的决定,这也许助长了研究人员当中的一种感觉,就是报告不良反应并不是强制性的。到头来,从这场危机中冒出了大量的安全疏漏和脱离实际的指指点点,科学家们只好忙乱地修补这个有前途的年轻临床学科的污点形象。 254

2002年8月,基因治疗界受到了另一次震动。阿兰·费舍尔的11名SCID的孩子(他们每一个都接受了正常的γc因子受体基因的治疗)中有一个患上了白血病。携带外源基因的小鼠逆转录病毒载体整合到了一个三岁孩子的淋巴细胞染色体上,与一个知名的致癌基因*LMO2*毗邻。逆转录病毒开启了这个癌基因的表达,引发了细胞增殖和白血病。然后在2003年1月,同一试验中的另一个三岁孩子也患上了白血病,也是由于逆转录病毒载体嵌入了相同的*LMO2*基因。2月,在这项法国研究中的第三个孩子也显示出载体整合到同一致命位点的症状。

费舍尔的试验被立即叫停。患者住院,接受强大的癌症化疗。美国FDA和其他几个国家迅速中止了所有的SCID和逆转录病毒介导的基因治疗试验。1995年NIH有关基因治疗的报告中最担心的事情终于成真：白血病病毒载体选择整合到错误的地方，造成了癌症，三次。原以为这是极不可能的，但它在法国的儿童身上发生了。以为是解除了武装的来自白血病病毒的逆转录病毒载体，是75%以上的基因疗法试验的首选运载工具。人类基因治疗唯一真正的成功狠狠地摔了一跤。

人类基因组序列草图一完成，我们就进入了后基因组时代，这个时代一定会看到更好、更有效、更安全的基因疗法的复兴。到21世纪结束时，即使没有几百种，也有几十种遗传性综合征将由基于基因的矫正来治疗。治疗学的原理论证是由阿兰·费舍尔在现在降了温的*SCID-X1*儿童身上的成功和小鼠模型中十几种遗传性疾病的矫正中建立的。对介导复杂的人类疾病如糖尿病、多发性硬化和高血压的单核苷酸变异体的识别，将增长到千位数。病人在关键位点的基因型很快将变得与在诊断和治疗方案中的临床症状同等重要。

255

在这之前，科学家需要更好地把握我们的基因、其调控元件和细胞间分子通讯的基本工作原理。对每一种疾病的细微之处和人体的修复系统都必须详细了解，就像我们在分析一个敌国的军队一样：揭示每个营、每个师、每个中队的内部运作——步兵、炮兵、海军和空军的能力——整个军队的能力。病理学和免疫生物学总有一天会达到那里，但它将需要时间、金钱、奉献精神和大量的研究人才。实现基因工程的梦想需要更深入地了解人的正常发育过程——从卵子到衰老，以及特定疾病的发病机理和不良事件——事情怎么会出现可怕的错误。在疾病分类和运行生理过程方面，一个更加全面的视角对于设计和评估既安全又有效的治疗方案至关重要。

获得对生物事件的这种深刻理解的策略，就是本书的基本主题。要利用从庞大而广泛的基因组记录的经验教训，这都是在活的哺乳动物基因中加了密的，都由很深的进化根源连接到人类；要挖掘这些动物的基因组以寻找抵消它们疾病的进化自适应，并为同源的人类疾病开发一个并行的基于基因的治疗方法。悄悄选定而经时间证明和精确微调的基因修饰，以及废除慢性癌症、生理退化、还有遗传性综合征的进化，都潜伏在其祖先已打赢了自己的进化战争的现生物种中。

加州理工大学校长大卫·巴尔的摩(David Baltimore)[①]于1988年提出了“细

---

① 戴维·巴尔的摩(1938—)，美国著名生物学家，1975年诺贝尔生理学或医学奖获得者。他是加州理工学院生物学教授，曾任加州理工学院校长、美国科学促进会(American Association for the Advancement of Science)会长。

胞内免疫"的概念，描述了将抑制病毒的限制性基因传递到被传染的患者体内的概念，作为病毒性疾病如艾滋病、肝炎或埃博拉病毒的一个可能的基因治疗方法。应用这个概念的尝试迄今还有缺陷，因为，说实话，我们实在不确定要尝试哪些基因。我们也没有优化出一个系统来瞄准针对一个特定组织的那些基因或微调它们的表达。然而，第一章中的野生加州小鼠就是使用这样的技术战胜了一个致命的流行病。小鼠的中国曾曾祖父母获得了这个病毒的缩短版本，正好就在这个致命病毒破坏的那些细胞中将其启动并调控了它的表达。完成了这一步，新的基因被作为一种天然的"细胞内免疫"传递到它们的后代，成了一种致命传染病的治愈方法。类似的解决方案可能还潜伏在野生猴子、大型猫科动物、长颈鹿、旱獭或犰狳的基因组中。分子生物学家和疾病基因猎人只需要与野外生物学家、博物学家和野生动物兽医交朋友。 256

在我们自己的历史上也有教训。一个仁慈的人类基因突变，*CCR5-Δ32*，给它的携带者提供了艾滋病抗性。这个保护性的 *CCR5-Δ32* 等位基因是历史不同时期诞生的，并在 14 世纪欧洲一波波的黑死病期间通过给其携带者提供保护而赢得自身频率的快速升高。人类与动物的主要组织相容性复合体(MHC)包含一个进化秘密的园地，那全都是由识别无数传染病祸害的需要所催生的一种基因组适应性王权，这些传染病猛烈攻击像我们自己这样自由生活的物种。医学界才刚刚开始探索改造 MHC 基因的方法，来改善我们的免疫反应。

我们必须记住，内源性病毒元件、灭活的假基因以及遗传性缺陷和传染病预防中微妙的相互作用，其存在都是有原因的。遗传性疾病如镰刀型细胞性贫血、囊性纤维化病和泰-萨二氏症提醒我们大自然无声的平衡作用。镰刀型细胞缺陷曾保护其携带者免于疟疾侵扰，囊性纤维化基因突变使其携带者免于伤寒，泰-萨二氏症使其携带者免于肺结核。但他们的后代付出了代价。我们的祖先在不经意间用遗传障碍抵押了未来的后代，那些遗传障碍在另一个时代传递出对他们自己致命瘟疫的规避。

不是很多这样的基因秘密都是通过对实验室小鼠的修修补补而揭示出来。相反，它们都是由对人类和大量其他哺乳动物的群体扫描显示出来的。最先是通过实验室小鼠开发的基因疗法，现在已经扩展为大鼠、猴、狗、猫、羊和猪中的基因传递技术。家养物种能提供的比较性洞察力才刚刚开始积累。世界各兽医学校承诺在未来几年内成为有广泛基础的医学进步的中心。在家养动物之外，自由放养的物种的世界提供的基因组故事，始终指向对遗传性、传染性和肿瘤性疾病新的经过验证的天然防御。 257

分子生物学和基因组学这些学科终于处在一个接受这些巨大馈赠的位置上。大自然已经创造并完成了无数的实验，其中充满了书面符号，这些符号从三个非常具有挑衅性的维度扩展了我们的视野。首先，复杂的人类基因组脚本实际上精心安排的人类生物学的各个方面。其次，从世界上 5000 种哺乳动物的平行发展、特化和适应的采样得出的比较基因组学的洞察力。第三点，同时也是最深刻的一点，源于在生哺乳动物的远古祖先的基因组、形式和功能的重建。这个三角形摆出了深入鉴赏这个过程的关键，即先于现代基因组的结构和功能的基因组变化的调式和节奏。当今这个时代可能是比以往任何时候追求生物学问题都要好的时代。我们终于开始揭开基因组根源的奥秘。

一代人以前，基因组学还不存在，生物技术产业还处于起步阶段。工程师将物理学定律应用到建筑、电子以及化学工艺上。在未来的几代人中，工程学将在生物医学中占有一个新的位置。基因传递、克隆和修饰已经给农业种植带来了革命性变化，消除了腐烂，促进了生长，抵抗了天灾。生物工程学院有朝一日会与大学校园的传统工程学院比肩而立。NIH 的最新创举，国立生物医学影像学与生物工程学研究所，为公众、大学和公司环境中的类似中心提供了一个预展，在那里，遗传生物技术从业人员将开发个性化的生物医学及未来学应用。生活的无数其他方面将改善，但挑战也将以一个负责任和有益的方式向前迈进。我希望我们的新的见解将给子孙后代以力量和挑战，以稳定地球的生物多样性，并在此过程中改善人类以及与我们分享着我们的过去、现在和未来的动物同伴的健康。这是一个希望的时代，也是一个该停顿一下的时代。

258

词汇表

艾滋病毒(HIV):人类免疫缺陷病毒,人类艾滋病的成因。

病毒基因(Virogenes):嵌入染色体的潜在内源性病毒,有时会表达并形成完整的病毒颗粒。

病毒血症(Viremia):被病毒感染的状态,并表现出血液中存在大量的病毒。

成纤维细胞(Fibroblasts):一类在皮肤中发现的细胞,可以用组织培养基培养,并成为对DNA提取和染色体分析很有用的永生细胞株。

纯合子的(Homozygous):是指当父母双方都贡献了一个相同的等位基因型时个体的一个基因或位点的状态;一个隐性疾病或性状必须是纯合的才能显现性状。

等位基因(Allele):一个基因的几个不同的形式之一,通常是通过单个DNA字母的不同来区分。这种轻微的差异最终可能会改变基因产物的功能,如眼睛颜色差异,存在遗传性疾病或在外表上的微小区别。

等位酶(Allozyme):酶的一种常见的基因变异,是由酶的编码基因的单个字母变异造成;等位酶可用凝胶电泳显现。

电泳(Electrophoresis):一种实验室技术,将来自于血液、细胞或组织的DNA或蛋白质提取物,放置于弱电场中的凝胶状介质上,使它们产生迁移和分离。该方法解决了蛋白质或酶(见等位酶)或DNA片段的遗传变异 (见RFLP)。

多态性(Polymorphism):在基因组中的基因变异位置或位点,有时在一个基因内,但更常见的是在基因之外的非编码DNA区域。

二倍体状态(Diploid state):所有哺乳动物的状态,任一个体都有每个基因的两个副本,分别来自父母。

分类学(Taxonomy):也叫做系统分类学,是基于科学的世界物种分级分类。

这包括给不同物种分配拉丁名称以及将物种归类成属，属归成科，科归成目等。

分子钟假说(Molecular Clock Hypothesis)：该假说指一个物种的种群分离时，也许是越过一条巨大的河流或山脉迁徙，分离种群的后代会通过其DNA序列获得新的突变。随着时间的推移越来越多的分散的DNA随机突变会大量积累。经过的时间越长，基因序列不同就会越大，因此两个物种DNA序列差异量与它们分离开来的时间成正比。

核苷酸(Nucleotides)：遗传密码的DNA字母(也称为碱基对)，把染色体中的基因串在一起；有4个基本单核苷酸字母或碱基：腺嘌呤-A，胞嘧啶-C，胸腺嘧啶-T和鸟嘌呤-G。一串近30亿核苷酸组成人类、猫以及其他哺乳动物物种的基因组。

核糖核酸(RNA)：在细胞核中由酶合成的、长的与DNA配对的分子，是表达基因的精确复制物，被运输到细胞质中的蛋白合成的机器中，并通过遗传密码"翻译"成蛋白质氨基酸序列。

核型(染色体组型)(Karyotype)：个体染色体中期的样子，通常在不同物种之间有特异的带状模式特征。

猴免疫缺陷病毒(SIV)：最接近人类艾滋病毒的一种病毒，在20个野生的非洲猴子物种中发现。

基因(Gene)：DNA信息单位，指定翻译(合成和组装)的一个特定的蛋白质。人类和其他哺乳动物的基因组中包含有大约35 000不同的基因。

基因型(Genotype)：两个等位基因之和，分别来自父母，每个个体在每个基因位点均有。

基因组(Genome)：一个完整的个体的遗传信息的拷贝。一个人的基因组即为他所有的基因、他的DNA、他的遗传信息的总和，整齐编制在他的每一个细胞中的分别来自他的父母的两个不同的拷贝中。

进化枝(Clade)：在系统发育分析时所聚集的一组相关的物种或DNA序列。

近交系小鼠(Inbred mouse strain)：源自于20代或更多代的姊妹兄弟间乱伦交配所产生的小鼠品系，这样强烈的近亲繁殖会使种群/品系的遗传多样性减少数百倍。

巨噬细胞(Macrophage)：一个专性防御入侵细菌的循环血细胞。

聚合酶链式反应(PCR)：一种酶催化的DNA复制技术，将提取的微量DNA中的基因进行复制，特别适用于读取如法医物证、一小撮毛发，或其他组织中的痕量DNA基因序列。

抗体(Antibody):个体的免疫系统抵御入侵的细菌或病毒时所产生的蛋白复合物。

抗原(Antigen):刺激免疫介导抗体产生的蛋白。

淋巴细胞(Lymphocytes):一类白细胞,负责传染病病毒或细菌的免疫防御。

慢病毒(Lentivirus):逆转录病毒科中的一类,包括免疫缺陷病毒,如艾滋病毒、猫免疫缺陷病毒和猴免疫缺陷病毒。

猫白血病病毒(FeLV):家猫中的逆转录病毒,能导致白血病和淋巴瘤。

猫免疫缺陷病毒(FIV):导致家猫的艾滋病。

免疫印迹电泳(Western blot electrophoresis):检测暴露在特定的病毒的血清或血浆中的抗体的过程。纯化病毒的裂解蛋白与接触病毒动物个体的血清一起培养。如果感染或先前曾接触病毒,血清中的抗体将会与病毒蛋白结合。然后,抗体复合体可以被分离,并在免疫印迹电泳凝胶上轻易地显现出来。

内含子(Intron):编码基因的外显子间的 DNA。

内源性病毒(Endogenous virus):一种病毒,生活在宿主染色体 DNA 中,垂直传递到后代,与流感或天花等在个体之间横向传播开来的外源性病毒相反。

逆转录病毒(Retrovirus):导致癌症的那类让人不快的病毒,尤其是导致白血病以及在鸡、猫和老鼠中的淋巴瘤。逆转录病毒是与众不同的,它们的基因由 RNA(控制细胞活性的核酸)组成,而非通常的 DNA。这些病毒使用酶来复制它们的 RNA 遗传密码成 DNA 形式,然后插入到受害者的 DNA。RNA 通常是 DNA 的产物,而不是相反,因此得名"逆"。

趋化因子(Chemokines):由磨损、擦伤或感染所引起的组织损伤时所释放的短的 100~125 个氨基酸长蛋白质。

删除(Deletion):基因中的一部分 DNA 消失不见的突变体;如 *CCR5-Δ32*,代表的是,从正常的 *CCR5* 基因删除 32 核苷酸字母。

嗜亲性(同向性)病毒(Ecotropic virus):一种病毒,生长于来自发现地的同种的培养细胞中,例如,小鼠病毒生长在小鼠细胞而不是人类或猫细胞中。

受体(Receptor):一个大的细胞表面蛋白,作为一个病毒(病毒受体)的对接部位并允许其进入,或刺激细胞对某些生理功能作出反应的外部信号蛋白或激素的识别部位。

肽(Peptide):含有不足 20 个氨基酸的短小蛋白质。

同功特征(Analogous characters):不同动物的可见特征,表面上看起来很相似,但它们的发展基础却是不同的,因为它们在不同的时间演化,演化谱系独立。

昆虫、鸟类和蝙蝠的翅膀是同功的：相同的功能拍打着飞行，但起源独立。

同源基因（Homologous genes）：来自于同一个祖先物种的不同物种中的基因，如在人类、黑猩猩和小鼠中的血红蛋白基因以及在狗、熊和猫中的胰岛素基因。

同源性状（Homologous characters）：遗传自同一祖先的两人个不同物种上面的可见特征，详细的调查会发现它们通常有多个复杂和高度的相似性，反映了在进化过程中它们的祖先血统和改变。

脱氧核糖核酸（DNA）：双螺旋遗传物质，组成我们的基因组、我们的染色体和我们的基因；有 4 种核苷酸字母或碱基对：A、T、C、G。

外显子（Exon）：基因的一部分，包含 DNA 的编码序列。

外源性病毒（Exogenous virus）：在个体之间作为一种致病原而传播的病毒。

微卫星序列（Microsatellites）：短的间断，就像在染色体中发现的那些由 2 个、3 个或 4 个核苷酸字母串联重复至少十几次的序列。一个微卫星“位点”是在特异的染色体位置上出现的重复序列。所有到目前为止研究过的哺乳动物拥有 10 万～20 万个微卫星“位点”，以一种随机的方式分布在几乎整个基因组。因为在人之间有非同寻常的高变异性，这 10 万个随机间隔的微卫星序列已经成为广为使用的基因图谱标记，由于它们在家系研究中很容易跟踪。在匹配留在犯罪现场的血液或精液样品等方面，微卫星也已被证明是强大的法医领域工具。

位点（Locus）：在染色体段 DNA 上的特定位置或地址，通常包括一个基因或重复序列，如一个微卫星位点。

限制性片段长度多态性（RFLP）：通过源于细菌的限制性酶能识别的特定 DNA 序列的出现或缺失，追踪基因中 DNA 序列差异的过程。

线粒体（Mitochondria）：细胞的动力室，在此处通过结合氧气以及碳水化合物的分解产物而产生能量分子。所有的植物和动物线粒体本身是从一次 6 亿年前的早期单细胞生物的细菌感染而来。今天的线粒体 DNA 携带原始入侵的细菌的基因残余，利用它们而产生富含能量的分子。在线粒体结构上，线粒体染色体位于核外。

小鼠（Murine）：取小鼠之意，如在鼠白血病病毒（murine leukemia virus）一词中。

小卫星（Minisatellites）：20～60 个核苷酸字母重复序列，形成条形码模式用于个体识别，起初是法医 DNA 指纹图谱的主要工具。

血浆（Plasma）：血液的液态部分，携带对抗传染性病原体的抗体；不同于加入肝素等抗凝血剂化学品的血清。

血清(Serum)：血液的液体部分，携带对抗传染性病原体的抗体。

亚种(Subspecies)：一个地理隔绝的动物种群，随着时间的推移，使它们成为遗传上和外表上均不同于物种中的其他种群。西伯利亚虎和孟加拉虎、佛罗里达山狮及德克萨斯的美洲狮是广为人知的亚种名称。

隐性的(Recessive)：在个体中，疾病或等位基因必须存在于两个拷贝(分别来自于父母)上才会被表达或者被观察到。

杂合的(Heterozygous)：指的是基因或位点上，来自不同亲代的等位基因互不相同的情况。

致癌基因(Oncogene)：在人类和其他哺乳动物中的一小群基因，突变会引起细胞分裂混乱和癌症，是许多遗传性的和自发性的癌症的原因。

中性突变(Neutral variation)：遗传变异，但不是由自然选择压力引起的，在群体中自由漂变，没有强的适应优势或劣势。

种群瓶颈(Population bottleneck)：在远交种群中将种群数量降低到很小规模的一个事件，经常持续好几代，并导致种群总体遗传多样性的净减少。

种系发生(Phylogeny)：一个分支树状样简图，基于同源基因的相似性来连接不同的物种；种系发生旨在概括现存物种进化历史中的分支事件。

主要组织相容性复合物(MHC)：是人、小鼠、猫以及其他哺乳动物 DNA 中短染色体片段上一同出现的一群基因，大约 225 个。大约十几个 MHC 基因编码的蛋白质包裹在细胞表面，在此吞噬来自入侵病毒的小肽(短链氨基酸)以作为免疫介导破坏序幕。大多数的 MHC 基因是非常多变的；一些在哺乳动物物种远缘种群中有超过 200 个不同的等位基因。

进一步阅读建议

第一章　狂笑的老鼠

— Coffin, J. M. , S. H. Hughes, and H. E. Varmus. 1997. Retroviruses. Plainview, NY: Cold Spring Harbor Laboratory Press.

— Gardner, M. B. , et al. 1991. The Lake Casitas wild mouse: Evolving genetic resistance to retroviral disease. *Trends Genet* 7:22—27.

— Levy, J. A. 1993, 1994. *The Retroviridae*. 3 vols. New York: Plenum Press.

— Radesky, P. 1991. A mouse tale. *Discover*(November), pp. 34—38.

第二章　猎豹的眼泪

— Caro, T. M. 1994. Cheetahs of the Serengeti Plains. Chicago: TheUniversity of Chicago Press.

— Hoelzel, A. R. , et al. 1993. Elephant seal genetic variation and theuse of simulation models to investigate historical population bottlenecks. *J Hered* 84:443—449.

— O' Brien, S. J. 1994. A role for molecular genetics in biological conservation. *Proc Natl Acad Sci USA* 91:5748—5755.

— O'Brien, S. J. 1998. Intersection of population genetics and speciesconservation: The cheetah's dilemma. *Evol Biol* 30:79—91.

— O'Brien, S. J. , et al. 1985. Genetic basis for species vulnerability inthe cheetah. *Science* 227:1428—1434.

— O'Brien, S. J. , et al 1986. The cheetah in genetic peril. *Sci Am* 254:84—92.

第三章　傲慢与偏见

— Driscoll, C. A. , et al. 2002. Genomic microsatellites as evolutionarychronometers: A test in wild cats. *Genome Res* 12:414—423.

— O'Brien, S. J. 1994. Genetic and phylogenetic analyses of endangeredspecies. *Ann Rev Genet* 28:467—489.

— O'Brien, S. J. , et al. 1987. Evidence for African origins of foundersof the Asiatic lion species survival plan. *Zoo Biol* 6:99—116.

— Packer, C. 1992. Captives in the wild. *National Geographic Magazine* 181: 122—136.

— Packer, C. 1994. *Into Africa*. Chicago: University of Chicago Press, p. 277.

— Packer, C., et al. 1991. Kinship, cooperation and inbreeding inAfrican lions: A molecular genetic analysis. *Nature* 351:562—565.

— Schaller, G. B. 1972. *The Serengeti lion——A study of predator-prey relations*. Chicago: University of Chicago Press, p. 480.

— Sinclair, A. R. E., and P. Arecese, eds. 1995. *Serengeti* Ⅱ: *Dynamics, management and conseroation of an ecosystem*. Chicago: University of Chicago Press.

— Sinclair, A. R. E., and M. Norton-Griffiths, eds. 1979. *Serengeti: Dynamics of an ecosystem*. Chicago: University of Chicago Press.

— Wildt, D. E., et al. 1987. Reproductive and genetic consequences offounding isolated lion populations. *Nature* 329: 328—331.

第四章　疲于奔命——佛罗里达山狮

— Alvarez, K. 1993. *Twilight of the panther: Biology, bureaucracy, and failure in an endangered species program*. Sarasota, Fla.: Myakka River Press, p. 501.

— Fergus, C. 1996. *Swamp screamer: At large with the Floridapanther*. New York: North Point Press, p. 209.

— Maehr, D. S. 1997. *The Florida panther: Life and death of a vanishing carnivore*. Washington, D.C.: Island Press, p. 261.

— Roelke, M. E., et al. 1993. The consequences of demographic reductionand genetic depletion inthe endangered Florida panther. *Curr Biol* 3:340—350.

第五章　官僚作祟

— *Federal Register* 61: 26. February 7, 1996. Endangered and threatenedwildlife and plants: Proposed policy and proposed rule on the treatment of intercrosses and intercross progeny (the issue of"hybridization") request for public comment.

— O' Brien, S. J., and E. Mayr. 1991. Bureaucratic mischief: Recognizing endangered species and subspecies. *Science* 251: 1187—1188.

— O'Brien, S. J., et al. 1990. Genetic introgression within the Florida panther *Felis concolor coryi*. Natl Geo Res 6:485—494.

— Stevens, W. 1991. U. S. reviewing policy on protecting hybrids. New York Times, March 12.

第六章　鲸的故事

— Baker, C. S., and S. R. Palumbi. 1994. Which whales are hunted: Amolecular genetic approach to monitoring whaling. *Science* 265:1538—1539.

— Baker, C. S, et al. 1990. The influence of seasonal migration on geographic distribution of mitochondrial DNA haplotypes in humpback whales. *Nature* 344:238—240.

— Baker, C. S., et al. 1993. Abundant mitochondrial DNA variation and world-wide population structure in humpback whales. *Proc Natl Acad Sci USA* 90:8239—8243.

— Baker, C. S., et al. 1996. Molecular genetic identification of whale and dolphin products from commercial markets in Korea and Japan. *Mol Ecol* 5:671—685.

— Roman, J. 2002. Fishing for evidence. *Audubon*(January-Febmary): 54—61

第七章　狮瘟疫

— Brown, E. W. et al. 1994. A lion lentivirus related to feline immunodeficiency virus: Epidemiologic and phylogenetic aspects. *J Virol* 68:5953—5968.

— Carpenter, M. A., and S. J. O'Brien. 1995. Coadaptation and immunodeficiency virus: Lessons from the Felidae. *Curr Opin Genet Devel* 5:739—745.

— Morell, V. 1995. FIV——The killer cat virus that doesn't kill cats. *Discover*(July): 62—69.

— Roelke-Parker, M. E., et al. 1996. A canine distemper virus epidemic in Serengeti lions (*Pantheraleo*). *Nature* 379:441—445.

第八章　婆罗洲的野人

— Galdikas, B. M. 1995. *Reflections of Eden: My life with the orangutans of Borneo*. Boston: Little, Brown, p. 408.

— Janczewski, D. N., et al. 1990. Molecular genetic divergence of orangutan (*Pongo pygmaeus*) subspecies based on isozyme and two-dimensional gel electrophoresis. *J Hered* 81:375—387.

— Karesh, W B. 2000. *Appointments at the ends of the world: Memoirs of a wildlife veterinarian*. New York: Warner Books, p. 379.

— Lu, Z., et al. 1996. Genomic differentiation among natural populations of orangutan (*Pongo pygmaeus*). *Curr Biol* 6:1326—1336.

第九章　熊猫之根

— Lu, Z., et al. 2001. Patterns of genetic diversity in remaining giant panda populations. *Conservation Biol* 15:1596—1607.

— O'Brien, S. J. 1.987. The ancestry of the giant panda. *Sci Am* 257: 102—107.

— O'Brien, S. J. et al. 1994. Pandas, people and policy. *Nature* 369: 179—180.

— Schaller, G. B. 1993. *The last panda*. Chicago: University of Chicago Press.

第十章　我们的由来

— Lander. E., et al. 2001. Initial sequencing and analysis of the human genome. *Nature*

409: 860—921.

— O'Brien, S. J., et al. 1999. The promise of comparative genomics in mammals. *Science* 286:458—481.

— O'Brien, S. J., et al. 2001. Perspective: On choosing mammalian genomes for sequencing. *Science* 292:2264—2266.

— Rettie, J. C. 1951. Forever the land: The most amazing movie ever made. *Coronet* 29: 21—24.

— Ridley, M. 1999. *Genome: The autobiography of a species in 23 chapters*. New York: Perennial/Harper Collins, p. 344.

第十一章 雪球的机会——基因组爪印

— Menotti-Raymond, M., et al. 1997. Genetic individualization of domestic cats using feline STR loci for forensic analysis. *J Forensics Sci* 42:1039—1051.

— Menotti-Raymond, M., et al. 1997. Pet cat hair implicates murder suspect. *Nature* 386:774.

— Reilly, P. R. 2000. *Abraham Lincoln's DNA and other adventures in genetics*. New York: Cold Spring Harbor Laboratory Press, p. 339.

第十二章 基因卫士

— O'Brien, S. J. 1998. AIDS: A role for host genes. *Hosp Pract* 33:53—79.

— O'Brien, S. J., and M. Dean. 1997. In search of AIDS-resistance genes. *Sci Am* 277: 44—51.

— O'Brien, S. J., et al. 2000. Polygenic and multifactorial disease gene association in man: Lessons from AIDS. *Ann Rev Genet* 34:563—591.

— O'Brien, S. J., and J. Moore. 2000. The effect of genetic variation in chemokines and their receptors on HIV transmission and progressionto AIDS. *Immunol Rev* 177: 99—111.

— Radetsky. P. 1997. Immune to a plague. *Discover* (June): 61—66.

第十三章 起源

— Carrington, et al. 1999. Genetics of HIV-1 infection: Chemokine receptor CCR5 polymorphism and its consequences. *Hum Mol Genet* 8:1939—1945.

— Hahn, B. H., et al. 2000. AIDS as a zoonosis: Scientific and public health implications. *Science* 287:607—614.

— Korbor, B., et al. 2002. Timing the ancestor of the HIV—a pandemic strains. *Science* 288:1789—1796.

— Stephens, J. C., et al. 1998. Dating the origin of the *CCR5-Δ32* AIDS resistance gene allele by the coalescence of haplotypes. *Am J Hum Genet* 62:1507—1515.

第十四章　银弹

— Friedman, T. 2000. Principles for human gene therapy studies. *Science* 287: 2163—2165.

— Gura, T. 2001. After a setback, gene therapy progresses ... gingerly. *Science* 291: 1667—1692.

— Hacein-Bey-Abina, S. , et al. 2002. Sustained correction of X-linked severe combined immunodeficiency by ex vivo gene therapy. *N Engl J Med* 346:1185—1193.

— Stolberg, S. G. 1999. The biotech death of Jesse Gelsinger. *New York Times*, November 28.

— Waashburn, J. Informed Consent 2001. *Washington Post Magazine*, December 30, p.8.

致　谢

有太多人为这些故事的展开、理解和幽默感作出了贡献。最值得瞩目的是我的学生、朋友和同事，他们接受了我们的想法，帮助我们发掘出许多深藏在野生物种和我们人类基因中的奥秘。他们的努力和决心是将这些故事串联起来的黏合剂。

肖恩·德斯蒙德，托马斯·邓恩和莎拉·史都华作了非常重要的编辑工作，对文字精益求精，使行文更为流畅。我同时也非常感谢我的代理人加布里埃尔·帕恩图西和莱斯莉·加德纳，他们欣然指导我从商业出版的险阻中一路走来。

无数朋友和同事都慷慨地对每一章节提出了他们的专家意见，他们当中有：卡尔·阿曼，斯科特·贝克，玛格丽特·卡朋特，玛丽·卡林顿，维克多·大卫，迈克尔·迪恩，西奥多·弗里德曼，穆雷·加德纳，黛安·杨切夫斯基，沃伦·约翰逊，贝利·基辛，迈克尔·克拉格，吕植，劳瑞·马可，詹尼丝·马滕森，威廉·墨菲，克雷格·派克，玛丽琳·雷蒙德，大卫·拉克，吉尔·斯拉特里，玛丽·史密斯，大卫·韦尔特以及理查德·肯和谢丽尔·温克勒。非常感谢他们所有人的帮助。

没有鲍勃·梅、罗伊·安德森、杰西卡·罗森以及理查德·索思伍德的慷慨支持和热心，这本书将无法得以面世。是他们，于我休假静修的时候在牛津大学默顿学院接待了我，在那儿，我完成了第一章的构思。我不会忘怀他们欣然且持续的资助。

我的妹妹卡罗尔·里德，我的妈妈凯瑟琳·奥布莱恩，以及我的妻子黛安·奥布莱恩，审读了最初的全部手稿。她们深刻敏锐的建议为本书的改进建设良多。我还要感谢对修改过的书稿提出了评论意见的好友们，他们是：埃里克·兰德，理查德·利基，恩斯特·迈尔，托马斯·洛夫乔伊，罗伯特·加洛，彼特·雷文。

最后，感谢我的女儿，梅根和柯尔斯顿，她们的幽默和好奇心也激发了我自己的好奇心，正是由于她们刚刚开始的智力开发使得本书既及时又必要。

史蒂芬·奥布莱恩

2003 年 2 月 4 日

索引

说明：索引中的页码为原著页码，即本书中的边码。

浣熊科　137—138,142

同卵双胞胎　26,184

一只年轻的大熊猫在中国秦岭山脉的栖息地山顶歇息（吕植摄）

中国的杉树坪林业保护区[1]，研究员吕植小心地从洞穴中的熊猫幼仔身上拔下一根毛做遗传样品（史蒂芬•奥布莱恩摄）

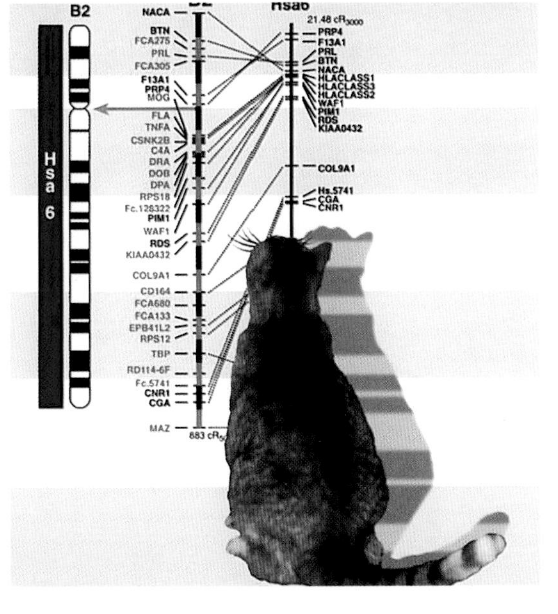

一只幼猫第一次检视基因组图谱（爱伦•弗雷泽摄）

1　此处字面直译为“杉树坪保护区”，但实际上，杉树坪开始只是个工棚，现在是保护站。

居住在美国首都华盛顿国家动物园中的年轻的红猩猩朱尼尔，它是婆罗洲和苏门答腊红猩猩联姻所生的儿子（杰西·科翰摄）

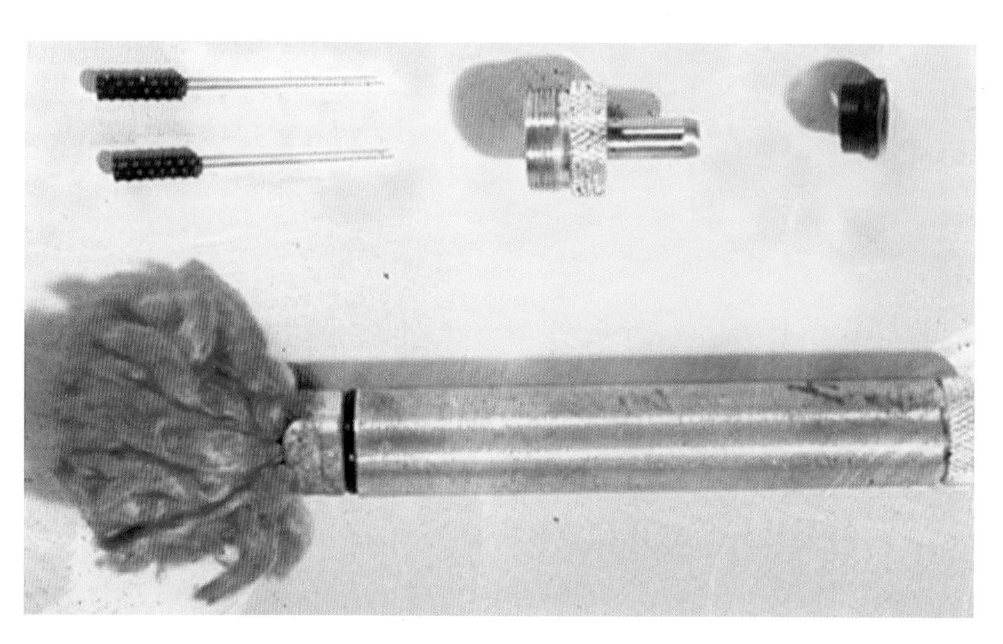

比利·克莱什博士为取红猩猩样本设计的皮肤活检取样镖（比利·克莱什摄）

被致命消耗性疾病折磨着的狮子，1994年1/3的塞伦盖蒂狮子死于这种疾病（麦乐迪·洛奇摄）

1994年医学警报期间，麦乐迪·洛奇博士和她的坦桑尼亚实习生在东非检查狮子（赛斯·帕克摄）

在短吻鳄密布，蚊虫滋生的佛罗里达沼泽中的移动实验室，用来采集珍贵的佛罗里达山狮体液（麦乐迪·洛奇摄）

斯科特·贝克手持十字弩在橡胶充气筏上，期待着从游过的座头鲸身上收集一块皮肤活检样品（史蒂芬·奥布莱恩摄）

遗传研究团队在塞伦盖蒂取狮子样品，检测遗传贫困及传染性疾病情况。狮子在酣睡，很快会醒来（史蒂芬•奥布莱恩摄）

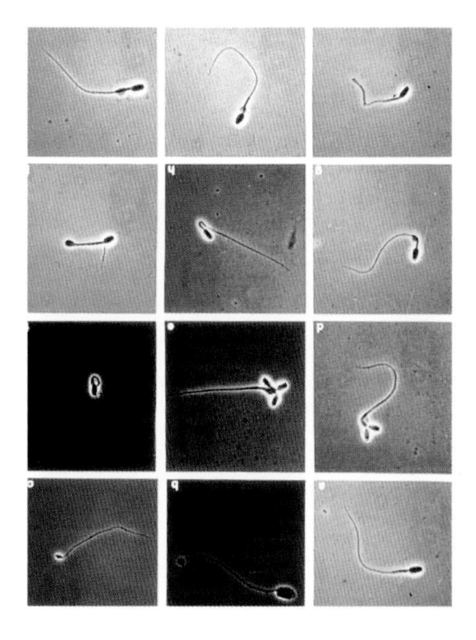

吉尔森林狮子的精液中观察到的异常精子的显微镜图示（大卫•韦尔特摄）

佛罗里达南部大柏树沼泽中，一只佛罗里达山狮被罗伊•麦克布莱德的狗追上了树（麦乐迪•洛奇摄）

加利福尼亚卡西塔斯湖附近的一个乳鸽场，经过一次隐秘的感染，老鼠的基因中携带着遗传金砖（穆瑞·加德纳摄）

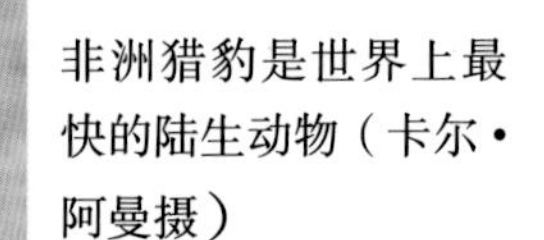

非洲猎豹是世界上最快的陆生动物（卡尔·阿曼摄）

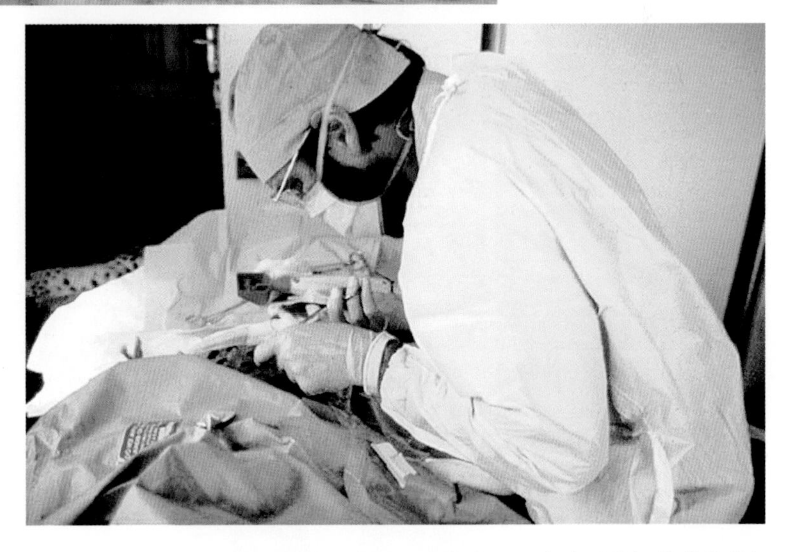

1983年，南非，米契·布什为一只麻醉了的饲养猎豹进行植皮手术（史蒂芬·奥布莱恩摄）

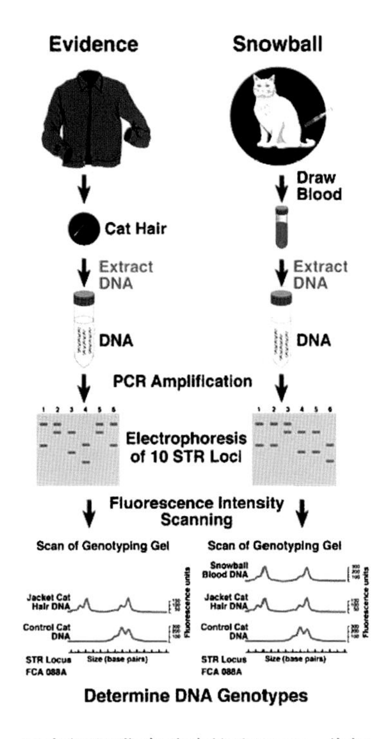

用来解释猫咪雪球的法医DNA分析图，它将自己的主人和谋杀现场绑在了一起（玛里琳•雷蒙德摄）

在美国首都华盛顿国会山广场展示的艾滋病被子（华盛顿邮报，拉里•莫里斯摄）

慢病毒

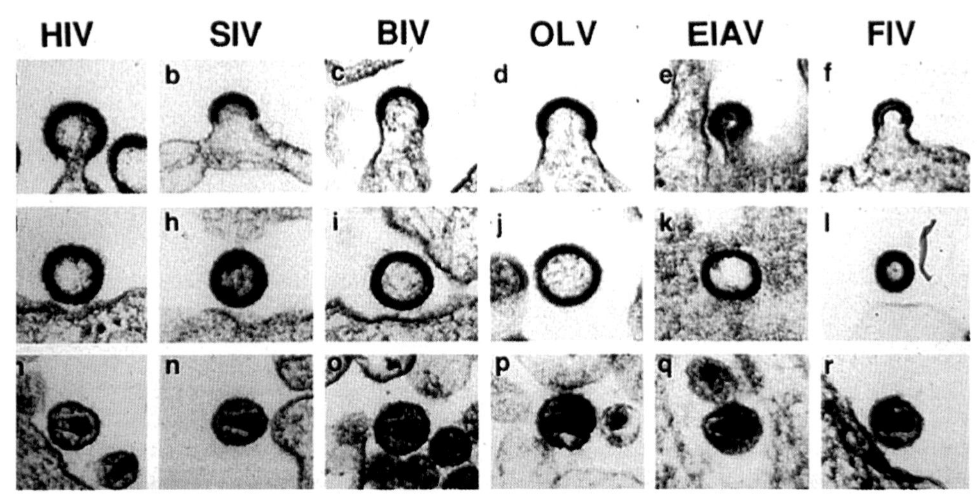

艾滋病病毒（HIV）和其他遗传亲缘病毒如猴（SIV）、牛（BIV）、羊（OLV）、马（EIAV）、猫（FIV）艾滋病病毒的电子显微镜图像（马修•贡达摄）

杰西·基辛格在接受第一次基因疗法临床试验之前在费城度假，他死于那次试验（华盛顿邮报杂志，2001年12月20日）

大卫·韦尔特在坦桑尼亚恩格罗火山口名为诺亚的陆地巡洋舰后门处检查一份精液样品，样品的捐献者在旁观（史蒂芬·奥布莱恩摄）